鄂尔多斯高原野生维管植物图鉴

闫志坚　徐　杰　刘铁志
余奕东　金　凤　尹　强　著

科学出版社

北　京

内 容 简 介

　　鄂尔多斯高原是我国半干旱区一个相对稳定的自然单元，也是北方一个特殊而敏感的生态过渡带，其区系起源古老，多是地中海干旱植物的后裔，因此是一个古老的干旱地区生物多样性中心。本书主要通过大量野外采集标本及实拍照片记录了鄂尔多斯高原野生维管植物共96科335属613种（包括亚种、变种和变型），按照《内蒙古植物志》进行了系统排序，同时参照了赵一之先生所著的《内蒙古维管植物检索表》对所记录的植物进行了修订，每种植物配有野外识别特征描述以及植物用途，以便对照查询。

　　本书可供农业、林业、牧业、医药业、轻工业等领域的管理人员、科技工作者及高校师生参考使用。

图书在版编目（CIP）数据

鄂尔多斯高原野生维管植物图鉴 / 闫志坚等著. —北京：科学出版社，2016.12
　ISBN 978-7-03-051275-8

　Ⅰ. ①鄂… Ⅱ. ①闫… Ⅲ. ①鄂尔多斯高原 – 野生植物 – 维管植物 –
图集　Ⅳ. ① Q949.4-64

中国版本图书馆CIP数据核字（2016）第314797号

责任编辑：李　莎　吴卓晶 / 责任校对：王万红
责任印制：吕春珉 / 装帧设计：金舵手世纪

科学出版社 出版
北京东黄城根北街16号
邮政编码：100717
http://www.sciencep.com

北京中科印刷有限公司印刷
科学出版社发行　　各地新华书店经销
*
2016年12月第　一　版　　开本：889×1194 1/16
2016年12月第一次印刷　　印张：27 1/2
字数：772 000
定价：249.00 元
（如有印装质量问题，我社负责调换〈　中科　〉）
销售部电话 010-62136230　编辑部电话 010-62130750（BN12）

主要作者简介

闫志坚　男，山西省定襄县人，1962 年出生，理学博士，研究员。现任中国农业科学院草原研究所草地生产与管理研究室主任。长期从事退化草地生态恢复与草地生态学等方面的研究，重点在退化草地生态恢复、人工草地建植、草地生态监测和草地管理等领域开展研究工作。主持国家、省部级项目 20 余项，发表论文 60 余篇，主编和参编著作 8 部，获得省部级奖励 12 项。

徐杰　男，内蒙古呼和浩特市人，1969 年出生，理学博士，内蒙古师范大学教授，硕士研究生导师。长期从事植物分类学及植物生态学的教学研究工作。主持完成国家自然科学基金 3 项、内蒙古自然科学基金 3 项、内蒙古人才开发基金 1 项和内蒙古师范大学重点基金项目 1 项。参与完成国家自然基金 4 项和 12 项省部级科研项目。出版学术专著 4 部，参编教材 1 部，参编学术专著 3 部，发表学术论文 40 余篇。2009 年获得内蒙古师范大学第九届教学成果二等奖，2013 年获得内蒙古师范大学科研成果著作一等奖。

刘铁志　男，蒙古族，内蒙古赤峰市喀喇沁旗人，1965 年出生，理学博士，赤峰学院教授。中国菌物学会永久会员，内蒙古生态学会第六届理事会理事。长期从事植物分类学及植物生态学的教学研究工作。主持和参加国家级项目 3 项，省部级项目 10 项。出版专著 4 部，参编教材 4 部，发表论文 90 余篇。获得第五届内蒙古自治区青年科技奖，赤峰市五一劳动奖章，内蒙古自治区第六届高等学校教学名师奖，内蒙古自治区自然科学三等奖。

《鄂尔多斯高原野生维管植物图鉴》

主要著者：闫志坚　徐　杰　刘铁志　余奕东
　　　　　金　凤　尹　强
其他著者：王育青　秦　艳　孙鸿举　白秀文
　　　　　薛海英　倪　苗　赵云华　赵家明

"十三五"国家重点研发计划"科尔沁沙质草甸草地退化治理技术与模式"
（2016YFC0500605）

国家牧草产业技术体系鄂尔多斯综合试验站（CRAS-35-29）

"十二五"国家科技支撑计划课题"重点牧区草原生态、生产、生活配套保障
技术及适应性管理模式研究"（2012BAD13B07）

中国农业科学院科技创新工程草原非生物灾害防灾减灾团队（CAAS-ASTIP-
IGR2015-04）

农业部鄂尔多斯沙地草原生态环境重点野外科学观测试验站

公益性行业（农业）："苜蓿高效种植技术研究与示范"（201403048-7）

国家自然科学基金项目（30660027；30860063；31660105）

内蒙古自然科学基金项目（2012MS0512；2016MS0363）

内蒙古 2016 年人才开发基金项目

前言

在我国，干旱半干旱地区主要分布在西北地区，包括内蒙古西部、陕西西部、宁夏、甘肃、青海、新疆等地。地域广阔、人烟稀少是本区域的一个显著特点，而其沙区分布主要集中在内蒙古、宁夏、甘肃、新疆四个省（自治区）。鄂尔多斯高原是我国半干旱区一个相对稳定的自然单元，也是北方一个特殊而敏感的生态过渡带。根据王荷生的中国种子植物八个多度中心的划分，阿拉善—鄂尔多斯中心是秦岭—淮河以北两个中心之一，其区系起源古老，多是地中海干旱植物的后裔，因此是一个古老的干旱地区生物多样性中心。鄂尔多斯高原有着独特的地理位置，边界显著，其西部、北部和东部三面环以黄河，南部和东南部以古长城为界。在高原内部，其东南部是黄土丘陵和沙漠区的过渡地带，西北部分布着库布齐沙漠和毛乌素沙地，向西邻接乌兰布和沙漠和腾格里沙漠。鄂尔多斯高原有着明显的水平地带性植被，从东到西依次为典型草原、荒漠化草原、草原化荒漠，此外在东部的黄河河道冲积平原还残存小片的河滩草甸。受海洋季风影响，降水量自东向西有规律降低。东部准格尔旗年降雨量达 400 毫米以上，西部鄂托克旗棋盘井年降雨量仅 154.9 毫米，形成自东向西的湿度梯度。与此相应，自东向西形成草原栗钙土带、荒漠草原棕钙土带与草原化荒漠的草原灰漠土带。气温和降雨随着经度由东向西递减，生境复杂性和植被多样性也遵从水平地带性规律由东向西逐渐递减，因此，鄂尔多斯高原为研究干旱半干旱地区维管植物物种多样性及植被的地带性分布提供了一个很好的场所。

农业部鄂尔多斯沙地草原生态环境重点野外科学观测试验站位于内蒙古鄂尔多斯市达拉特旗，是中国农业科学院草原研究所在鄂尔多斯高原建立的两个观测站之一，是研究退化草地生态恢复、人工草地建植、草地生态监测和草地管理等领域的重要试验场所。由于工作的需要，野外科学观测试验站曾经在 8 年前对站点所处的库布齐沙漠进行了综合考察，为本书的完成奠定了坚实的基础，随后又对毛乌素沙地和西鄂尔多斯地区进行了零星的考察，完成了对整个鄂尔多斯高原的植物调查，并且在野外台站建立了鄂尔多斯高原植物标本室，为本书的最终完成提供了研究保障。

本书所记录的维管植物均为分布于鄂尔多斯高原的野生维管植物，不包括栽培种和引种。本书在系统分类上主要参考了赵一之先生于 2014 年著的《内蒙古维管植物检索表》中对《内蒙古植物志》的修订，同时参照了《中国植物志》英文版，增补了少量在鄂尔多斯高原新发现分布的维管植物。本书中所有植物彩色照片由徐杰、刘铁志、闫志坚、金凤和赵家明拍摄提供。

本书在出版的过程中，图片摄影、标本采集和鉴定得到了西鄂尔多斯国家级自然保护区、内蒙古师范大学标本馆和中国农业科学院草原研究所鄂尔多斯野外科学观测试验站的大力协助。内蒙古师范大学刘婧、燕楠、赵甜、郭蓉静等同学参与了本书的文字校对和名录整理。

　　本书的出版不仅为相关专业的学生提供一本图文并茂的参考书，同时还为农业、林业、牧业、医药业及各级自然保护区的生产、科研及管理的工作带来极大的便利，是一本重要的参考资料。

　　由于作者的水平有限，书中难免有不足之处，真诚希望广大同行提供宝贵意见。

闫志坚　徐　杰

2016 年 12 月

目录

I 蕨类植物门
Pteridophyta

卷柏科
Selaginellaceae

卷柏属 *Selaginella* Spring

圆枝卷柏 *Selaginella sanguinolenta*（L.）Spring

别名：红枝卷柏。

鉴别特征：多年生中生草本，植株密生，灰绿色，高10～25厘米。茎细而坚实，圆柱形，斜升，下部少分枝，常为鲜红色，上部密生分枝。叶紧贴于茎上，覆瓦状排列，长卵形，基部稍下延而抱茎，边缘具狭的膜质白边，有微锯齿，背部呈龙骨状突起，先端有钝突尖。孢子囊穗单生于枝顶端，四棱形；孢子叶卵状三角形，背部龙骨状突起，边缘干膜质，有微齿，先端急尖。

圆枝卷柏 *Selaginella sanguinolenta*（L.）Spring

中华卷柏 *Selaginella sinensis*（Desv.）Spring

鉴别特征：多年生中生草本，植株平铺地面。茎圆柱形，二叉分枝。下部叶疏生，螺旋状排列，鳞片状，椭圆形，贴伏茎上，边缘具厚膜质白边，一侧有长纤毛，另一侧具短纤毛或全缘，先端钝尖；上部的叶4行排列，背叶2列，矩圆形，边缘同上部叶；腹叶2列，矩圆状卵

中华卷柏 *Selaginella sinensis*（Desv.）Spring

形，叶缘同侧叶，先端钝尖，基部宽楔形。孢子囊穗四棱形，无柄，单生于枝顶；孢子叶卵状三角形，具厚膜质白边，有纤毛状锯齿，背部龙骨状突起，先端常渐尖，大孢子叶稍大于小孢子叶；孢子囊单生叶腋，大孢子囊少数，常生于穗下部。

用途： 全草入中药。

木贼科
Equisetaceae

问荆属 *Equisetum* L.

问荆 *Equisetum arvense* L.

别名： 土麻黄。

鉴别特征： 多年生中生草本。根状茎匍匐，具球茎，向上生出地上茎；茎二型，生殖茎早春生出，淡黄褐色，无叶绿素，不分枝，具10～14条浅肋棱。叶鞘筒漏斗形，叶鞘齿3～5，棕褐色，质厚，每齿由2～3小齿连合而成；孢子叶球有柄，长椭圆形，钝头；孢子叶六角盾形，下生6～8个孢子囊。孢子成熟后，生殖茎渐枯萎，营养茎由同一根茎生出，绿色，中央腔径约1毫米，具肋棱6～12，沿棱具小瘤状突起，槽内气孔2纵列，每列具2行气孔；叶鞘筒鞘齿条状披针形，黑褐色，具膜质白边，背部具1浅沟。分枝轮生，3～4棱，斜升挺直，常不再分枝。

用途： 全草入中药和蒙药；中等饲用植物。

问荆 *Equisetum arvense* L.

木贼属 *Hippochaete* Milde

节节草 *Hippochaete ramosissimum*（Desf.）Boern

别名： 土麻黄、草麻黄。

鉴别特征： 多年生中生草本，根状茎黑褐色，地上茎灰绿色，粗糙；节上轮生侧枝1～7，或仅基部分枝，侧枝斜展；主茎具肋棱6～16条，沿棱脊有疣状突起1列，槽内气孔2列，每列具2～3行气孔；叶鞘筒鞘齿6～16枚，披针形或狭三角形，背部具浅沟，先端棕褐色，具长尾，易脱落。孢子叶球顶生，无柄，矩圆形或长椭圆形，顶端具小突尖。

用途： 全草入中药。

节节草 *Hippochaete ramosissimum*（Desf.）Boern

木贼 *Hippochaete hyemale*（L.）Boern

别名：锉草。

鉴别特征：多年生中生草本，根状茎粗壮，黑褐色，无块茎。地上茎直立，粗壮，质硬，粗糙，单一或仅基部分枝，高30～60厘米，中央腔径3～6毫米，具16～20条肋棱，沿棱脊具2列疣状突起，槽内气孔2单行；叶鞘筒贴伏茎上，基部呈黑褐色一圈，鞘齿16～20，狭条状披针形，背部具浅沟，先端长渐尖，黑褐色，常脱落；孢子叶球无柄，长椭圆形，紧密，棕褐色，先端具小突尖。

用途：全草入中药和蒙药。

木贼 *Hippochaete hyemale*（L.）Boern

中国蕨科
Sinopteridaceae

粉背蕨属 *Aleuritopteris* Fee

银粉背蕨 *Aleuritopteris argentea*（Gmel.）Fee

别名：五角叶粉背蕨。

鉴别特征：多年生旱中生草本，植株高 15～25 厘米。根状茎直立或斜升，被有亮黑色披针形的鳞片。叶簇生，厚纸质，上面暗绿色，下面有乳白色或淡黄色粉粒；叶片五角形，三出，基部一对羽片最大，无柄，近三角形，羽状；小羽片 3～5 对，条状披针形或披针形，羽轴下侧的小羽片较上侧的大，基部下侧 1 片特大，浅裂，其余向上各片渐小，稍有齿或全缘；叶脉羽状，侧脉 2 叉，不明显。孢子囊群生于小脉顶端，成熟时汇合成条形；囊群盖条形连续，厚膜质，全缘或略有细圆齿。孢子圆形，周壁表面具颗粒状纹饰。

用途：全草入中药和蒙药。

银粉背蕨 *Aleuritopteris argentea*（Gmel.）Fee

蹄盖蕨科
Athyriaceae

冷蕨属 *Cystopteris* Bernh.

冷蕨 *Cystopteris fragilis*（L.）Bernh.

鉴别特征：多年生中生草本，植株高 13～30 厘米。根状茎短而横卧，密被宽披针形鳞片。

叶近生或簇生，薄草质；叶柄光滑无毛，基部常被少数鳞片；叶片披针形至卵状披针形，2 回、3 回羽裂；羽片 8～12 对，基部一对稍缩短，披针形或卵状披针形，中部羽片先端渐尖，基部具有狭翅的短柄，1～2 回羽状；小羽片 4～6 对，卵形或矩圆形，先端钝，基部不对称，下延，彼此相连，羽状深裂或全裂；末回小裂片矩圆形，边缘有粗锯齿；叶脉羽状，每齿有小脉 1 条。孢子囊群小，圆形，生于小脉中部；囊群盖卵圆形，膜质、基部着生，幼时覆盖孢子囊群，成熟时被压在下面；孢子具周壁，表面具刺状纹饰。

冷蕨 *Cystopteris fragilis*（L.）Bernh.

II 裸子植物门
Gymnospermae

松 科

Pinaceae

松属 *Pinus* L.

油松 *Pinus tabuliformis* Carr.

别名：短叶松。

鉴别特征：中生乔木。树皮深灰褐色，裂成不规则较厚的鳞状块片，裂缝及上部树皮红褐色。一年生枝较粗，淡灰黄色或淡红褐色，无毛，幼时微被白粉；冬芽圆柱形，顶端尖，红褐色，微具树脂，芽鳞边缘有丝状缺裂。针叶两针一束，粗硬，不扭曲，边缘有细锯齿，两面有气孔线，横断面半圆形；叶鞘宿存，有环纹。球果卵球形或圆卵形，成熟前绿色，成熟时淡橙褐色或灰褐色，留存树上数年不落；鳞盾多呈扁菱形或菱状多角形，肥厚隆起或微隆起，横脊显著，鳞脐有刺，不脱落；种子褐色，卵圆形或长卵圆形。

用途：瘤状节、花粉、松针和球果均可入中药；木材可供建筑、桥梁、枕木、车辆、家具、造纸等用；树干可采割松脂；树皮可提取栲胶。

油松 *Pinus tabuliformis* Carr.

柏　科
Cupressaceae

侧柏属 *Platycladus* Spach

侧柏 *Platycladus orientalis*〔L.〕Franco

别名：香柏、柏树。

鉴别特征：中生乔木，树冠圆锥形。树皮淡灰褐色，纵裂成条片；生鳞叶的小枝直展，扁平，排成一平面。叶鳞形，先端微钝，小枝中央的叶的露出部分呈倒卵状菱形或斜方形，背面中间有条状腺槽，两侧的叶船形。球果近卵圆形，成熟前近肉质，蓝绿色，被白粉；熟时种鳞张开，木质，红褐色；中间两对种鳞倒卵形或椭圆形，鳞背顶端的下方有一向外弯曲的尖头，上部 1 对种鳞窄长，近柱形，顶端有向上的尖头，下部 1 对种鳞短小。种子卵圆形或近椭圆形，顶端微尖，灰褐色或紫褐色，无翅或极窄的翅；子叶 2。

用途：枝叶和种子入中药，叶和果实入蒙药；木材可供建筑、造船、桥梁、家具、雕刻等用。

侧柏 *Platycladus orientalis*〔L.〕Franco

圆柏属 *Sabina* Mill.

叉子圆柏 *Sabina vulgaris* Ant.

别名：沙地柏、臭柏。

鉴别特征：中旱生匍匐灌木，稀直立灌木或小乔木。树皮灰褐色，裂成不规则薄片脱落。叶二型，刺叶仅出现在幼龄植株上，交互对生或 3 叶轮生，披针形，先端刺尖，上面凹，下面拱圆，叶背中部有长椭圆形或条状腺体；壮龄树上多为鳞叶，交互对生，斜方形或菱状卵形，先端微钝或急尖；叶背中部有椭圆形或卵形腺体。雌雄异株，稀同株；雄球花椭圆形或矩圆形；雌球花和球果着生于向下弯曲的小枝顶端，球果倒三角状球形或叉状球形；成熟前蓝绿色，成熟时褐色、紫蓝色或黑色多少被白粉；内有种子，微扁，卵圆形，顶端钝或微尖，有纵脊和树脂槽。

用途：枝叶入中药，叶入蒙药；可作水土保持及固沙造林树种。

叉子圆柏 *Sabina vulgaris* Ant.

刺柏属 *Juniperus* L.

杜松 *Juniperus rigida* Sieb. et Zucc.

别名：崩松、刚桧。

鉴别特征：旱中生小乔木或灌木，树冠塔形或圆柱形。树皮褐灰色，纵裂成条片状脱落。小枝下垂或直立，幼枝三棱形，无毛。刺叶3叶轮生，条状刺形，质厚，挺直，顶端渐窄，先端锐尖，上面凹下成深槽，白粉带位于凹槽之中，较绿色边带为窄，下面有明显的纵脊。雌雄异株，雄球花着生于一年生枝的叶腋，椭圆形，黄褐色；雌球花亦腋生于一年生枝的叶腋，球形，绿色或褐色。球果圆球形，成熟前紫褐色，成熟时淡褐黑色或蓝黑色，被白粉，内有种子；种子近卵圆形，顶端尖，具树脂槽。

用途：果实入中药，叶、果实入蒙药；木材坚硬，纹理致密，可供作工艺品、雕刻、家具、器皿、农具等用材。

杜松 *Juniperus rigida* Sieb. et Zucc.

麻黄科
Ephedraceae

麻黄属 *Ephedra* Tourn ex L.

草麻黄 *Ephedra sinica* Stapf

别名：麻黄。

鉴别特征：旱生矮小草本状灌木。由基部多分枝，丛生；木质茎短或成匍匐状；小枝直立或稍弯曲，具细纵槽纹。叶2裂，裂片锐三角形，先端急尖，上部膜质薄。雄球花为复穗状，具总梗；苞片常为4对，淡黄绿色；雄蕊花丝合生或顶端稍分离；雌球花单生，顶生于当年生枝，腋生于老枝，具短梗；幼花卵圆形或矩圆状卵圆形，苞片4对，下面的或中间的苞片卵形，先端锐尖或近锐尖，基部合生；中间的苞片较宽，边缘膜质，其余的为暗黄绿色；雌花2，直立或顶端稍弯曲，管口裂缝窄长，常疏被毛；雌球花成熟时苞片肉质，红色，矩圆状卵形或近圆球形。种子通常2粒，包于红色肉质苞片内，不外露或与苞片等长，长卵形，深褐色，一侧扁平或凹，一侧凸起，具2条槽纹，较光滑。

用途：根、茎入中药，茎也入蒙药；中等饲用植物。

草麻黄 *Ephedra sinica* Stapf

木贼麻黄 *Ephedra equisetina* Bunge

别名：山麻黄。

鉴别特征：旱生灌木。木质茎粗长，直立或部分呈匍匐状，灰褐色；茎皮呈不规则纵裂；小枝细，直立，具不甚明显的纵槽纹，稍被白粉，光滑。叶2裂，裂片短三角形，先端钝或稍尖。雄球花穗状，1～3（4）集生于节上，近无梗，卵圆形；苞片基部约1/3合生；雄蕊花丝合生，稍露出；雌球花常2个对生于节上，长卵圆形，苞片3对，最下一对卵状菱形，先端钝，中间一对为长卵形，最上一对为椭圆形，先端稍尖，边缘膜质，其余为淡褐色；雌花直立，稍弯曲。雌球花成熟时苞片肉质，红色，近无梗。种子常为1粒，棕褐色，长卵状矩圆形，顶部压扁似鸭嘴状，两面突起，基部具4槽纹。

用途：茎入中药和蒙药，可作固沙造林的灌木树种。

木贼麻黄 *Ephedra equisetina* Bunge

中麻黄 *Ephedra intermedia* Schrenk ex C. A. Mey.

鉴别特征：旱生灌木。木质茎短粗，灰黄褐色，直立或匍匐斜上，基部多分枝，茎皮干裂后呈现细纵纤维；小枝直立或稍弯曲，灰绿色或灰淡绿色，具细浅纵槽纹，槽上具白色小瘤状突起，触之粗糙感。叶裂片钝三角形或先端具长尖头的三角形，中部淡褐色，具膜质缘；叶鞘围绕基部的变厚部分为深褐色，余处为白色。雄球花常数个密集于节上成团状，几无梗，苞片交叉对生，雄蕊花丝全合生，花药无梗；雌球花生于节上，具短梗，由交叉对生的苞片组成，基部合生，具窄膜质缘；珠被管螺旋状弯曲；雌球花成熟时苞片肉质，红色，椭圆形、卵圆形或矩圆状卵圆形。种子通常包于红色肉质苞片内，不外露，卵圆形或长卵圆形。

用途：茎和根入中药，草质茎入蒙药；肉质苞片可食；也可为固沙造林树种。

中麻黄 *Ephedra intermedia* Schrenk ex C. A. Mey.

III 被子植物门
Angiospermae

A. 双子叶植物纲 Dicotyledoneae

杨柳科
Salicaceae

杨属 *Populus* L.

胡杨 *Populus euphratica* Oliv.

别名：胡桐。

鉴别特征：中生乔木，高达 30 米。树皮淡黄色，基部条裂；小枝淡灰褐色，无毛或有短绒毛。叶缘具裂片、缺刻、波状齿或全缘。成年树上的叶卵圆形或三角状卵圆形，长 2～5 厘米，宽 3～7 厘米，先端有粗齿。叶两面同色，为灰蓝或灰色，有毛或无毛。根际萌生枝的叶和幼树叶均为全缘。花序轴被短毛；花盘早落，膜质，苞片近菱形，上部有疏齿，花盘杯状，干膜质，边缘有凹缺齿，早落；雌花柱头紫红色。蒴果长椭圆形，2 瓣裂。

用途：树脂入中药；木材可作农具及家具，可供建房和燃料等；也用于荒漠地区防护；胡杨是我国西北荒漠、半荒漠区的主要造林树种。

胡杨 *Populus euphratica* Oliv.

柳属　*Salix* L.

乌柳　*Salix cheilophila* C. K. Schneid.

别名：筐柳、沙柳。

鉴别特征：湿中生灌木或小乔木，高可达4米。枝细长，幼时被绢毛，后脱落，一、二年生枝常为紫红色或紫褐色，有光泽。叶条形、条状披针形或条状倒披针形，先端尖或渐尖，基部楔形，边缘常反卷，中上部有细腺齿，基部近于全缘，上面幼时被绢状柔毛，后渐脱落，下面有明显的绢毛。花序先叶开放，圆柱形，花序轴有柔毛；苞片倒卵状椭圆形，淡褐色或黄褐色，先端钝或微凹，基部有柔毛。雄蕊2，完全合生，花丝无毛，花药球形，黄色。子房几无柄，卵形或卵状椭圆形，花柱极短。蒴果，密被短毛。

用途：枝、叶入中药；枝条供编织用；并为护堤、固沙树种。

乌柳　*Salix cheilophila* C. K. Schneid.

北沙柳　*Salix psammophila* C. Wang et C. Y. Yang

别名：沙柳、西北沙柳。

鉴别特征：旱中生灌木，高2～4米。树皮灰色；老枝颜色变化较大。小枝叶先端渐尖，基部楔形，边缘有稀疏腺齿，上面淡绿色，下面苍白色，幼时微具柔毛，后光滑。叶柄长3～5毫米，托叶条形，常早落，萌枝上的托叶常较长。花先叶开放，具短梗，基部有小叶片，花序轴具柔毛；苞片卵状矩圆形，先端钝圆，中上部黑色或深褐色，基部有长柔毛。雄花具雄蕊2，完全合生，花丝基部有短柔毛；子房卵形，无柄，被柔毛，花柱明显，柱头2裂。蒴果长5.8毫米，被柔毛。

用途：较耐旱，抗沙埋，生长迅速，为毛乌素沙地和库布齐沙漠优良的固沙树种；枝条细长，材质洁白，轻软，可供编筐篮等用。

北沙柳　*Salix psammophila* C. Wang et C. Y. Yang

小红柳
Salix microstachya Turcz. ex Trautv var. *bordensis* (Nakai) C. F. Fang

鉴别特征：湿中生灌木，小枝红褐色，细长，常弯曲或下垂，幼时被绢毛，后渐脱落。叶条状披针形，先端渐尖，基部楔形，边缘全缘，具不明显的疏齿；叶柄短，无托叶。花序与叶同时开放，细圆柱形，具短梗，其上着生小叶片，花序轴具柔毛；苞片红褐色，倒卵形，先端有不规则牙齿，基部具长柔毛；腺体1，腹生；雄蕊2，完全合生，花药红色，球形，花丝无毛；子房卵状圆锥形，无毛，花柱明显，柱头2裂。蒴果无毛。

用途：中等饲用植物；毛乌素沙地和库布齐沙漠优良的固沙树种；枝条可供编筐篮等用。

小红柳 *Salix microstachya* Turcz. ex Trautv var. *bordensis* (Nakai) C. F. Fang

桦木科
Betulaceae

虎榛子属 *Ostryopsis* Decne.

虎榛子 *Ostryopsis davidiana* Decne.

别名：棱榆。

鉴别特征：中生灌木，高1～5米。基部多分枝，树皮淡灰色；枝暗灰褐色，无毛；枝近基部散生红褐色刺毛状腺体；冬芽卵球形。叶宽卵形、椭圆状卵形、稀卵圆形，先端渐尖或锐尖，基部心形，稀为圆形，边缘具粗重锯齿，中部以上有浅裂，脉腋间具簇生的髯毛。雌雄同株，雄柔荑花序单生叶腋；花序梗极短；苞鳞宽卵形，外面疏被短柔毛。果序总状着生于小枝顶端，

虎榛子 *Ostryopsis davidiana* Decne.

下垂，果梗极短，果苞厚纸质，外具紫红色细条棱，密被短柔毛，上半部延伸呈管状，下半部紧包果实，成熟后一侧开裂。小坚果卵圆形或近球形。

用途： 种子蒸炒可食，亦可榨油，供食用和制肥皂；树皮可提制栲胶；枝条编织农具；又为山坡或黄土沟岸的水土保持树种。

榆 科
Ulmaceae

榆属 *Ulmus* L.

大果榆 *Ulmus macrocarpa* Hance

别名： 黄榆、蒙古黄榆。

鉴别特征： 旱中生落叶乔木或灌木，高可达 10 余米。树皮灰色或灰褐色，浅纵裂；一、二年生枝黄褐色或灰褐色，两侧有时具扁平的木栓翅。叶厚革质，粗糙，倒卵状圆形至倒卵形，少为宽椭圆形；基部圆形、楔形或微心形，边缘具短而钝的重锯齿，少为单齿；叶柄长 3～10 毫米，被柔毛。花 5～9 朵簇生于去年枝上或生于当年枝基部；花被钟状，上部 5 深裂，裂片边缘具长毛，宿存。翅果倒卵形、宽椭圆形或近圆形，两面无毛，仅翅的边缘具密的睫毛，果核位于翅果的近中部，基部有宿存的花被，被柔毛。

用途： 果实入中药；树干可制各种用具；种子含油量较高；亦为固沟固坡的水土保持树种。

大果榆 *Ulmus macrocarpa* Hance

榆树 *Ulmus pumila* L.

别名：白榆、家榆。

鉴别特征：旱中生乔木，高可达 20 米，胸径可达 1 米。树冠卵圆形，树皮暗灰色，不规则纵裂，粗糙。小枝黄褐色、灰褐色或紫色，光滑或具柔毛。叶矩圆状卵形或矩圆状披针形，先端渐尖或尖；基部近对称或稍偏斜，圆形、微心形或宽楔形，边缘具不规则的重锯齿或为单锯齿。花先叶开放，两性，簇生于去年枝上，花萼 4 裂，紫红色，宿存；雄蕊 4，花药紫色。翅果近圆形或卵圆形，顶端缺口处被毛，果核位于翅果的中部或微偏上，与果翅颜色相同。

用途：树皮入中药；饲用植物；可供建筑、家具、农具等用；种子含油。

榆树 *Ulmus pumila* L.

旱榆 *Ulmus glaucescens* Franch.

别名：灰榆、山榆。

鉴别特征：旱生乔木或灌木，当年生枝通常为紫褐色或紫色，少为黄褐色，具疏毛，后渐光滑；二年生枝深灰色或灰褐色。叶卵形或菱状卵形，圆形或宽楔形，近于对称或偏斜，两面光滑无毛；稀下面有短柔毛及上

旱榆 *Ulmus glaucescens* Franch.

面较粗糙，边缘具钝而整齐的单锯齿；叶柄长 4～7 毫米，被柔毛。花散生于当年枝基部或 5～9 花簇生于去年枝上；花萼钟形，宿存。翅果宽椭圆形、椭圆形或近圆形，果核多位于翅果的中上部，上端接近缺口，缺口处具柔毛，其余光滑，翅近于革质；果梗与宿存花被近等长，被柔毛。

用途： 饲用植物；可作西北地区荒山造林树种；木材坚硬耐用，可作农具、家具等用。

桑 科
Moraceae

桑属 *Morus* L.

蒙桑 *Morus mongolica* (Bur.) C. K. Schneid.

别名： 刺叶桑、崖桑。

鉴别特征： 中生灌木或小乔木，高 3～8 米；树皮灰褐色，纵裂。小枝暗红色，老枝灰黑色；冬芽暗褐色，矩圆状卵形。单叶互生，卵形至椭圆状卵形，末端渐尖、尾状渐尖或钝尖，基部心形，边缘具粗锯齿，齿端具刺尖，稀为重锯齿；齿尖有长刺芒，两面无毛。花单性，雌雄异株，腋生下垂的穗状花序，雄花花被暗黄色，外面及边缘被长柔毛，花药二室，纵裂。雌花序短圆柱形，总花梗纤细；雌花花被片外面上部疏被柔毛，或近无毛；花柱明显，高出子房，柱头 2 裂；内面密生乳头状突起。聚花果圆柱形，成熟时红紫色至紫黑色。

用途： 根皮、果实入中药；木材供制器具等用；树皮纤维为造纸及人造棉原料；果实也可供酿造。

蒙桑 *Morus mongolica* (Bur.) C. K. Schneid.

大麻科
Cannabaceae

葎草属 *Humulus* L.

葎草 *Humulus scandens*（Lour.）Merr.

别名： 勒草、拉拉秧。

鉴别特征： 一年生或多年生缠绕中生草本。茎长达数米，淡黄绿色，较强韧，表面具6条纵棱，棱上生倒刺，棱间被短柔毛。叶纸质，对生，轮廓为肾状五角形、卵形或卵状披针形，先端急尖或渐尖，叶柄具细棱，密被倒刺。花单性，雌雄异株，花序腋生；雄花穗为圆锥花序，具多数小花；雄蕊花药大，矩圆形，花丝丝状，短；雌花穗为短穗状，下垂，每2朵花外具有1白刺毛和黄色小腺点的苞片，花被退化为1全缘的膜质片；子房1，花柱2。瘦果卵圆形，成熟后毛渐落呈栗色，坚硬。

用途： 全草入中药。

葎草 *Humulus scandens*（Lour.）Merr.

大麻属 *Cannabis* L.

野大麻 *Cannabis sativa* L. f. *ruderalis*（Janisch.）Chu

鉴别特征： 一年生中生草本。茎直立，皮层富纤维，植株较矮小。叶互生，掌状复叶，小叶3~7，较小，条状披针形，边缘具粗锯齿。花序生于上部叶的叶腋，萼片5，无花瓣。果实较小，瘦果长约3毫米，径约2毫米，成熟时表面具棕色大理石状花纹，基部具关节。

用途： 种仁入中药。

野大麻 *Cannabis sativa* L. f. *ruderalis*（Janisch.）Chu

荨麻科
Urticaceae

荨麻属 *Urtica* L.

麻叶荨麻 *Urtica cannabina* L.

麻叶荨麻 *Urtica cannabina* L.

别名： 焮麻。

鉴别特征： 多年生中生草本，全株被柔毛和螫毛。茎直立，具纵棱和槽。叶片轮廓五角形，掌状 3 深裂或 3 全裂，叶片上面疏生短伏毛，密生小颗粒状钟乳体，下面被短伏毛和螫毛。花单性，雌雄同株或异株，穗状聚伞花序丛生于茎上部叶腋间，具密生花簇；苞片膜质，透明，卵圆形；雄花花被 4 深裂，花药黄色；雌花花被 4 中裂，裂片椭圆形，包着瘦果。瘦果宽卵形，稍扁，光滑，具少数褐色斑点。

麻叶荨麻　*Urtica cannabina* L.

檀香科
Santalaceae

百蕊草属　*Thesium* L.

长叶百蕊草　*Thesium longifolium Turcz.*

鉴别特征：多年生中旱生草本。根直生，稍肥厚，多分枝，顶部多头。茎丛生，直立或外围者基部斜，高15～50厘米。叶互生，条形或条状披针形，稍肉质；先端锐尖；全缘；无叶柄。花单生叶腋，在茎枝上部集生成，总状花序或圆锥花序；苞片1枚，叶状，条形；小苞片2枚，狭披针形，先端尖，边缘粗糙；花被白色或绿白色，基部筒状，与子房合生。雄蕊5，生于花被裂片基部；花药矩圆形、淡黄色；子房下位，倒圆锥形。坚果近球形或椭圆状球形。种子球形，浅黄色。

用途：全草入中药。

长叶百蕊草　*Thesium longifolium Turcz.*

桑寄生科
Loranthaceae

槲寄生属 *Viscum* L.

槲寄生 *Viscum coloratum*（Kom.）Nakai

别名： 北寄生。

鉴别特征： 半寄生常绿旱中生小灌木，茎枝圆柱状，绿色或黄绿色，单叶对生于枝端，无柄或具短柄，倒披针状或矩圆状披针形，稍肉质，先端钝，全缘。两面无毛，有光泽，花单性，雌雄异株，顶端4裂，裂片卵形或椭圆形，先端钝圆，花被钟形，顶端4裂，裂片卵形或宽卵形，子房下位，1室，无花柱，柱头头状。

用途： 全株入中药。

槲寄生 *Viscum coloratum*（Kom.）Nakai

蓼 科
Polygonaceae

大黄属 *Rheum* L.

华北大黄 *Rheum franzenbachii* Münt.

别名： 山大黄、土大黄、子黄、峪黄。

鉴别特征： 多年生旱中生草本，植株高30～85厘米。根肥厚。茎粗壮，直立，具细纵沟纹；无毛，通常不分枝。叶片心状卵形，先端钝，基部近心形，边缘具皱波；叶脉由基部射出，并于下面凸起，紫红色；茎生叶较小，有短柄或近无柄，托叶鞘长卵形，暗褐色，下部抱茎，不脱落。圆锥花序直立顶生；苞小，肉质，通常破裂而不完全；花梗纤细，中下部有关节；花白色，较小。花被片6，卵形或近圆形，排成2轮。外轮3片较厚而小，花后向背面反曲；雄蕊9；子房呈三棱形，花柱3，向下弯曲，极短，柱头略扩大，稍呈圆片形。瘦果宽椭圆形，沿棱生翅。

用途：根入中药和蒙药，也作兽药用；根又可作工业染料及提制栲胶的原料，栽培叶可作蔬菜食用。

华北大黄 *Rheum franzenbachii* Münt.

总序大黄 *Rheum racemiferum* Maxim.

鉴别特征：多年生中旱生草本，植株高30～70厘米。根状茎直伸或稍弯曲，外皮黑褐色，常剥裂。根肥厚，圆锥形，黑褐色，外皮常皱缩。茎粗壮，直立，具细纵沟纹，无毛，不分枝。

叶片革质，宽卵形、心状宽卵形或近圆形，先端钝或圆，基部近心形；茎生叶具花枝，叶片较小，有短柄或近无柄。圆锥花序顶生，直立；花序轴及分枝具细纵沟纹；苞片小，披针形，膜质，褐色；花梗纤细，中下部有关节；花白绿色，较小，花被片6，排成2轮，外轮3片较小，内轮3片较大；雄蕊9；花柱3，向下弯曲，极短，柱头扩大呈如意状。瘦果椭圆形，具3棱，具宿存花被。

用途：优等饲用植物。

总序大黄 *Rheum racemiferum* Maxim.

单脉大黄 *Rheum uninerve* Maxim.

鉴别特征：多年生中旱生草本，植株高10～20厘米。根状茎直伸，节间短缩。根肉质，肥厚，圆锥形。叶基生，具细纵沟纹，疏生柔毛，于中部具关节；托叶鞘贴生于叶柄下半部。叶片半革质，卵形、宽卵形、长卵形、菱状卵形或倒卵形，先端钝或圆形，基部宽楔形或楔形，叶脉为掌羽状脉，并于下面凸起。圆锥花序，自根状茎顶部生出，与基生叶等长或超出；花序轴具细纵沟纹，近无毛；苞片小，三角状卵形，黄褐色；花梗纤细；花小，花被片6，排成2轮，外轮3片较小，椭圆形，内轮3片较大，宽椭圆形；雄蕊9；子房三棱形，花柱3，向下弯曲；柱头膨大呈头状。瘦果宽椭圆形。

用途：根入中药；根含鞣质，可提制栲胶。

单脉大黄 *Rheum uninerve* Maxim.

酸模属 *Rumex* L.

皱叶酸模 *Rumex crispus* L.

别名：羊蹄、土大黄。

鉴别特征：多年生中生草本，高 50～80 厘米。根粗大。茎直立，单生，通常不分枝，具浅沟槽，无毛。叶柄比叶片稍短，叶片薄纸质，披针形或矩圆状披针形，先端锐尖或渐尖，基部楔形，边缘皱波状；茎上部叶渐小，披针形或狭披针形，具短柄；托叶鞘筒状。花两性，多数花簇生于叶腋，或在叶腋形成短的总状花序，合成 1 狭长的圆锥花序；花梗细，中部以下具关节；花被片 6，外花被片椭圆形，内花被片宽卵形；雄蕊 6，花柱 3，柱头画笔状。瘦果椭圆形。

皱叶酸模 *Rumex crispus* L.

用途：根入中药和蒙药；根和叶均含鞣质，可提制栲胶。

巴天酸模 *Rumex patientia* L.

别名：山荞麦、羊蹄叶、牛西西。

鉴别特征：多年生草本，高 1～1.5 米。根肥厚。茎直立，粗壮，具纵沟纹，无毛。基生叶与茎下部叶有粗壮的叶柄，腹面具沟，叶片矩圆状披针形或长椭圆形，先端锐尖或钝，基部圆形、宽楔或近心形；茎上部叶狭小；托叶鞘筒状。圆锥花序大型，顶生并腋生，狭长而紧密，有分枝，直立，无毛；花两性，多数花朵簇状轮生，花簇紧接；花梗短，近等长或稍长于内花被片，中部以下具关节；花被片 6，2 轮，外花被片矩圆状卵形，全缘，内花被片宽心形；瘦果卵状三棱形，渐尖头，基部圆形，棕褐色，有光泽。

用途：根入中药和蒙药。

巴天酸模 *Rumex patientia* L.

沙拐枣属 *Calligonum* L.

沙拐枣 *Calligonum mongolicum* Turcz.

别名：蒙古沙拐枣。

鉴别特征：沙生强旱生灌木，植株高 30～150 厘米，分枝呈"之"形弯曲，老枝灰白色，当年枝绿色，节间长 1～3 厘米，具纵沟纹。叶细鳞片状。花淡红色，通常 2～3 朵簇生于叶腋；花梗细弱，下部具关节；花被片卵形或近圆形，果期开展或反折；雄蕊与花被近等长；子房椭圆形，有纵列鸡冠状突起。瘦果椭圆形，直或稍扭曲，两端锐尖，棱肋和沟不明显；刺毛较细，易断落。有时有1排发育不好，基部稍加宽，2回分叉，刺毛互相交织，长等于或短于瘦果的宽度。

用途： 根及带果全株入中药；优等饲用植物；可作固沙植物。

沙拐枣 *Calligonum mongolicum* Turcz.

阿拉善沙拐枣 *Calligonum alaschanicum* A. Los.

鉴别特征： 沙生强旱生灌木，植株高1～3米。老枝暗灰色，当年枝黄褐色，嫩枝绿色。花淡红色，通常2～3朵簇生于叶腋；花梗细弱，下部具关节；花被片卵形或近圆形，雄蕊与花被片近等长；子房椭圆形。瘦果近球形，扭曲，两端锐尖，具明显的棱和沟槽；刺毛长于瘦果的宽度，叉状2～3回分枝，不易断落。

用途： 根及带果全株入中药；优等饲用植物；可作固沙植物。

阿拉善沙拐枣 *Calligonum alaschanicum* A. Los.

木蓼属 *Atraphaxis* L.

锐枝木蓼 *Atraphaxis pungens*（M. B.）Jaub. et Spach.

别名： 刺针枝蓼。

鉴别特征： 石生旱生灌木，植株高30～50厘米。多分枝，小枝灰白色或灰褐色，木质化，顶端无叶成刺状，老枝灰褐色，外皮条状剥裂。叶互生，具短柄，革质，椭圆形至条状披针形，全缘，常微向下反卷，灰绿色，无毛，上面平滑，下面网脉明显；托叶鞘筒状，白色，顶端2裂。总状花序侧生于当年生的木质化小枝上，花序短而密集；苞片卵形，膜质，透明；花梗中部具关节；花淡红色，花被片5，2轮，内轮花被片果时增大，近圆形或圆心形，外轮花被片宽椭圆形；雄蕊8；子房倒卵形，柱头3裂，近头状。瘦果卵形。

用途： 中等饲用植物；可作固沙植物。

锐枝木蓼 *Atraphaxis pungens*（M. B.）Jaub. et Spach.

圆叶木蓼 *Atraphaxis tortuosa* A. Los.

鉴别特征： 旱生小灌木，高50～60厘米，多分枝，成球状。嫩枝较细弱，常弯曲，淡褐色，有乳头状突起，老枝灰褐色，外皮条状剥裂。叶具短柄，革质，近圆形、宽椭圆形或宽卵形，先端钝圆并具短尖头，基部宽楔形或近圆形，边缘有皱波状钝齿，两面绿色或灰绿色，密被蜂窝状腺点，托叶鞘褐色。总状花序顶生；苞片菱形，基部卷折呈斜漏斗状，褐色，膜质；每3朵花生于1苞腋内；花梗中部具关节，有乳头状突起。花小，粉红色或白色，后变棕色或褐色；花被片5，2轮，外轮花被片肾圆形，内轮花被片近扇形；雄蕊8；子房椭圆形，柱头头状。瘦果尖卵形，暗褐色，有光泽。

用途： 枝叶入中药；中等饲用植物。

圆叶木蓼 *Atraphaxis tortuosa* A. Los.

沙木蓼
Atraphaxis bracteata A. Los.

鉴别特征： 沙生旱生灌木，植株高1～2米，直立或开展。嫩枝淡褐色或灰黄色，老枝灰褐色，外皮条状剥裂。叶互生，革质，具短柄，圆形、卵形、长倒卵形、宽卵形或宽椭圆形，先端圆钝，有时具短尖头，基部楔形、宽楔形或稍圆，全缘或具波状折皱，有明显的网状脉，无毛；托叶鞘膜质，白色，基部褐色。花少数，总状花序；花梗细弱，在中上部具关

沙木蓼 *Atraphaxis bracteata* A. Los.

节；花被片 5，2 轮，粉红色，内轮花被片圆形或心形，长宽相等或长小于宽；外轮花被片宽卵形，水平开展，边缘波状；雄蕊 8，花丝基部扩展并联合。瘦果卵形，具 3 棱，暗褐色，有光泽。

用途： 可作固沙植物；良等饲用植物。

蓼属 *Polygonum* L.

萹蓄 *Polygonum aviculare* L.

别名： 异叶蓼。

鉴别特征： 一年生中生草本。茎平卧或斜升，稀直立，绿色，具纵沟纹，无毛。叶具短柄或近无柄；叶片狭椭圆形至条状披针形，先端钝圆或锐尖，全缘，两面均无毛，侧脉明显，叶基部具关节，托叶鞘先端多裂。花常簇生于叶腋；花被 5 深裂，边缘白色或淡红色；雄蕊 8；花柱 3，柱头头状。瘦果卵形，具 3 棱，褐色，无光泽。

用途： 全草入中药；优等饲用植物。

萹蓄 *Polygonum aviculare* L.

两栖蓼 *Polygonum amphibium* L.

鉴别特征： 多年生湿生—中生草本，为水陆两生植物。生于水中者：茎横走，无毛，节部

两栖蓼 *Polygonum amphibium* L.

生不定根。叶浮于水面，具长柄，叶片矩圆形或矩圆状披针形，先端锐尖或钝，基部通常为心形；托叶鞘筒状，平滑，顶端截形。生于陆地者：茎直立或斜升，分枝或不分枝。叶有短柄或近无柄，矩圆状披针形，先端渐尖，两面及叶缘均被伏硬毛；托叶鞘被长硬毛。花序通常顶生，椭圆形或圆柱形，为紧密的穗状花序；花梗极短；花被粉红色，5深裂，覆瓦状排列；雄蕊通常5；花柱2，基部合生，露出于花被外；子房倒卵形，略扁平。

荭草 *Polygonum orientale* L.

别名： 东方蓼、红蓼、水红花。

鉴别特征： 一年生中生草本，高1~2米。茎直立，中空，分枝，多少被直立或伏贴的粗长毛。叶片卵形或宽卵形，先端渐狭成锐尖头，基部近圆形或微带楔形，有时略呈心形，全缘，两面均被疏长毛及腺点；茎下部的叶较大，上部叶渐狭而呈卵状披针形；托叶鞘杯状或筒状，被长毛，顶端绿色而呈叶状，或为干膜质状裂片，具缘毛。花穗紧密，顶生或腋生，圆柱形，下垂，常由数个排列成圆锥状；苞鞘状，宽卵形；花梗细，被柔毛；花粉红色至白色。花被5深裂，裂片椭圆形，露出于花被外；花盘具数个裂片；花柱2，基部合生，稍露出于花被外，柱头头状。瘦果近圆形，扁平，黑色，有光泽，包于花被内。

用途： 果实及全草可入中药；亦可作庭院观赏植物。

荭草 *Polygonum orientale* L.

酸模叶蓼 *Polygonum lapathifolium* L.

别名： 旱苗蓼、大马蓼。

鉴别特征： 一年生湿中生草本，高30~80厘米。茎直立，有分枝，节部膨大。叶柄短，叶片披针形、矩圆形或矩圆状椭圆形，先端渐尖或全缘，叶缘被刺毛；托叶鞘筒状，淡褐色，无毛，具多数脉，先端截形，无缘毛或具稀疏缘毛。圆锥花序由数个花穗组成，花穗顶生或腋生，近乎直立，具长梗，侧生者梗较短，密被腺毛；苞漏斗状、边缘斜形并具稀疏缘毛，内含数花；花被淡绿色或粉红色，通常4深裂，被腺点；雄蕊通常6；花柱2，近基部分离，向外弯曲。瘦果宽卵形，扁平，微具棱，黑褐色，光亮，包于宿存的花被内。

用途： 果实入中药，全草入蒙药。

酸模叶蓼 *Polygonum lapathifolium* L.

水蓼 *Polygonum hydropiper* L.

别名： 辣蓼。

鉴别特征： 一年生湿生-中生草本。茎直立或斜升，不分枝或基部分枝，无毛。叶具短柄，叶片披针形，先端渐尖，基部狭楔形，全缘，两面被黑褐色腺点，叶缘具缘毛；托叶鞘筒状，褐色；有短柄。穗状花序稀疏，常不连续，顶生或腋生；花疏生，下部间断；苞漏斗状，先端斜形，具腺点及睫毛或近无毛；花通常簇生，花梗比苞长；花淡绿色或粉红色，密被褐色腺点，

水蓼 *Polygonum hydropiper* L.

裂片倒卵形或矩圆形，大小不等；雄蕊通常 6，包于花被内；花柱 2～3，基部稍合生，柱头头状。瘦果卵形，通常一面平另一面凸，稀三棱形，暗褐色，有小点，稍有光泽；外被宿存花被。

用途：全草或根、叶入中药。

叉分蓼 *Polygonum divaricatum* L.

别名：酸不溜。

鉴别特征：多年生旱中生草本，高 70～150 厘米。茎直立或斜升，有细沟纹，疏生柔毛或无毛，中空，节部通常膨胀，多分枝，常呈叉状。叶具短柄或近无柄，叶片披针形、椭圆形至矩圆状条形，先端锐尖、渐尖或微钝，基部渐狭，全缘或缘都略呈波状，两面被疏长毛或无毛，边缘常具缘毛或无毛；托叶鞘褐色。花序顶生，大型，为疏松开展的圆锥花序；苞卵形，膜质，褐色；花梗无毛，上端有关节；花被白色或淡黄色，5 深裂，裂片椭圆形，大小略相等，开展；雄蕊 7～8，比花被短；花柱 3。柱头头状。瘦果卵状菱形或椭圆形，具 3 锐棱，比花被长约 1 倍，黄褐色，有光泽。

用途：全草及根入中药。

叉分蓼 *Polygonum divaricatum* L.

西伯利亚蓼 *Polygonum sibiricum* Laxm.

别名：剪刀股、醋柳。

鉴别特征：多年生中生草本，高 5～30 厘米。具细长的根状茎，茎斜升或近直立，通常自基部分枝，无毛；节间短。叶有短柄；叶片近肉质，矩圆形、披针形、长椭圆形或条形，先端锐尖或钝，基部略呈戟形，且向下渐狭而成叶柄，全缘，两面无毛，具腺点。花序为顶生的圆锥花序，由数个花穗相集而成；苞宽漏斗状，上端截形或具小尖头，无毛；花具短梗，中部以上具关节，时常下垂；花被 5 深裂，黄绿色，裂片近矩圆形；雄蕊与花被近等长；花柱 3，甚短，柱头头状。瘦果卵形，具 3 棱，黑色，平滑而有光泽，包于宿存花被内或略露出。

用途：根入中药；中等饲用植物。

西伯利亚蓼 *Polygonum sibiricum* Laxm.

柳叶刺蓼 *Polygonum bungeanum* Turcz.

别名：本氏蓼。

鉴别特征：一年生草木，茎直立，具倒生钩刺，被短硬伏毛，叶片披针形或宽披针形，先端锐尖或稍钝。花穗细长，圆柱状。苞片漏斗状，绿色或淡紫红色，无毛或有腺毛。花被 5 深裂，裂片椭圆形，顶端钝圆。瘦果黑色，无光泽。

柳叶刺蓼 *Polygonum bungeanum* Turcz.

荞麦属 *Fagopyrum* Gaertn.

苦荞麦 *Fagopyrum tataricum*（L.）Gaertn.

别名：野荞麦、胡食子。

鉴别特征：一年生中生草本，高30～60厘米。茎直立，分枝或不分枝，具细沟纹，绿色或微带紫色，光滑。小枝具乳头状突起。叶片宽三角形或三角状戟形，先端渐尖，基部微心形，裂片稍向外开展，尖头，全缘或微波状，两面沿叶脉具乳头状毛；上部茎生叶稍小，具短柄；托叶鞘黄褐色，无毛。总状花序，腋生和顶生；花被白色或淡粉红色，5深裂，裂片椭圆形，被稀疏柔毛；雄蕊8，短于花被；花柱3，较短，柱头头状。瘦果圆锥状卵形，灰褐色，有沟槽，具3棱，上端角棱锐利，下端圆钝成波状。

用途：根及全草入中药，种子入蒙药；工业上用作制造碳酸钠的原料；种子供食用或作饲料。

苦荞麦 *Fagopyrum tataricum*（L.）Gaertn.

首乌属 *Fallopia* Adans.

木藤首乌 *Fallopia aubertii*（L. Henry）Holub

别名：鹿挂面、木藤蓼。

鉴别特征：多年生中生缠绕灌木，茎近直立或缠绕，褐色，无毛，长达数米。叶常簇生或互生，叶片矩圆状卵形、卵形或宽卵形，先端钝或锐减，两面均无毛，褐色，花絮圆锥状，顶生，分枝少而稀疏。苞膜质，褐色，鞘状，花梗细，下部具关节。花被5深裂，白色，外面裂片3，舟形，翅下延至花梗关节，里面裂片2，宽卵形。雄蕊8，比花被稍短。花柱极短。

用途：块根入中药。

木藤首乌 *Fallopia aubertii*（L. Henry）Holub

藜 科
Chenopodiaceae

盐角草属 *Salicornia* L.

盐角草 *Salicornia europaea* L.

别名：海蓬子、草盐角。

鉴别特征：一年生草木，高5～30厘米。茎直立，多分枝；枝灰绿色或为紫红色。叶鳞片

盐角草 *Salicornia europaea* L.

状，先端锐尖，基部连合成鞘状，边缘膜质，穗状花序有短梗。圆柱状，花每 3 朵成 1 簇，着生于肉质花序轴两侧的凹陷内；花被上部扁平；雄蕊 1 或 2，花药矩圆形。胞果卵形，果皮膜质，包于膨胀的花被内。种子矩圆形。

用途：工业上为制造碳酸钠的原料。

梭梭属 *Haloxylon* Bunge

梭梭 *Haloxylon ammodendron*（C. A. Mey.）Bunge

别名：琐琐、梭梭柴。

鉴别特征：矮小的强旱生半乔木，有时呈灌木状。树皮灰黄色，二年生枝灰褐色，有环状裂缝；当年生枝细长，蓝色。叶退化成鳞片状宽三角形，先端钝，腋间有绵毛。花单生于叶腋；小苞片宽卵形，边缘膜质；花被片 5，矩圆形，果时自背部横生膜质翅，翅半圆形，有黑褐色纵脉纹，全缘或稍有缺刻，基部心形，花被片翅以上部分稍内曲。胞果半圆球形，顶部稍凹，果皮黄褐色，肉质。种子扁圆形。

用途：木材可做建筑、燃料等用，又为固沙的优良树种；且为肉苁蓉的寄主。

梭梭 *Haloxylon ammodendron*（C. A. Mey.）Bunge

假木贼属 *Anabasis* L.

短叶假木贼 *Anabasis brevifolia* C. A. Mey.

别名：鸡爪柴。

鉴别特征：强旱生小半灌木，高 5～15 厘米。主根粗壮，黑褐色。由基部主干上分出多数枝条；老枝灰褐色或灰白色，具裂纹，粗糙；当年生枝淡绿色，被短毛。叶矩圆，先端具短刺尖，稍弯曲，基部彼此合生成鞘状，腋内生绵毛。花两性，1～3 朵生于叶腋；小苞片 2，舟状，边缘膜质；花被 5，果时外轮 3 个花被片自背侧横生翅，翅膜质，扇形或半圆形，边缘有不整齐钝齿，具脉纹，淡黄色或橘红色；内轮 2 个花被片生较小的翅。胞果宽椭圆形或近球形，黄褐色，密被乳头状突起。种子与果同形。

用途：为荒漠地区的良等饲用植物。

短叶假木贼 *Anabasis brevifolia* C. A. Mey.

盐爪爪属 *Kalidium* Moq.

盐爪爪 *Kalidium foliatum*（Pall.）Moq.

别名：着叶盐爪爪、碱柴、灰碱柴。

鉴别特征：旱生半灌木，高 20～50 厘米。茎直立或斜升，多分枝，老枝灰褐色，小枝上部近草质，黄绿色。叶互生，圆柱形，先端钝或稍尖，基部半抱茎，直伸或稍弯，灰绿色；肉质，开展成直角，或稍向下弯，顶端钝，基部下延，半抱茎。穗状花序顶生，圆柱状或卵形，每 3 朵花生于 1 鳞状苞片内；雄蕊 2，伸出花被外，子房卵形，柱头 2。胞果圆形，红褐色。种子与果同形。

用途：中等饲用植物。

盐爪爪 *Kalidium foliatum*（Pall.）Moq.

尖叶盐爪爪 *Kalidium cuspidatum*（Ung.-Sternb.）Grub.

别名：灰碱柴。

鉴别特征：旱生半灌木，高 10～30 厘米。茎多由基部分枝，枝斜升，老枝灰褐色，幼枝较细弱，黄褐色或带黄白色。叶卵形，先端锐尖，边缘膜质。基部半抱茎，灰蓝色。花序穗状，圆柱状或卵状；每 3 朵花生于 1 鳞状苞片内。胞果圆形，直径约 1 毫米；种子与果同形。

用途：中等饲用植物。

尖叶盐爪爪 *Kalidium cuspidatum*（Ung.-Sternb.）Grub.

合头藜属 *Sympegma* Bunge

合头藜 *Sympegma regelii* Bunge

别名：合头草、列氏合头草、黑柴。

合头藜 *Sympegma regelii* Bunge

鉴别特征：强旱生小半灌木或半灌木。茎直立，多分枝，老枝灰褐色，当年枝灰绿色，叶互生，肉质，圆柱形，先端稍尖。花两性。花被片5，草质。翅膜质，宽卵形至近圆形，大小不等，黄褐色。雄蕊5，花药矩圆状卵形。柱头2，胞果扁圆形。

用途：中等饲用植物。

碱蓬属　*Suaeda* Forsk. ex Gmelin

碱蓬　*Suaeda glauca*（Bunge）Bunge

别名：猪尾巴草、灰绿碱蓬。

鉴别特征：一年生湿生草本，高30～60厘米。茎直立，圆柱形，浅绿色，具条纹，上部多分枝，分枝细长，斜升或开展。叶条形，半圆柱状或扁平，灰绿色，先端钝或稍尖，光滑或被粉粒，通常稍向上弯曲，茎上部叶渐变短。花两性，单生或2～5朵簇生于叶腋的短柄上，或呈团伞状，通常与叶具共同之柄；小苞片短于花被，卵形，锐尖；花被片5，矩圆形，向内包卷，果时花被增厚，具隆脊，呈五角星状。胞果有2型，其一扁平，圆形，紧包于五角星形的花被内；另一呈球形，上端稍裸露，花被不为五角星形。种子近圆形，横生或直立，有颗粒状点纹，黑色。

用途：中等饲用植物；种子油可做肥皂和油漆等；全株在印染工业、玻璃工业、化学工业上可作多种化学制品的原料。

碱蓬　*Suaeda glauca*（Bunge）Bunge

茄叶碱蓬　*Suaeda przewalskii* Bunge

鉴别特征：一年生沙生植物，植株高10～30厘米。茎直立，圆柱状，被散生的星状毛。叶倒卵形，先端钝圆，基部渐狭成柄状，有粉粒。花两性或雌性，簇生于叶腋，呈团伞状；小苞片短于花被，卵形，膜质；花被半球形，花被片 5，向上包卷，基部合生，宽卵形，肉质，边缘膜质，果时花被周围常具极窄的翅状环边（有时无突起物），雄蕊 5；柱头 2。种子近圆形，两面稍压扁，黑褐色，有光泽，表面具清晰的点纹。

用途：良好饲用植物。

茄叶碱蓬 *Suaeda przewalskii* Bunge

角果碱蓬 *Suaeda corniculata*（C. A. Mey.）Bunge

鉴别特征：一年生湿生草本，高 10～30 厘米。茎粗壮，由基部分枝，斜升或直立，有红色条纹，枝细长，开展。叶条形、半圆柱状，先端渐尖，基部渐狭，常被粉粒。花两性或雌性，3～6 朵簇生于叶腋，呈团伞状；小苞片短于花被；花被片 5，肉质或稍肉质，向上包卷，包住果实，果实背部生不等大的角状突起，其中之一发育伸长成长角状；雄蕊 5，花药极小，近圆形；柱头 2，花柱不明显。胞果圆形，稍扁；种子横生或斜生，黑色或黄褐色，有光泽，具清晰的点纹。

用途：中等饲用植物；种子油可做肥皂和油漆等；在印染工业、玻璃工业、化学工业上可作多种化学制品的原料。

角果碱蓬 *Suaeda corniculata*（C. A. Mey.）Bunge

盐地碱蓬 *Suaeda salsa*（L.）Pall.

鉴别特征：一年生草本，高 10～50 厘米。茎直立，圆柱形，无毛，有红紫色条纹；上部多分枝或由基部分枝，枝细弱，有时茎不分枝。叶条形，半圆柱状，先端尖或急尖，枝上部叶较短。团伞花序，通常含3~5花，腋生，在分枝上排列成间断的穗状花序，花两性或兼有雌性，小苞片短于花被，卵形或椭圆形，膜质，白色；花被半球形，花被片基部合生，果时各花被片背面显著隆起，成为兜状或龙骨状。基部具大小不等的翅状突起；雄蕊5，花药卵形或椭圆形；柱头2，丝状有乳头，花柱不明显。种子横生，黑色，表面有光泽，网点纹不清晰或仅边缘较清晰。

盐地碱蓬 *Suaeda salsa*（L.）Pall.

雾冰藜属 *Bassia* All.

雾冰藜 *Bassia dasyphylla*（Fisch. et C. A. Mey.）O. Kuntze

别名： 巴西藜、肯诺藜、五星蒿、星状刺果藜。

鉴别特征： 一年生草本，高5~30厘米，全株被灰白色长毛。茎直立，具条纹，黄绿色或

雾冰藜 *Bassia dasyphylla*（Fisch. et C. A. Mey.）O. Kuntze

浅红色，多分枝，开展，细弱，后变硬。叶肉质，圆柱状或半圆柱状条形，先端钝，基部渐狭。花单生或2朵集生于叶腋，但仅1花发育；花被球状壶形，草质，5浅裂，草质果时在裂片背侧中部生5个锥状附属物，呈五角星状。胞果卵形。种子横生，近圆形，平滑，黑褐色。

用途：中等饲用植物。

猪毛菜属　*Salsola* L.

珍珠猪毛菜　*Salsola passerina* Bunge

别名：珍珠柴、雀猪毛菜。

鉴别特征：超旱生小半灌木，高5～30厘米。根粗壮，外皮暗褐色或灰褐色，不规则剥裂。茎弯曲，树皮灰色或灰褐色，老枝灰褐色，有毛，嫩枝黄褐色，密被鳞片状丁字形毛。叶互生，锥形或三角形，肉质，密被鳞片状丁字形毛；叶腋和短枝着生球状芽，亦密被毛。花穗状，着生于枝条上部；苞片卵形或锥形，肉质，有毛；小苞片宽卵形，长于花被；花被片5，长卵形，有丁字形毛，其中3片翅较大，肾形或宽倒卵形；另2片翅较小，倒卵形；花被片翅以上部分聚集成近直立的圆锥状；雄蕊5，花药条形，自基部分离至近顶部，顶端有附属物；柱头锥形。胞果倒卵形。种子圆形，横生或直立。

用途：良等饲用植物；种子供制工业用油。

珍珠猪毛菜　*Salsola passerina* Bunge

松叶猪毛菜　*Salsola laricifolia* Turcz. ex Litv.

鉴别特征：强旱生小灌木，高20～50厘米。多分枝，老枝深灰色或黑褐色，开展多硬化成刺状；幼枝淡黄白色或灰白色，有光泽，常具纵裂纹。叶互生或簇生，条状半圆形，肉质，肥厚。花单生于苞腋，在枝顶排成穗状花序；小苞片宽卵形，长于花被；花被片5，长卵形，稍坚硬，果膜质翅，翅红紫色或淡紫褐色，肾形或宽倒卵形，具多数扇状脉纹，顶端边缘有不规则波状圆齿。雄蕊5，花药矩圆形，顶端有条形的附属物，先端锐尖；胞果倒卵形。种子横生。

用途：中等饲用植物。

松叶猪毛菜 *Salsola laricifolia* Turcz. ex Litv.

猪毛菜 *Salsola collina* Pall.

别名：山叉明棵、札蓬棵、沙蓬。

鉴别特征：一年生旱中生草本，高 30～60 厘米。茎近直立，通常由基部分枝，开展，茎及枝淡绿色，有白色或紫色条纹，被稀疏的短糙硬毛或无毛。叶条状圆柱形，肉质。花通常多数，生于茎及枝上端，排列为细长的穗状花序，稀单生于叶腋；苞片卵形，具锐长尖，绿色，边缘膜质；小苞片狭披针形，先端具针尖；花被片披针形，膜质透明，直立，雄蕊 5，稍超出花被，花丝基部扩展，花药矩圆形，顶部无附属物；柱头丝形。胞果倒卵形，果皮膜质；种子倒卵形，顶端截形。

用途：全草入中药；良等饲用植物。

猪毛菜 *Salsola collina* Pall.

刺沙蓬 *Salsola tragus* L.

别名：沙蓬、苏联猪毛菜。

鉴别特征：一年生旱中生草本，高 15～50 厘米。茎直立或斜升，由基部分枝，坚硬，绿色，圆筒形或稍有棱。叶互生，条状圆柱形，肉质；先端有白色硬刺尖，基部稍扩展，边缘干膜质，边缘常被硬毛状缘毛。花 1～2 朵生于苞腋，通常在茎及枝的上端排列成为穗状花序；小苞片卵形，边缘干膜质；花被片 5，锥形或长卵形，直立，其中有 2 片较短而狭，花期为透明膜质，果时于背侧中部横生 5 个干膜质或近革质翅，其中 3 个翅较大，肾形、扇形或倒卵形，淡紫红色或无色，后期常变为灰褐色，具多数扇状脉纹，另 2 个翅较小，匙形，各翅边缘互相衔接或重叠；雄蕊 5，花药矩圆形；柱头 2 裂，丝形，长为花柱的 3～4 倍。胞果倒卵形，果皮膜质；种子横生。

用途：全草入中药；良等饲用植物。

刺沙蓬 *Salsola tragus* L.

蛛丝蓬属 *Micropeplis* Bunge

蛛丝蓬 *Micropeplis arachnoidea*（Moq.-Tandon）Bunge

别名：蛛丝盐生草、白茎盐生草、小盐大戟。

蛛丝蓬 *Micropeplis arachnoidea*（Moq.-Tandon）Bunge

鉴别特征：一年生草本，高10～40厘米。茎直立，自基部分枝，枝互生，灰白色，幼时被蛛丝状毛，毛以后脱落。叶互生，肉质，圆柱形，先端钝，有时生小短尖，叶腋有绵毛。花小，杂性，通常2～3朵簇生于叶腋；小苞片2，卵形，背部隆起，边缘膜质；花被片5，宽披针形，膜质，先端钝或尖，全缘或有齿，果时自背侧的近顶部生翅；翅半圆形，膜质，透明；雄花的花被常缺；雄蕊5，花药矩圆形；柱头2，丝形。胞果宽卵形，背腹压扁，果皮膜质，灰褐色。种子圆形，横生；胚螺旋状。

用途：中等饲用植物。

沙蓬属 *Agriophyllum* M. Bieb.

沙蓬 *Agriophyllum squarrosum*（L.）Moq.-Tandon

别名：沙米、登相子。

鉴别特征：一年生沙生旱生草本，植株高15～50厘米。茎坚硬，浅绿色，具不明显条棱。叶无柄，披针形至条形。花序穗状，紧密，宽卵形或椭圆状，苞片宽卵形，先端急缩具短刺尖，后期反折；花被片1～3，膜质；雄蕊2～3，花丝扁平，锥形，花药宽卵形；子房扁卵形，被毛，柱头2。胞果圆形或椭圆形。种子近圆形，扁平，光滑。

用途：种子入中药，种子及地上部分入蒙药；良等饲用植物；种子可作精料补饲家畜，亦可食用；在荒漠地带是一种先锋固沙植物。

沙蓬 *Agriophyllum squarrosum*（L.）Moq.-Tandon

虫实属 *Corispermum* L.

碟果虫实 *Corispermum patelliforme* Iljin

鉴别特征：一年生沙生旱生草本，植株高10～45厘米。茎直立，圆柱状，被散生的星状毛，分枝斜升。叶长椭圆形或倒披针形，先端钝圆，具小凸尖，基部渐狭，具3脉，干时皱缩。穗状花序圆柱状，通常其中、上部较密，下部较稀疏；花序中、上部的苞片卵形或宽卵形，少数下部的苞片宽披针形；先端锐尖或骤尖，具小短尖头，基部圆形，具较狭的膜质边缘；果时苞片掩盖果实；花被片3，近轴花被片宽卵形或近圆形；雄蕊5，花丝钻形，与花被等长或稍长。果实圆形或近圆形，扁平，呈碟状，果翅极窄，向腹面反折，果喙不显。

用途：良等饲用植物。

碟果虫实 *Corispermum patelliforme* Iljin

兴安虫实 *Corispermum chinganicum* Iljin

鉴别特征：一年生沙生旱生草本，植株高 10～50 厘米。茎直立，圆柱形，绿色或紫红色，由基部分枝。叶条形，先端渐尖，具小尖头，基部渐狭，1 脉。穗状花序圆柱形，稍紧密；苞片披针形至卵形或宽卵形，先端渐尖或骤尖，具较宽的白色膜质边缘，全部包被果实；花被片 3，近轴花被片 1，宽椭圆形，顶端具不规则的细齿；雄蕊 1～5，稍超过花被片；果实矩圆状倒卵形或宽椭圆形，顶端圆形，基部近圆形或近心形。果核椭圆形，灰绿色至橄榄色，后期为暗褐色，有光泽，常具褐色斑点或无，无翅或翅狭窄。

用途：良等饲用植物。

兴安虫实 *Corispermum chinganicum* Iljin

绳虫实 *Corispermum declinatum* Steph. ex Iljin

鉴别特征：一年生沙生旱生草本，植株高 15～50 厘米。茎直立，稍细弱，分枝多，具条纹。叶条形，先端渐尖，具小尖头，基部渐狭，1 脉。穗状花序细长，稀疏；苞片较狭，条状披针形至狭卵形，先端渐尖，具小尖头，1 脉，边缘白色膜质，除上部萼片较果稍宽外均较果窄。花被片 1，稀 3，近轴花被片宽椭圆形，先端全缘或啮蚀状；雄蕊 1～3，花丝长为花被长的 2 倍。果实倒卵状矩圆形，中部以上较宽，顶端锐尖，稀近圆形，基部圆楔形，背面中央稍扁平，腹面凹入，无毛；果核狭倒卵形，平滑或稍具瘤状突起；果喙直立，边缘具狭翅。

用途：良等饲用植物。

绳虫实 *Corispermum declinatum* Steph. ex Iljin

驼绒藜属 *Krascheninnikovia* Gueld.

驼绒藜 *Krascheninnikovia ceratoides*（L.）Gueld.

别名： 优若藜。

鉴别特征： 强旱生半灌木，植株高 0.3～1 米。分枝多集中于下部。叶较小，条形、条状披

针形，先端锐尖或钝，基部渐狭、楔形或圆形，全缘，1 脉，有时近基部有 2 条不甚显著的侧脉，极稀为羽状，两面均有星状毛。雄花序短而紧密，雌花管椭圆形，密被星状毛，花管裂片角状，先端锐尖，果时管外具 4 束长毛，与管长相等。胞果椭圆形或倒卵形，被毛。

用途： 优等饲用植物，家畜采食其当年生枝条；在干旱地区有引种驯化价值。

驼绒藜 *Krascheninnikovia ceratoides*（L.）Gueld.

华北驼绒藜
Krascheninnikovia arborescens（Losina-Losinsk.）Czerepanov

别名：驼绒蒿。

鉴别特征：旱生半灌木，植株高 1～2 米，分枝多集中于上部，较长。叶较大，具柄短，叶片矩圆状披针形，先端锐尖，基部楔形至圆形，全缘，通常具明显的羽状叶脉；两面均有星状毛。雄花序细长而柔软，雌花管倒卵形，花管裂片粗短，先端钝，略向后弯，果时管外两侧的中上部具 4 束长毛，下部则有短毛。胞果椭圆形或倒卵形，被毛。

用途：优等饲用植物；在干旱地区可引种驯化。

华北驼绒藜 *Krascheninnikovia arborescens*（Losina-Losinsk.）Czerepanov

地肤属 *Kochia* Roth

木地肤 *Kochia prostrata*（L.）Schrad.

别名：伏地肤。

鉴别特征：旱生小半灌木。根粗壮，木质。茎基部木质化，分枝多而密，于短茎上呈丛生状，被白色柔毛。叶于短枝上呈簇生状，叶片条形或狭条形，先端锐尖或渐尖，两面被柔毛。花单生或 2～3 朵集生于叶腋，或于枝端构成复穗状花序；花无梗，不具苞，花被壶形或球形，密被柔毛；花被片 5，密生柔毛，果时变革质，自背部横生 5 个干膜质薄翅，翅菱形或宽倒卵形，顶端边缘有不规则钝齿，具多数暗褐色扇状脉纹；雄蕊 5，花丝条形，花药卵形；花柱短，柱头 2，有羽毛状突起。胞果扁球形，果皮近膜质；种子卵形或近圆形，黑褐色。

用途：优等饲用植物。

木地肤 *Kochia prostrata* (L.) Schrad.

地肤 *Kochia scoparia*（ L. ）Schrad.

别名：扫帚菜。

鉴别特征：一年生中生草本，茎直立，常自基部分枝，具条纹，淡绿色或浅红色，后变为红色，幼枝有白色柔毛。叶无柄，叶片披针形至条状披针形，扁平，先端渐尖，基部渐狭成柄状，全缘，无毛或被柔毛，边缘常有白色长毛。花无梗。花被片5，基部合生，黄绿色，卵形，翅短，卵形，胞果扁球形，包于花被内。种子与果同形。

用途：果实及全草入中药；嫩茎叶可供食用；种子供食用和工业用。

地肤 *Kochia scoparia*（ L. ）Schrad.

碱地肤 *Kochia sieversiana*（ Pall. ）C. A. Mey.

别名：秃扫儿。

鉴别特征：一年生旱中生草本，茎直立，扁平，粗壮，常自基部分枝，具条纹，淡绿色或浅红色，幼枝有白色柔毛。叶无柄，叶片条状披针形，扁平，先端渐尖，全缘，无毛或被柔毛，边缘常有白色长毛。花无梗，花下有较密的束生柔毛。花被片5，基部合生，黄绿色，卵形，翅短，卵形，胞果扁球形，包于花被内。种子与果同形。

用途：中等饲用植物。

碱地肤 *Kochia sieversiana*（ Pall. ）C. A. Mey.

滨藜属 *Atriplex* L.

中亚滨藜 *Atriplex centralasiatica* Iljin

别名：中亚粉藜、麻落粒。

鉴别特征：一年生中生草本，高 20～50 厘米。茎直立，钝四棱形，多分枝，枝黄绿色，密被粉粒。叶互生，具短柄或近无柄；叶片菱状卵形、三角形、卵状戟形或长卵状戟形，有时为卵形，先端钝或短渐尖，基部宽楔形，边缘通常有少数缺刻状钝牙齿。花单性，雌雄同株，簇生于叶腋，团伞花序，于枝端及茎顶形成间断的穗状花序；雄花花被片 5，雄蕊 3～5；雌花无花被，有 2 个苞片。果实膨大，菱形或近圆形，通常在同一株上可见有两种形状，一种膨大成球形，通常背部密被瘤状突起。另一种略扁平，不具瘤状突起。胞果宽卵形或圆形。种子扁平，棕色，光亮。

用途：果实入中药；中等饲用植物。

中亚滨藜 *Atriplex centralasiatica* Iljin

西伯利亚滨藜 *Atriplex sibirica* L.

别名：刺果粉藜、麻落粒。

鉴别特征：一年生中生草本，高 20～50 厘米。茎直立，钝四棱形，通常由基部分枝，被白粉粒；枝斜升，有条纹。叶互生，具短柄；叶片菱状卵形、卵状三角形或宽三角形，先端微钝，基部宽楔形，边缘具不整齐的波状钝牙齿。花单性，雌雄同株，簇生于叶腋，团伞花序，于茎上部构成穗状花序；雄花花被片

西伯利亚滨藜 *Atriplex sibirica* L.

5，雄蕊 3～5，生于花托上；雌花无花被，为 2 个合生苞片包围。果时苞片膨大，木质，有短柄，表面被白粉。胞果卵形或近圆形，果皮薄，贴附种子。种子直立，圆形，两面凸，稍呈扁球形，红褐色或淡黄褐色。

用途： 果实入中药；中等饲用植物。

野滨藜 *Atriplex fera*（L.）Bunge

野滨藜 *Atriplex fera*（L.）Bunge

鉴别特征： 一年生中生草本，高 30～60 厘米。茎直立或斜升，钝四棱形，具条纹，黄绿色。叶互生，叶片卵状披针形或矩圆状卵形，先端钝或渐尖；基部宽楔形或近圆形，全缘或微波状缘，两面绿色或灰绿色，上面稍被粉粒，下面被粉粒，后期渐脱落。花单性，雌雄同株，簇生于叶腋，成团伞花序；雄花 4～5 基数，早脱落；雌花无花被，有 2 个苞片，苞片的边缘全部合生；果时两面膨胀，包住果实，呈卵形、宽卵形成椭圆形，木质化，具明显的梗。果皮薄膜质，与种子紧贴，种子直立，圆形，稍压扁，暗褐色。

用途： 中等饲用植物。

滨藜 *Atriplex patens*（Litv.）Iljin

别名： 碱灰菜。

鉴别特征： 一年生中生草本，高 20～80 厘米。茎直立，有条纹，上部多分枝；枝细弱，斜升。叶互生，在茎基部的近对生，叶片披针形至条形，先端尖或微钝，基部渐狭，边缘有不规则的弯锯齿或全缘，两面稍有粉粒。花单性，雌雄同株；团伞花簇形成稍疏散的穗状花序，腋生；雄花花被片 4～5，雄蕊和花被片同数；雌花无花被，有 2 个苞片，苞片中部以下合生，果时为三角状菱形。种子近圆形，且扁，红褐色或褐色，光滑。

滨藜 *Atriplex patens*（Litv.）Iljin

藜属 *Chenopodium* L.

灰绿藜 *Chenopodium glaucum* L.

别名： 水灰菜。

鉴别特征： 一年生中生草本，高 15～30 厘米。茎通常由基部分枝，斜升或平卧，有沟槽及红色或绿色条纹，无毛。叶片稍厚，带肉质，矩圆状卵形、椭圆形、卵状披针形、披针形或条形，先端钝或锐尖，基部渐狭，边缘具波状牙齿，稀近全缘。花序穗状或复穗状，顶生或腋生；花被片狭矩圆形，先端钝，内曲，背部绿色，边缘白色膜质，无毛；雄蕊通常 3～4，稀 1～5，花丝较短；柱头 2，甚短。胞果不完全包于花被内，果皮薄膜。种子横生，扁球形，暗褐色。

用途： 中等饲用植物。

灰绿藜 *Chenopodium glaucum* L.

尖头叶藜 *Chenopodium acuminatum* Willd.

别名： 绿珠藜、渐尖藜、油杓杓。

鉴别特征： 一年生中生草本，高 10～30 厘米。茎直立，枝通常平卧或斜升，无毛，具条纹，有时带紫红色。叶具柄，叶片卵形、宽卵形、三角状卵形、长卵形或菱状卵形，先端钝圆或锐尖，具短尖头，基部宽楔形或圆形，全缘；茎上部叶渐狭小，几为卵状披针形或披针形。花每 8～10 朵聚生为团伞花簇，花簇紧密地排列于花枝上；花序轴密生玻璃管状毛；花被片 5，宽卵形，背部中央具绿色龙骨状隆脊；边缘膜质，雄蕊 5，花丝极短。胞果扁球形，近黑色，具不明显放射状细纹及细点，稍有光泽。果时包被果实，全部呈五角星状。种子横生，黑色，有光泽，表面有不规则点纹。

用途： 饲用植物；种子可榨油。

尖头叶藜 *Chenopodium acuminatum* Willd.

东亚市藜 *Chenopodium urbicum* L. subsp. *sinicum* H. W. Kung et G. L. Chu

鉴别特征： 一年生中生草本，高 30～60 厘米，全株无粉。茎粗壮，直立，具条棱，无毛。叶具长柄，叶片菱形或菱状卵形，先端锐尖，基部宽楔形，边缘有不整齐的弯缺状大锯齿。花序穗状圆锥状，顶生或腋生，花两性兼有雌性；花被片 3～5，花被片狭倒卵形，黄绿色，边缘膜质淡黄色，果时通常开展；雄蕊 5，超出花被；柱头 2，较短。胞果小，近圆形，果皮薄，黑褐色，表面有颗粒状突起；种子横生、斜生、稀直立，红褐色，边缘锐，有点纹。

用途：全草及果实入中药；中等饲用植物。

东亚市藜 *Chenopodium urbicum* L. subsp. *sinicum* H. W. Kung et G. L. Chu

杂配藜 *Chenopodium hybridum* L.

别名：大叶藜、血见愁。

鉴别特征：一年生中生草本，高 40～90 厘米。茎直立，粗壮，具 5 锐棱，无毛，基部通常不分枝，枝细长，斜伸。叶具长柄，叶片质薄，宽卵形或卵状三角形，边缘具不整齐微弯缺状渐尖或锐尖的裂片；下面叶脉凸起，黄绿色。花序圆锥状，较疏散，顶生或腋生；花两性兼有雌性；花被片 5，卵形，先端圆钝，包被果实。胞果双凸镜形，果皮薄膜质，具蜂窝状的 4～6 角形网纹。种子横生，扁圆形，两面凸，黑色，无光泽，边缘具钝棱，表面具明显的深洼点。胚环形。

用途：地上部分入中药；种子可榨油及酿酒；嫩枝叶可做猪饲料。

杂配藜 *Chenopodium hybridum* L.

藜 *Chenopodium album* L.

鉴别特征： 一年生中生草本，高 30～120 厘米。茎直立，粗壮，圆柱形，具棱，嫩时被白色粉粒，多分枝，枝斜升或开展。叶具长柄，叶片三角状卵形或菱状卵形，先端钝或尖，基部楔形，边缘具不整齐的波状牙齿；上面深绿色，下面灰白色或淡紫色，密被灰白色粉粒。花黄绿色，聚成团伞花簇，多数花簇排成腋生或顶生的圆锥花序；花被片 5，宽卵形至椭圆形；雄蕊 5，伸出花被外；花柱短，柱头 2。胞果全包于花被内或顶端稍露，果皮薄，和种子紧贴；种子横生，两面凸或呈扁球形，表面有浅沟纹及洼点；胚环形。

用途： 全草及果实入中药，全草入蒙药；中等饲用植物。

藜 *Chenopodium album* L.

刺藜属 *Dysphania* R. Br.

菊叶香藜
Dysphania schraderiana（Roemer et Schult.）Mosyakin et Clemants

别名： 菊叶刺藜、总状花藜。

鉴别特征： 一年生中生草本，高 20～60 厘米，有强烈香气，全体具腺及腺毛。茎直立，分

菊叶香藜 *Dysphania schraderiana*（Roemer et Schult.）Mosyakin et Clemants

枝，有纵条纹，灰绿色，老时紫红色。叶具柄；叶片矩圆形，羽状浅裂至深裂，先端钝，基部楔形，裂片边缘有时具微小缺刻或牙齿；上部或茎顶的叶较小，浅裂至不分裂。花多数，组成二歧聚伞花序，再集成塔形的大圆锥花序；花被片 5，卵状披针形，背部被黄色腺点及刺状突起，边缘膜质；雄蕊 5，不外露。胞果扁球形，不全包于花被内；种子横生，扁球形，种皮硬壳质，黑色或红褐色，有光泽；胚半球形。

用途：全草可入中药。

刺藜 *Dysphania aristata*（L.）Mosyakin et Clemants

别名：野鸡冠子花、刺穗藜、针尖藜。

鉴别特征：一年生中生草本，高 10～25 厘米。茎直立，圆柱形，具条纹，无毛或疏生毛；多分枝，开展，下部枝较长，上部者较短。叶条形或条状披针形，先端锐尖或钝，基渐狭成不明显之叶柄，全缘，两面无毛。二歧聚伞花序，花近无梗，生于刺状枝腋内；花被片 5，矩圆形，先端钝圆或尖，背部绿色，稍具隆脊，边缘膜质白色或带粉红色，内曲；雄蕊 5，不外露。胞果上下压扁，圆形，果皮膜质，不全包于花被内。种子横生，扁圆形，黑褐色，有光泽；胚球形。

用途：全草入中药；低等饲用植物。

刺藜 *Dysphania aristata*（L.）Mosyakin et Clemants

苋 科
Amaranthaceae

苋属 *Amaranthus* L.

北美苋 *Amaranthus blitoides* S. Watson

鉴别特征：一年生中生草本，高 15～50 厘米。茎平卧或斜升，从基部分枝，绿白色，具条棱。叶片倒卵形至矩圆状披针形，先端钝或锐尖，有小凸尖，基部楔形，全缘，具白色边缘，上面灰绿色，下面淡绿色，叶脉隆起，有光泽。花单性，花簇小形，腋生，有少数花；苞片及小苞片披针形；花被片通常 4，雄花雄蕊 3，雄花的卵状披针形，先端短渐尖，雌花的矩圆状披针形，雌花柱头 3 长短不一，基部成软骨质肥厚。胞果椭圆形，环状横裂。种子卵形，黑色，有光泽。

用途：全草入中药。

北美苋 *Amaranthus blitoides* S. Watson

反枝苋 *Amaranthus retroflexus* L.

鉴别特征： 一年生中生草本，高 20～60 厘米。茎直立，粗壮，分枝或不分枝，被短柔毛。叶片椭圆状卵形或菱状卵形，具小凸尖，全缘或波状缘，两面及边缘被柔毛；叶脉隆起；叶柄有柔毛。圆锥花序顶生及腋生，由多数穗状序组成，顶生花穗较侧生者长；苞片锥状，边缘透明膜质；花被片 5，矩圆形或倒披针形，先端锐尖或微凹，透明膜质；雄蕊 5，超出花被；柱头 3，长刺锥状。胞果扁卵形，环状横裂，包于宿存的花被内；种子近球形，黑色或黑褐色，边缘钝。

用途： 全草入中药；嫩茎叶可食，为良好的养猪养鸡饲料；植株可作绿肥。

反枝苋 *Amaranthus retroflexus* L.

马齿苋科
Portulacaceae

马齿苋属 *Portulaca* L.

马齿苋 *Portulaca oleracea* L.

别名： 马齿草、马苋菜。

鉴别特征： 一年生中生肉质草本，全株光滑无毛。茎平卧或斜升，淡绿色或红紫色。叶肥厚肉质。倒卵状楔形或匙状楔形。花小，黄色，3～5 朵簇生于枝顶；花瓣 5，黄色，倒卵状矩圆形或倒心形，顶端微凹，较萼片长；花药黄色；蒴果圆锥形。

用途：全草入中药；嫩茎叶可食用；良好的饲用植物。

马齿苋 *Portulaca oleracea* L.

石竹科
Caryophyllaceae

 裸果木属 *Gymnocarpos* Forssk.

裸果木 *Gymnocarpos przewalskii* Bunge ex Maxim.

别名：瘦果石竹。

鉴别特征：超旱生灌木，高 50～80（100）厘米，株丛直径可达 2 米；树皮灰黄色，具不规则纵沟裂。叶狭条状扁圆柱形，肉质，稍带红色。腋生聚伞花序；苞片膜质，白色透明，宽椭圆形；花托钟状漏斗形，其内部具肉质花盘；萼片 5，倒披针形，外面被短柔毛；无花瓣；雄蕊 2 轮，外轮 5，无花药，内轮 5，与萼片对生，具花药；子房上位，近球形，内含基生胚珠 1；花柱单一，丝状。瘦果包藏在宿存萼内。

裸果木 *Gymnocarpos przewalskii* Bunge ex Maxim.

繁缕属 *Stellaria* L.

沙地繁缕 *Stellaria gypsophyloides* Fenzl

别名：霞草状繁缕。

鉴别特征：多年生旱生草本，高 30～60 厘米，全株被腺毛或腺质柔毛。直根粗长，圆柱形，黄褐色。茎多数，丛生，从基部多次二歧式分枝，枝缠结交错，形成球形草丛。叶无柄，条形、条状披针形或椭圆形，先端锐尖，中脉明显。聚伞花序分枝繁多，开张，呈大型多花的圆锥状；苞片卵形；萼片矩圆状披针形，先端稍钝，边缘膜质；花瓣白色，与萼片近等长，2 深裂，裂片条形。蒴果椭圆形，与宿存萼片等长，具种子 1～3 粒；种子卵状肾形，黑色，表面具明显疣状突起。

用途：根入中药；水土保持植物。

沙地繁缕 *Stellaria gypsophyloides* Fenzl

银柴胡 *Stellaria lanceolata*（Bunge）Y. S. Lian

别名：披针叶叉繁缕、狭叶歧繁缕。

鉴别特征：多年生旱生草本。叶披针形、条状披针形、短圆状披针形，长 5～25 毫米，宽 1.5～5 毫米，先端渐尖；聚伞花序分枝繁多，开张，呈大型多花的圆锥状；苞片卵形；萼片矩圆状披针形，先端稍钝，边缘膜质；花瓣白色，与萼片近等长，蒴果常含 1 种子。

用途：根入中药。

银柴胡 *Stellaria lanceolata*（Bunge）Y. S. Lian

钝萼繁缕 *Stellaria amblyosepala* Schrenk

鉴别特征：多年生旱生草本，高15～30厘米。直根粗壮，圆柱形，灰褐色。茎多数，四棱形，密集丛生，被腺毛或腺质柔毛。叶条状披针形至条形，先端渐尖，基部渐狭，全缘，无柄。二歧聚伞花序顶生，具多数花；苞片与叶同形而较小；花梗纤细，被腺毛或腺质柔毛；萼片5，矩圆形或卵形，先端钝圆；花瓣白色，椭圆形；雄蕊10；子房卵球形，花柱3。蒴果包藏在宿存的花萼内，含种子1粒，果梗下垂；种子宽卵形，黑褐色，表面具小疣状突起。

钝萼繁缕 *Stellaria amblyosepala* Schrenk

女娄菜属 *Melandrium* Rochl.

女娄菜 *Melandrium apricum*（Turcz. ex Fisch. et C. A. Mey.）Rohrb.

别名：桃色女娄菜。

鉴别特征：一、二年生中旱生草本，全株密被倒生短柔毛。茎直立，基部多分枝。叶条状

女娄菜 *Melandrium apricum*（Turcz. ex Fisch. et C. A. Mey.）Rohrb.

被针形或披针形，先端锐尖，基部渐狭，全缘，上部叶无柄。聚伞花序顶生和腋生；苞片披针形或条形，先端渐尖，紧贴花梗；花梗近直立，长短不一；萼片椭圆形，果期膨大呈卵形，顶端 5 裂，裂片近披针形或三角形，边缘膜质；花瓣白色或粉红色；花丝基部被毛；子房长椭圆形，花柱 3。蒴果椭圆状卵形，具短柄；种子圆肾形，黑褐色，表面被钝的瘤状突起。

用途： 全草入中药。

麦瓶草属　*Silene* L.

毛萼麦瓶草　*Silene repens* Patr.

别名： 蔓麦瓶草，匍生蝇子草。

鉴别特征： 多年生草木，根状茎细长，匍匐地面，茎直立或斜升，有分枝，被短柔毛，叶条状披针形、条形或条形倒披针形，先端锐尖，基部渐狭，全缘，两面被短柔毛或近无毛，苞片叶状，披针形。萼齿宽卵形，先端钝，边缘宽膜质，花瓣顶端 2 深裂，基部具长爪，雄蕊 10，子房矩圆柱形，无毛，花柱 3，种子圆肾形，黑褐色。

毛萼麦瓶草　*Silene repens* Patr.

旱麦瓶草　*Silene jenisseensis* Willd.

别名： 麦瓶草、山蚂蚱。

鉴别特征： 多年生草本，高 20～50 厘米。直根粗长，黄褐色或黑褐色，顶部具多头。茎几个至十余个丛生，直立或斜升，无毛或基部被短糙毛，基部常包被枯黄色残叶；基生叶簇生，多数，具长柄，叶片披针状条形；先端长渐尖，基部渐狭。聚伞状圆锥花序顶生或腋生；苞片卵形，先端长尾状，基部合生；花萼筒状，无毛，果期膨大呈管状钟形，萼齿三角状卵形；花瓣白色，开展；雄蕊 5 长，5 短；子房矩圆状圆柱形，花柱 3 条。蒴果宽卵形，包藏在花萼内；种子圆肾形，被条状细微突起。

用途：根入中药。

旱麦瓶草 *Silene jenisseensis* **Willd.**

宁夏麦瓶草 *Silene ningxiaensis* **C. L. Tang**

别名：宁夏蝇子草。

鉴别特征：多年生草木，直根，粗壮，茎数条，疏丛生，直立，纤细，基生叶簇生，条形或倒披针状条形，基部渐狭成柄状，先端渐尖，两面无毛，基部边缘具缘毛。花梗不等长，苞片卵状披针形，先端长渐尖，下部边缘具白色缘毛。雌雄蕊柄被短毛，花瓣淡黄绿色或淡紫色，瓣爪稍外露，无耳，雄蕊外露，花丝无毛。花柱 3，外露。种子灰褐色，表面具条形低突起。

宁夏麦瓶草 *Silene ningxiaensis* **C. L. Tang**

丝石竹属 *Gypsophila* **L.**

尖叶丝石竹 *Gypsophila licentiana* **Hand. –Mazz.**

别名：尖叶石头花、石头花。

鉴别特征：多年生草本，高 25～50 厘米，全株光滑无毛。直根，粗壮。茎多数，上部多分枝。叶条形或披针状条形，先端尖，基部渐狭，具一条中脉且于下面突起。花多数，密集成紧密的头状聚伞花序；苞片卵状披针形，膜质；花萼钟形，萼齿卵状三角状，先端尖，边缘宽膜质；花瓣白色或淡粉色，长约 8 毫米，倒披针形，先端微凹，基部楔形；雄蕊稍短于花瓣；花柱 2 条。蒴果卵形，长与花萼近相等；种子黑色，圆肾形，表面具疣状突起。

尖叶丝石竹　*Gypsophila licentiana* Hand.–Mazz.

石竹属 *Dianthus* L.

石竹 *Dianthus chinensis* L.

别名：洛阳花。

鉴别特征：多年生旱中生草本，高 20～40 厘米。全株带粉绿色。茎常自基部簇生，直立，无毛，上部分枝。叶披针状条形或条形花顶生，单一或 2～3 朵成聚伞花序；雄蕊 10；子房矩圆形，花柱 2 条。蒴果矩圆状圆筒形。

用途：地上部分入中药和蒙药；也可作为观赏植物。

石竹　*Dianthus chinensis* L.

金鱼藻科
Ceratophyllaceae

金鱼藻属 *Ceratophyllum* L.

金鱼藻 *Ceratophyllum demersum* L.

别名：松藻。

鉴别特征：多年生沉水水生草本；茎细长，多分枝。叶 4～10 片轮生，1～2 回二歧分叉，裂片条形或丝状条形，边缘仅一侧有疏细锯齿，齿尖常软骨质。花微小，具短花梗。坚果扁椭圆形，果实有 3 刺。

用途：全草入中药；全草可用作鱼饲料及猪饲料。

金鱼藻 *Ceratophyllum demersum* L.

毛茛科
Ranunculaceae

耧斗菜属 *Aquilegia* L.

耧斗菜 *Aguilegia viridiflora* Pall.

别名：血见愁。

鉴别特征：多年生旱中生草本，高 20～40 厘米。直根粗大，圆柱形，黑褐色。茎直立，被短柔毛和腺毛。叶楔状倒卵形。单歧聚伞花序；花梗长 2～5 厘米；雄蕊多数。蓇葖果直立，被毛，种子狭卵形，黑色，有光泽，三棱状，其中有 1 棱较宽，种皮密布点状皱纹。

耧斗菜 *Aguilegia viridiflora* Pall.

蓝堇草属 *Leptopyrum* Reichb.

蓝堇草 *Leptopyrum fumarioides*（L.）Reichb.

鉴别特征：一年生中生草本，全株无毛，呈灰绿色。根直，细长，黄褐色。茎直立或上升，通常从基部分枝。基生叶多数，<u>丛生</u>，通常为 2 回三出复叶，具长柄，中央小叶柄较长，侧生小叶柄较短；茎下部叶通常互生，具柄，叶柄基部加宽成鞘；茎上部叶对生至轮生；叶片 2～3 回三出复叶；叶灰蓝绿色，两面无毛。单歧聚伞花序具 2 至数花；苞片叶状；花梗近丝状；萼片 5，淡黄色，椭圆形，先端尖；花瓣漏斗状，与萼片互生，比萼片显著短，2 唇形；雄蕊 10～15，花丝丝状，花药近球形；心皮 5～20，无毛。蓇葖果条状矩圆形；种子暗褐色，近椭圆形或卵形。

用途：全草入中药。

蓝堇草 *Leptopyrum fumarioides*（L.）Reichb.

唐松草属 *Thalictrum* L.

卷叶唐松草 *Thalictrum petaloideum* L. var. *supradecompositum*（Nakai）Kitag.

别名：蒙古唐松草、狭裂瓣蕊唐松草。

鉴别特征：多年生中旱生草本，高 20～60 厘米。根茎细直，暗褐色。茎直立，具纵细沟。叶 3～4 回三出羽状复叶，叶近圆形、肾状圆形或倒卵形，小叶全缘或 2～3 全裂或深裂，全缘小叶和裂片为条状披针形、披针形或卵状披针形，边缘全部反卷。聚伞花序或圆锥花序。瘦果无翼，瘦果具心皮柄或无柄。

卷叶唐松草 *Thalictrum petaloideum* L. var. *supradecompositum*（Nakai）Kitag.

展枝唐松草 *Thalictrum squarrosum* Steph. ex Willd.

别名：叉枝唐松草、歧序唐松草、坚唐松草。

鉴别特征：多年生中旱生草本，高达1米。须根发达，灰褐色。茎呈"之"字形曲折，常自中部二叉状分枝，分枝多，通常无毛。叶集生于茎下部和中部，具短柄，基部加宽呈膜质鞘状，为3～4回三出羽状复叶，小叶卵形至宽倒卵形，顶端通常具3个大牙齿或全缘，两面无毛，脉在下面稍隆起。圆锥花序近二叉状分枝，呈伞房状，花梗基部具披针形小苞；萼片4，淡黄绿色，稍带紫色，狭卵形；无花瓣；雄蕊7～10，花丝细，花药条形，比花丝粗；心皮1～3，无柄，柱头三角形，有翼。瘦果新月形或纺锤形。

用途：辅助蜜源植物，全草可入中药和蒙药；种子含油量较大，可供工业用；叶含鞣质，可提制栲胶；羊采食，属于劣等饲用植物。

展枝唐松草 *Thalictrum squarrosum* Steph. ex Willd.

箭头唐松草 *Thalictrum simplex* L.

别名：水黄连、黄唐松草。

鉴别特征：多年生中生草本，全株无毛。茎直立，通常不分枝，具纵条棱。基生叶为2～3回三出羽状复叶，小叶宽倒卵状楔形至矩圆形，基部楔形至近圆形，先端通常3浅裂或全缘；上部茎生叶为1回三出羽状复叶，小叶披针形至条状披针形，基部楔形；小叶质厚，边缘稍反卷。圆锥花序生于茎顶，分枝向上直展；花多数；萼片4，淡黄绿色，卵形或椭圆形，边缘膜

箭头唐松草 *Thalictrum simplex* L.

质；无花瓣；雄蕊多数，花丝丝状，花药黄色，比花丝粗；心皮 4～12，柱头箭头状，宿存。瘦果椭圆形或狭卵形。

用途： 全草入中药和蒙药；种子油可供制油漆用。

欧亚唐松草 *Thalictrum minus* L.

别名： 小唐松草。

鉴别特征： 多年生中生草本，高 60～120 厘米，全株无毛。茎直立，具纵棱。下部叶为 3～4 回三出羽状复叶，有柄，基部有狭鞘；上部叶为 2～3 回三出羽状复叶，有短柄或无柄，小叶纸质或薄革质，楔状倒卵形至狭菱形，基部楔形至圆形，先端 3 浅裂或有疏牙齿，上面绿色，下面淡绿色，脉不明显隆起，脉网不明显。圆锥花序；萼片 4，淡黄绿色，外面带紫色，狭椭圆形，边缘膜质；无花瓣；雄蕊多数，花药条形，花丝丝状；心皮 3～5，无柄，柱头正三角状箭头形。瘦果狭椭圆球形，稍扁，有 8 条纵棱。

用途： 根入中药和蒙药。

欧亚唐松草 *Thalictrum minus* L.

白头翁属 *Pulsatilla* Mill.

细叶白头翁 *Pulsatilla turczaninovii* Kryl. et Serg.

别名： 毛姑朵花。

鉴别特征： 多年生中旱生草本，植株基部密包被纤维状的枯叶柄残余。根粗大，垂直，暗褐色。基生叶多数，通常与花同时长出；叶片轮廓卵形，2～3 回羽状分裂；叶两面无毛或沿叶脉稍被长柔毛。总苞叶掌状深裂，裂片条形或倒披针状条形，全缘或 2～3 分裂，里面无毛，外

细叶白头翁 *Pulsatilla turczaninovii* Kryl. et Serg.

面被长柔毛，基部联合呈管状；花萼疏或密被白色柔毛；花向上开展；萼片 6，蓝紫色或蓝紫红色，长椭圆形或椭圆状披针形，外面密被伏毛；雄蕊多数，比萼片短约一半。瘦果狭卵形。

用途：根入中药和蒙药；中等适用植物。

水毛茛属 *Batrachium*（DC.）S. F. Gray.

水毛茛 *Batrachium bungei*（Steud.）L. Liou

鉴别特征：多年生沉水水生草本。茎长 30 厘米以上，无毛或在节上被疏毛。叶有短或长柄，基部加宽成鞘状，近无毛或疏被毛；叶片轮廓半圆形或扇状半圆形，小裂片近丝形，在水外常收拢，无毛；花梗无毛；萼片卵状椭圆形，边缘膜质，无毛；花瓣白色，基部黄色，倒卵形；雄蕊多数；花托有毛。聚合果卵球形；瘦果狭倒卵形，有横皱纹。

水毛茛 *Batrachium bungei*（Steud.）L. Liou

碱毛茛属 *Halerpestes* E. L. Greene

碱毛茛 *Halerpestes sarmentosa*（Adams）Kom. et Aliss.

别名：圆叶碱毛茛、水葫芦苗。

碱毛茛 *Halerpestes sarmentosa*（Adams）Kom. et Aliss.

碱毛茛 *Halerpestes sarmentosa*（Adams）Kom. et Aliss.

鉴别特征：多年生湿中生草本，高 3～12 厘米。具细长的匍匐茎。叶片近圆形，长 0.4m～1.5m。花小，直径约 7mm；花瓣 5，黄色，长约 3mm。聚合果长约 6mm，椭圆形或卵形，具短柄。种子棕褐色，椭圆形。

用途：全草入蒙药。

长叶碱毛茛 *Halerpestes ruthenica*（Jacq.）Ovcz.

别名：金戴戴、黄戴戴。

鉴别特征：多年生湿中生草本，高 10～25 厘米。具细长的匍匐茎。叶全部基生，具长柄，基部加宽成鞘；叶片宽梯形或卵状梯形，长 1.2～4 厘米，先端具 3（稀 5）个圆齿，中央牙齿较大，两面无毛，近革质。花葶较粗而直，疏被柔毛，单一或上部分枝；苞片披针状条形，基部加宽，膜质，抱茎，着生在分枝处；萼片 5，淡绿色，膜质，狭卵形，外面有毛；花瓣 6～9，黄色，狭倒卵形，基部狭窄，具短爪，有蜜槽，先端钝圆；花托圆柱形，被柔毛。聚合果球形或卵形，瘦果扁。

用途：全草入蒙药；辅助蜜源植物；各种家畜均采食，属于良好的饲用植物。

长叶碱毛茛 *Halerpestes ruthenica*（Jacq.）Ovcz.

毛茛属 *Ranunculus* L.

毛茛 *Ranunculus japonicus* Thunb.

鉴别特征：多年生湿中生草本。茎直立，常在上部多分枝。基生叶丛生，具长柄，叶片轮廓五角形，基部心形，3深裂至全裂，中央裂片楔状倒卵形或菱形；叶两面被伏毛；上部叶3全裂，裂片披针形；苞叶条状披针形，全缘，有毛。聚伞花序多花；花梗细长，密被伏毛；萼片5，卵状椭圆形，边缘膜质，外面被长毛；花瓣5，倒卵形，基部狭楔形，里面具蜜槽，先端钝圆，有光泽；花托小，无毛，聚合果球形。瘦果倒卵形，边缘有狭边，果喙短。

用途：全草入中药和蒙药。

毛茛 *Ranunculus japonicus* Thunb.

茴茴蒜 *Ranunculus chinensis* Bunge

别名：茴茴蒜毛茛、野桑椹。

鉴别特征：多年生草本，高15～40厘米。茎直立，中空，密生开展的淡黄色长硬毛。茎上部叶小，短柄至无柄，两面伏生硬毛。基生叶与下部叶有长柄，三出复叶，小叶3深裂或全裂，裂片上部具不规则牙齿。花1～2朵生于茎顶，萼片5，花瓣5，黄色或上面白色，花托在果期伸长，密生短柔毛。聚合果长圆形；瘦果卵状椭圆形，扁平。

用途：药用植物，全草入中药。

茴茴蒜 *Ranunculus chinensis* Bunge

铁线莲属 *Clematis* L.

灌木铁线莲 *Clematis fruticosa* Turcz.

鉴别特征：直立旱生小灌木，高达1米。茎枝具棱，紫褐色。单叶对生，具短柄；叶片薄革质，狭三角形或披针形，边缘疏生牙齿，下部常羽状深裂或全裂。聚伞花序顶生或腋生；花梗被短毛，近中部有1对苞片，披针形；花萼宽钟形，黄色，萼片4，卵形或狭卵形，顶端渐尖，边缘密生白色短柔毛；无花瓣；雄蕊多数，无毛，花丝披针形，花药黄色，稍短于花丝或近等长；心皮多数，密被长绢毛，花柱弯曲，圆柱状。瘦果近卵形，紫褐色，密生柔毛。

用途：可作观赏植物或做切花；辅助蜜源植物；中等饲用植物。

灌木铁线莲 *Clematis fruticosa* Turcz.

灰叶铁线莲 *Clematis tomentella*（Maxim.）W. T. Wang et L. Q. Li

鉴别特征：强旱生小灌木，高达1米。茎直立，茎枝具棱，被密细柔毛，后渐无毛。单叶对生或数叶簇生；叶片狭披针形至披针形，革质，两面被细柔毛呈灰绿色，先端锐尖，基部楔

灰叶铁线莲 *Clematis tomentella*（Maxim.）W. T. Wang et L. Q. Li

形，全缘；叶柄极短或近无柄。聚伞花序具1～3花，顶生或腋生；萼片4，向上斜展呈宽钟状，黄色狭卵形或卵形，顶端渐尖，外面边缘密生绒毛，其余被细柔毛，里面无毛或近无毛；雄蕊多数，无毛，花丝狭披针形，长于花药。瘦果密被白色长柔毛。

用途：花朵美丽，可作为观赏植物。

棉团铁线莲 *Clematis hexapetala* Pall.

别名：山蓼、山棉花。

鉴别特征：多年生中旱生草本，高40～100厘米，根茎粗壮，黑褐色。茎直立，圆柱形，有纵纹，疏被短柔毛或近无毛。叶对生，近革质，为1～2回羽状全裂，具柄，叶柄基部稍加宽，微抱茎，疏被长柔毛；裂片矩圆状披针形至条状披针形，两端渐尖，全缘，两面叶脉明显。聚伞花序腋生或顶生，通常3朵花；苞叶条状披针形；花梗被柔毛；萼片6，白色，狭倒卵形，顶端圆形，里面无毛，外面密被白色绵毡毛；无花瓣；雄蕊多数，花药条形，黄色，花丝与花药近等长，条形，褐色，无毛；心皮多数，密被柔毛。瘦果多数，倒卵形，扁平。

用途：根可入中药和蒙药；也可用作农药；辅助蜜源植物；劣等饲用植物。

棉团铁线莲 *Clematis hexapetala* Pall.

短尾铁线莲 *Clematis brevicaudata* DC.

别名：林地铁线莲。

鉴别特征：中生藤本。枝条暗褐色，疏生短毛，具明显的细棱。叶对生，为1～2回三出或羽状复叶，叶卵形至披针形，边缘具缺刻状牙齿，有时3裂。复聚伞花序腋生或顶生，萼片4，展开，白色或带淡黄色，狭倒卵形。雄蕊多数。瘦果宽卵形，微带浅褐色，被短柔毛。

短尾铁线莲 *Clematis brevicaudata* DC.

芹叶铁线莲 *Clematis aethusifolia* Turcz.

别名：细叶铁线莲、断肠草。

鉴别特征：旱中生草质藤本，根细长。枝纤细，具细纵棱。叶对生，3~4回羽状细裂，末回裂片披针状条形，两面稍有毛；叶柄疏被柔毛。聚伞花序腋生；花梗细长，疏被柔毛，顶端下弯；苞片叶状；花萼钟形，淡黄色，萼片4，矩圆形或狭卵形，有三条明显的脉纹，外面疏被柔毛，沿边缘密生短柔毛，里面无毛，先端稍向外反卷；无花瓣；雄蕊多数，长度约为萼片之半，花丝条状披针形，向基部逐渐加宽，疏被柔毛，花药无毛，长椭圆形；心皮多数，被柔毛。瘦果倒卵形，且扁，红棕色，羽毛状花柱宿存。

用途：全草可入中药和蒙药；辅助蜜粉源植物。

芹叶铁线莲 *Clematis aethusifolia* Turcz.

黄花铁线莲 *Clematis intricata* Bunge

别名：狗豆蔓、萝萝蔓。

鉴别特征：旱中生草质藤本。茎攀援，多分枝，具细棱。叶对生，为2回三出羽状复叶，羽片通常2对，具细长柄；小叶条形至披针形；中央小叶先端渐尖，基部楔形，边缘疏生牙齿或全缘，叶两面疏被柔毛。聚伞花序腋生，花梗疏被柔毛，位于中间者无苞叶，侧生者花梗下部具2枚对生的苞叶，全缘、浅裂至全裂；花萼钟形，黄色，萼片4，狭卵形。雄蕊多数，花丝条状披针形，被柔毛，花药椭圆形，黄色，无毛；心皮多数，瘦果卵形，扁平，沿边缘增厚，被柔毛，羽毛状柱头宿存。

用途：全草入中药和蒙药；辅助蜜粉源植物。

黄花铁线莲 *Clematis intricata* Bunge

翠雀花属 *Delphinium* L.

翠雀花 *Delphinium grandiflorum* L.

别名： 大花飞燕草、鸽子花、摇咀咀花。

鉴别特征： 多年生旱中生草本，高20～65厘米。茎直立，全株被反曲的短柔毛。叶片轮廓圆肾形，3全裂，裂片再细裂，小裂片条状。总状花序具花3～15朵，萼片5，蓝色、紫蓝色或粉紫色，椭圆形或卵形。基部有距，退化雄蕊2，瓣片蓝色，宽倒卵形，里面中部有一小撮黄色髯毛及鸡冠状突起。蓇葖果3，密被短毛，具宿存花柱。种子多数，四面体形，具膜质翅。

用途： 全草入中药和蒙药；花大而鲜艳，可供观赏。

翠雀花 *Delphinium grandiflorum* L.

小檗科
Berberidaceae

小檗属　*Berberis* L.

刺叶小檗　*Berberis sibirica* Pall.

别名： 西伯利亚小檗。

鉴别特征： 落叶中生灌木。老枝暗灰色，表面具纵条裂，幼枝红色或红褐色，被微毛，具条棱。叶近革质，叶片倒卵形、倒披针形或倒卵状矩圆形，先端钝圆，基部渐狭成柄，边缘具刺状疏牙齿，两面均为黄绿色；网脉明显。花单生，稀为2朵，淡黄色；外轮萼片椭圆状卵形，内轮萼片倒卵形；花瓣倒卵形，与花萼近等长，顶端微缺。浆果倒卵形，鲜红色，内含种子5～8粒。

用途： 根皮和茎皮入蒙药。

刺叶小檗　*Berberis sibirica* Pall.

鄂尔多斯小檗　*Berberis caroli* C. K. Schneid.

别名： 匙叶小檗。

鉴别特征： 落叶旱中生灌木，高1～2米。老枝暗灰色，表面具纵条裂，幼枝紫褐色，有黑色疣点；枝条开展，具条棱，叶刺单一。叶纸质，叶片簇生于刺腋，倒披针形至椭圆形，先端锐尖或钝圆，具小凸尖，基部渐狭成柄，全缘或有锯齿，被白粉，两面网脉明显。总状花序稍下垂，有花9～15朵；花黄色；小苞片2，三角形，常为红色；萼片6，外轮萼片倒卵形，内轮萼片宽倒卵形或近圆形；花瓣6，倒卵状椭圆形，较萼片稍短；雄蕊6，较花瓣短；子房圆柱形，柱头头状扁平。浆果矩圆形，鲜红色，柱头宿存。

用途： 根皮和茎皮全草入中药和蒙药；辅助蜜源植物；山羊采食其果实及叶，属于中等饲用植物。

鄂尔多斯小檗 *Berberis caroli* C. K. Schneid.

细叶小檗 *Berberis poiretii* C. K. Schneid.

别名：针雀、泡小檗、波氏小檗。

鉴别特征：落叶旱中生灌木，高 1～2 米。老枝灰黄色，表面密生黑色细小疣点，幼枝紫褐色，有黑色疣点；枝条开展，纤细，显具条棱。叶刺小，通常单一；叶簇生于刺腋，叶片纸质，倒披针形至披针状匙形；先端锐尖，具小凸尖，基部渐狭成短柄，全缘或中上部边缘有齿；网脉明显。总状花序下垂，具 8～15 朵花；花鲜黄色；苞片条形；小苞片 2，披针形；萼片 6，花瓣 6，倒卵形，较萼片稍短，顶端具极浅缺刻，近基部具 1 对矩圆形的腺体；雄蕊 6，较花瓣短；子房圆柱形，花柱无，柱头头状扁平，中央微凹。浆果矩圆形，鲜红色，柱头宿存。

用途：根和茎入中药。

细叶小檗 *Berberis poiretii* C. K. Schneid.

罂粟科
Papaveraceae

角茴香属 *Hypecoum* L.

角茴香 *Hypecoum erectum* L.

鉴别特征：一年生中生草本，全株被白粉。基生叶呈莲座状，轮廓椭圆形或倒披针形，2～3回羽状全裂，最终小裂片细条形或丝形。花葶1至多条，直立或斜升；聚伞花序，具少数或多数分枝；苞片叶状细裂；花淡黄色；萼片2，卵状披针形，边缘膜质；花瓣4，外面2瓣较大，倒三角形，顶端有圆裂片；内面2瓣较小，倒卵状楔形，上部3裂，中裂片长矩圆形；雄蕊4，花丝下半部有狭翅；雌蕊1，子房长圆柱形，柱头2深裂，胚珠多数。蒴果条形；种子间有横隔，2瓣开裂，种子黑色，有明显的十字形突起。

用途：根及全草入中药，全草入蒙药。

角茴香 *Hypecoum erectum* L.

紫堇科
Fumariaceae

紫堇属 *Corydalis* Vent.

灰绿紫堇 *Corydalis adunca* Maxim.

别名：旱生黄堇。

鉴别特征：多年生中旱生草本，全株被白粉，呈灰绿色。直根粗壮，暗褐色。茎直立，自基部多分枝，具纵条棱。叶具长叶柄，叶片轮廓披针形或卵状披针形；2回单数羽状全裂，一回全裂片2～5对，轮廓卵形，具柄，2回小裂片披针形至矩圆形，先端圆钝。花黄色，排列成疏散的顶生总状花序；苞片条形；花梗纤细；萼片三角状卵形；上面花瓣先端上举，具小突尖，距短，稍内弯，下面花瓣较细，先端具小突尖，内面2花瓣矩圆形，具细长爪，顶端靠合，包围雄蕊和雌蕊；子房条形，上部弯曲，柱头膨大，有几个鸡冠状突起。蒴果条形，直立；种子扁球形，平滑，亮黑色。

用途：全草入中药；可作观赏植物。

灰绿紫堇 *Corydalis adunca* Maxim.

十字花科
Brassicaceae

沙芥属 *Pugionium* Gaertn.

沙芥 *Pugionium cornutum*（L.）Gaertn.

沙芥 *Pugionium cornutum*（L.）Gaertn.

别名：山羊沙芥。

鉴别特征：二年生中生草本。根圆柱形，肉质。主茎直立，分枝极多。基生叶莲座状，肉质，具长柄，轮廓条状矩圆形；羽状全裂，裂片卵形、矩圆形或披针形；茎生叶羽状全裂，较小，裂片较少，裂片常条状披针形，全缘；茎上部叶条状披针形或条形。总状花序顶生或腋生，组成圆锥状花序；花梗纤细；外萼片倒披针形，内萼片狭矩圆形，顶端常具微齿；花瓣白色或淡玫瑰色，条形或倒披针状条形，侧蜜腺环状，黄色，包围短雄蕊的基部。短角果带翅，翅短剑状，上举；果核扁椭圆形。

用途：全草及根入中药和蒙药；嫩叶作蔬菜或作饲料；优良固沙植物。

沙芥 *Pugionium cornutum*（L.）Gaertn.

宽翅沙芥 *Pugionium dolabratum* Maxim.

别名：绵羊沙芥、斧形沙芥、斧翅沙芥。

鉴别特征：一年生旱中生草本，植株具强烈的芥菜辣味，全株呈球形。茎直立，淡绿色，无毛，有光泽；分枝极多，开展。叶肉质，基生叶与茎下部叶不规则2回羽状深裂至全裂，最终裂片条形至披针形，先端锐尖；茎上部叶丝形，边缘稍内卷。总状花序生于小枝顶端，组成圆锥状花序；萼片边缘膜质；花瓣淡紫色，条状倒披针形，基部具哑铃形侧蜜腺2；雄蕊4；雌蕊极短，子房扁，柱头具多数乳头状突起。短角果两侧的宽翅多数矩圆形，顶端多数截形而啮蚀状，近平展；果核扁椭圆形，其表面有齿状、刺状或扁长三角形突起，长短不一。

用途：优良固沙植物。

宽翅沙芥 *Pugionium dolabratum* Maxim.

蔊菜属 *Rorippa* Scop.

风花菜 *Rorippa palustris*（L.）Bess.

别名：沼生蔊菜。

鉴别特征：二年生或多年生湿中生草本，无毛。茎直立或斜升，多分枝，有时带紫色。基生叶和茎下部叶具长柄，大头羽状深裂；顶生裂片较大，卵形，侧裂片较小，3～6 对，边缘有粗钝齿；茎生叶向上渐小，羽状深裂或具齿，有短柄，其基部具耳状裂片面抱茎。总状花序生于枝顶，花极小；花梗纤细；萼片直立，淡黄绿色，矩圆形；花瓣黄色，倒卵形，与萼片近等长。短角果稍弯曲，圆柱状长椭圆形；种子近卵形。

用途：种子含油量约 30%，供食用或工业用；嫩苗可作饲料。

风花菜 *Rorippa palustris*（L.）Bess.

独行菜属 *Lepidium* L.

独行菜 *Lepidium apetalum* Willd.

独行菜 *Lepidium apetalum* Willd.

别名：腺茎独行菜、辣辣根、辣麻麻。

鉴别特征：一年生或二年生旱中生草本。茎直立或斜升，多分枝，被微小头状毛。基生叶莲座状，平铺地面，羽状浅裂或深裂；叶片狭匙形；茎生叶狭披针形至条形，有疏齿或全缘。总状花序顶生，果后延伸，花小，花梗丝状，被棒状毛；萼片舟状，椭圆形，具膜质边缘；花瓣极小，匙形；有时退化成丝状或无花瓣；雄蕊 2（稀4），位于子房两侧，伸出萼片外。短角果扁平，

独行菜 *Lepidium apetalum* Willd.

近圆形，无毛，顶端微凹，具2室，每室含种子1粒；种子近椭圆形，棕色，具密而细的纵条纹；子叶背倚。

用途：全草及种子入中药，种子入蒙药；劣等饲用植物。

宽叶独行菜 *Lepidium latifolium* L.

别名：羊辣辣。

鉴别特征：多年生中生草本。具粗长的根茎，茎直立，上部多分枝，被柔毛或近无毛。基生叶和茎下叶具叶柄，矩圆状披针形或卵状披针形，边缘有粗锯齿，两面被短柔毛；茎上部叶无柄，披针形或条状披针形，边缘有不明显的疏齿或全缘，两面被短柔毛。总状花序顶生或腋生，组成圆锥状花序；萼片开展，宽卵形，无毛，具白色膜质边缘；花瓣白色，近倒卵形；雄蕊6。短角果近圆形或宽卵形，扁平，被短柔毛，稀近无毛，顶端有宿存短柱头；种子近椭圆形，稍扁，褐色。

用途：全草入中药。

宽叶独行菜 *Lepidium latifolium* L.

阿拉善独行菜 *Lepidium alashanicum* H. L. Yang

鉴别特征：一年生或二年生草本。茎直立或外倾，多分枝，有疏生头状或棒状腺毛。基生叶条形，全缘，上面疏生腺毛，下面无毛，具短柄；茎生叶与基生叶相似但较短，无柄。总状花序顶生，果期延伸；萼片椭圆形，背面疏生柔毛；无花瓣；雄蕊 6。短角果近卵形，稍扁平，一面稍凸，有 11 中脉，先端有不明显的狭边；果梗被棒状腺毛；种子短圆形，子叶背倚。

阿拉善独行菜 *Lepidium alashanicum* H. L. Yang

燥原荠属 *Ptilotricum* C. A. Mey.

燥原荠 *Ptilotricum canescens*（DC.）C. A. Mey.

鉴别特征：旱生小半灌木，全株被星状毛，呈灰白色。茎自基部具多数分枝，近地面茎木质化，着生稠密的叶。叶条状矩圆形，先端钝，基部渐狭，全缘，两面密被星状毛，灰白色，无柄。花序密集，呈半球形，果期稍延长；萼片短圆形，边缘膜质；花瓣白色，匙形。短角果椭圆形，密被星状毛。

燥原荠 *Ptilotricum canescens*（DC.）C. A. Mey.

花旗竿属 *Dontostemon* Andrz. ex C. A. Mey.

全缘叶花旗竿 *Dontostemon integrifolius*（L.）C. A. Mey.

别名： 线叶花旗杆。

鉴别特征： 多年生旱生草本，全株密被深紫色头状腺体、硬单毛和卷曲柔毛。茎直立，多分枝，叶狭条形，先端钝，基部渐狭，全缘。总状花序顶生和侧生。花瓣淡紫色，近匙形，长5～6毫米，宽约3毫米，顶端微凹，下部具爪。果期延长，长角果狭条形。种子扁椭圆形。

全缘叶花旗竿 *Dontostemon integrifolius*（L.）C. A. Mey.

小花花旗竿 *Dontostemon micranthus* C. A. Mey.

鉴别特征： 一、二年生中生草本，植株被卷曲柔毛和硬单毛。茎直立，单一或上部分枝，

小花花旗竿 *Dontostemon micranthus* C. A. Mey.

茎生叶着生较密，全缘，两面稍被毛。总状花序结果时延长；萼片近相等，稍开展，具白色膜质边缘，背部稍被硬单毛；花瓣淡紫色或白色，顶端圆形，基部渐狭成爪。宿存花柱极短；柱头稍膨大。长角果细长圆柱形，果梗斜上开展，劲直或弯曲。种子淡棕色，矩圆形。

芝麻菜属 *Eruca* Mill.

芝麻菜 *Eruca vesicaria*（L.）Cavan. subsp. *sativa*（Mill.）Thellung

别名：臭芥。

鉴别特征：一年生中生草本。茎直立，通常上部分枝，被疏硬单毛。基生叶和茎下部叶稍肉质，轮廓为矩圆形；大头羽状分裂，顶生裂片近卵形，全缘、浅波状或有细齿；茎上部叶较小，羽状深裂或大头羽状深裂；侧裂片1～4对，裂片披针形、倒披针形或条形，先端钝圆，有时边缘有浅裂。萼片直立，倒披针形；花瓣黄色或白色，带紫褐色脉纹，瓣片倒卵形，开展，爪细长。长角果圆柱形，直立，紧贴果轴，无毛，顶端有扁平剑形长喙；果梗短粗，上举；种子近球形，淡黄褐色。

用途：种子入中药；种子含油，可供食用，嫩株供蔬菜用；也可作为蜜源植物，蜜浅琥珀色，易结晶，味佳，质优良。

芝麻菜 *Eruca vesicaria*（L.）Cavan. subsp. *sativa*（Mill.）Thellung

大蒜芥属 *Sisymbrium* L.

垂果大蒜芥 *Sisymbrium heteromallum* C. A. Mey.

垂果大蒜芥
Sisymbrium heteromallum C. A. Mey.

别名：垂果蒜芥。

鉴别特征：一年生或二年生中生草本。茎直立，无毛或基部稍具硬单毛，不分枝或上部分枝。基生叶和茎下部叶的叶片轮廓为矩圆形或矩圆状披针形，大头羽状深裂；顶生裂片较宽大，裂片披针形、矩圆形或条形；先端锐尖，全缘或具疏齿，两面无毛；茎上部叶羽状浅裂或不裂，披针形或条形。总状花序开花时

垂果大蒜芥 *Sisymbrium heteromallum* C. A. Mey.

伞房状，果时延长；花梗纤细，上举；萼片近直立，披针状条形；花瓣淡黄色，矩圆状倒披针形，先端圆形，具爪。长角果纤细，细长圆柱形，稍扁，无毛，稍弯曲，宿存花柱极短，柱头压扁头状；果瓣膜质；果梗纤细；种子1行，多数，矩圆状椭圆形，棕色，具颗粒状纹。

用途： 食用植物，种子可作辛辣调味品。

爪花芥属 *Oreoloma* Botsch.

紫爪花芥 *Oreoloma matthioloides*〔Franch.〕Botsch.

别名： 紫花棒果芥。

鉴别特征： 多年生旱生草本，高15～35厘米。全株被星状毛与混生腺毛，灰绿色。基生叶

紫爪花芥 *Oreoloma matthioloides* (Franch.) Botsch.

羽状分裂，侧裂片4～7对，全缘；茎生叶侧裂片2～4对。总状花序顶生或腋生，萼片直立，花瓣淡紫色或淡红色，瓣片倒卵形，开展，长雄蕊的花丝成对合生。长角果密被星状毛与腺毛。

曙南芥属 *Stevenia* Adams et Fisch.

曙南芥 *Stevenia cheiranthoides* DC.

鉴别特征： 多年生旱中生草本，全株密被紧贴的星状毛。直根圆柱形。茎直立，通常自中部以下分枝，基部常包被褐黄色残叶。基生叶密生呈莲座状，条形，先端钝或钝尖，全缘，向基部渐狭，无柄，两面密被星状毛；茎生叶条形或倒披针状条形，先端钝，全缘，向基部渐狭，无柄，下面被较密的星状毛，上面毛较疏。总状花序，具花20余朵，生于枝顶；萼片近直立，椭圆形或矩圆状披针形，被细星状毛；花瓣紫色或淡红色，倒卵状楔形、宽椭圆形，先端圆形，基部具长爪；雌蕊狭条形。长角果狭条形，扁平，不规则弯曲。种子棕色，椭圆形。

曙南芥 *Stevenia cheiranthoides* DC.

景天科
Crassulaceae

瓦松属 *Orostachys* Fisch.

瓦松 *Orostachys fimbriata*（Turcz.）A. Berger

别名： 酸溜溜、酸窝窝。

鉴别特征： 二年生旱生草本，全株粉绿色，密生紫红色斑点，第一年生莲座状叶短，叶匙状条形，先端有一个半圆形软骨质的附属物，边缘有流苏状牙齿，中央具 1 刺尖，第二年抽出花茎。茎生叶散生，无柄，条形至倒披针形，先端具刺尖头，基部叶早枯。花序顶生，总状或圆锥状，有时下部分枝，呈塔形；萼片 5，狭卵形，先端尖；花瓣 5，红色，干后常呈蓝紫色，披针形，先端具突尖头，基部稍合生；雄蕊 10，与花瓣等长，花药紫色；鳞片 5，近四方形；心皮 5。蓇葖果矩圆形。

用途：全草入中药和蒙药；可作农药；饲用植物；可制成叶蛋白后供食用；也可提制草酸，供工业用。

瓦松　*Orostachys fimbriata*（Turcz.）A. Berger

费菜属 *Phedimus* Rafin.

乳毛费菜
Phedimus aizoon（L.）′t. Hart
var. *scabrus*（Maxim.）H. Ohba et al.

鉴别特征：多年生中生草本，植株被乳头状微毛。根状茎短而粗。茎高 20～50 厘米，茎直立，不分枝。叶互生，叶狭，披针形至倒披针形，先端钝，基部楔形，边缘有不整齐的锯齿，几无柄。聚伞花序顶生，分枝平展，多花，花近无梗；心皮 5。蓇葖呈星芒状排列。

用途：根及全草入中药；蜜、粉源植物；根含鞣质，可提制栲胶；羊少食，属于劣等饲用植物。

乳毛费菜　*Phedimus aizoon*（L.）′t. Hart var. *scabrus*（Maxim.）H. Ohba et al.

虎耳草科
Saxifragaceae

梅花草属 *Parnassia* L.

梅花草 *Parnassia palustris* L.

别名：苍耳七。

鉴别特征：多年生湿中生草本，高 20～40 厘米，全株无毛。根状茎近球形，肥厚，从根状茎上生出多数须根。基生叶，丛生，有长柄；叶片心形或宽卵形，先端钝圆或锐尖，基部心形，全缘；茎生叶 1 片，无柄，基部抱茎，生于花茎中部以下或以上。花白色或淡黄色，外形如梅花，因此称"梅花草"；花草生于花茎顶端，萼片 5，卵状椭圆形；花瓣 5，平展，宽卵形；雄蕊 5；退化雄蕊 5，上半部有多数条裂，条裂先端有头状腺体；子房上位，近球形，柱头 4 裂，无花柱。蒴果，上部 4 裂；种子多数。

用途：全草入中药和蒙药；又可作蜜源植物及观赏植物。

梅花草 *Parnassia palustris* L.

茶藨属 *Ribes* L.

小叶茶藨 *Ribes pulchellum* Turcz.

别名： 美丽茶藨、酸麻子、碟花茶藨子。

鉴别特征： 中生灌木，高1～2米。当年生小枝红褐色，密生短柔毛；老枝灰褐色，稍纵向剥裂，节上常有皮刺1对。叶宽卵形，掌状3深裂，少5深裂，先端尖，边缘有粗锯齿，基部近截形，两面有短柔毛，掌状三至五出脉；叶柄有短柔毛。花单性，雌雄异株，总状花序生于短枝上；总花梗、花梗和苞片有短柔毛与腺毛，花淡绿黄色或淡红色，萼筒浅碟形；萼片5，宽卵形；花瓣5，鳞片状；雄蕊5，与萼片对生，子房下位，近球形，柱头2裂。浆果，红色，近球形。

用途： 观赏灌木；浆果可食，木材坚硬，可制手杖等。

小叶茶藨 *Ribes pulchellum* Turcz.

瘤糖茶藨 *Ribes himalense* Royle. ex Decne var. *verruculosum*（Rehd.）L. T. Lu

别名： 埃牟茶藨子、糖茶藨。

鉴别特征： 中生灌木，高1～2米。叶宽卵形，掌状3浅裂至中裂，稀5裂；裂片卵状三角

瘤糖茶藨 *Ribes himalense* Royle. ex Decne var. *verruculosum*（Rehd.）L. T. Lu

形，先端锐尖，边缘有不整齐的重锯齿，基部心形，上面绿色，有腺毛；掌状三至五出脉。花两性，淡紫红色；萼筒钟状管形，萼片 5，直立，近矩圆形，顶端有睫毛。浆果红色，球形。

用途：观赏灌木，浆果可食。

蔷薇科
Rosaceae

绣线菊属 *Spiraea* L.

三裂绣线菊 *Spiraea trilobata* L.

别名：三桠绣线菊、三裂叶绣线菊。

鉴别特征：中生灌木，高 1～1.5 米，枝黄褐色，暗灰色，无毛。芽卵形，有数鳞片，褐色，无毛。叶近圆形或倒卵形，先端常 3 裂，或中部以上有钝圆锯齿，基部楔形、宽楔形或圆形，两面无毛，基部有 3～5 脉。伞房花序有总花梗，有花 10～20 朵；花梗无毛；萼片三角形，里面被柔毛；花瓣宽倒卵形或圆形，先端微凹，长与宽近相等，雄蕊约 20，比花瓣短；花盘环状呈 10 深裂；子房沿腹缝线被柔毛，花柱顶生，短于雄蕊。蓇葖果沿开裂的腹缝线稍有毛，萼片直立，宿存。

用途：可栽培供观赏用。

三裂绣线菊 *Spiraea trilobata* L.

土庄绣线菊 *Spiraea pubescens* Turcz.

别名：柔毛绣线菊、土庄花。

鉴别特征：中生灌木，高 1～2 米。老枝灰色至紫褐色；幼枝淡褐色，被柔毛，芽宽卵形，先端钝，有数鳞片，褐色，被毛。叶菱状卵形或椭圆形，有时 3 裂，密被柔毛。伞形花序具总花梗，有花 15～20 朵；花梗无毛；萼片近三角形，先端锐尖，外面无毛，里面被短柔毛，花瓣近圆形，长与宽近相等，白色；雄蕊 25～30，与花瓣等长或稍超出花瓣；花盘环状，10 深裂，裂片大小不等，子房无毛，仅在腹缝线被柔毛，花柱顶生，短于雄蕊。蓇葖果沿腹缝线被柔毛，萼片直立，宿存。

用途：可栽培供观赏用。

土庄绣线菊 *Spiraea pubescens* Turcz.

耧斗叶绣线菊 *Spiraea aquilegifolia* Pall.

鉴别特征：中生灌木，高 50～60 厘米。小枝紫褐色、灰褐色，有条裂或片状剥落，嫩枝有短柔毛，老时近无毛。芽小，卵形，褐色，有几个褐色鳞片，被柔毛。花及果枝上的叶通常为倒披针形或狭倒卵形，全缘或先端 3 浅裂，基部楔形，不孕枝上的叶为扇形或倒卵形，有时长与宽近相等，先端常 3～5 裂或全缘，基部楔形，两面均被短柔毛，叶柄短或近于无柄。伞形花序无总花梗，有花 2～7 朵，基部有数片簇生的小叶，全缘，被短柔毛；花梗无毛，稀被柔毛；萼片三角形，里面微被短柔毛；花瓣近圆形，长与宽近相等，白色；雄蕊 20，约与花瓣等长，花盘环状，呈 10 深裂，子房被短柔毛，花柱短于雄蕊。蓇葖果上半部或沿腹缝线有短柔毛，花萼宿存，直立。

用途：栽培供观赏用，也可做水土保持植物。

楼斗叶绣线菊 *Spiraea aquilegifolia* Pall.

枸子属 *Cotoneaster* Medik.

准噶尔枸子 *Cotoneaster soongoricus*（Regel et Herd.）Popov

别名：准噶尔总花枸子。

鉴别特征：中生灌木，高 1.5～3 米。小枝棕褐色或灰褐色，幼时密被柔毛，后脱落。叶片卵形至椭圆形，先端急尖或圆钝，基部宽楔形或近圆形，全缘，上面无毛或稍被毛，下面被柔毛；叶柄褐色，疏被柔毛；托叶披针形，被柔毛，早落。聚伞花序，花 3～9 朵，苞片披针形，被毛；花梗被毛；萼片三角形，先端急尖、被白色柔毛，花瓣白色，卵形，先端圆，雄蕊 15～20，短于花瓣，花柱 2 条，比雄蕊短，子房顶端有白色柔毛。果实近圆球形，稍长，红色，无毛，有 2 小核。

用途：可栽培供观赏用。

准噶尔枸子 *Cotoneaster soongoricus*（Regel et Herd.）Popov

黑果栒子
Cotoneaster melanocarpus Lodd.

别名：黑果栒子木、黑果灰栒子。

鉴别特征：中生灌木，高达 2 米。枝紫褐色至棕褐色，嫩梗密被柔毛，逐渐脱落。叶片卵形至椭圆形，先端锐尖、圆钝，稀微凹，基部圆形或宽楔形，全缘，上面被稀疏短柔毛，下面密被灰白色绒毛；托叶披针形，紫褐色，被毛。聚伞花序，有花 2～6 朵，总花梗和花梗有毛，下垂；苞片条状披针形，被毛；萼片卵状三角形，无毛或先端边缘稍被毛；花瓣近圆形，粉红色，长与宽近相等，雄蕊约 20，与花瓣近等长，花柱 2～3，比雄蕊短，子房顶端被柔毛。果实近球形，蓝黑色或黑色，被蜡粉，有 2～3 小核。

用途：可栽培供观赏用。

黑果栒子 *Cotoneaster melanocarpus* Lodd.

灰栒子 *Cotoneaster acutifolius* Turcz.

别名：尖叶栒子。

鉴别特征：旱中生灌木，高 1.5～2 米，老枝灰黑色，嫩枝被长柔毛，后脱落。叶片卵形，稀椭圆形，先端锐尖、渐尖，稀钝，基部宽楔形或圆形，上面被稀疏长柔毛，下面被长柔毛，幼时较密，逐渐脱落变稀疏；托叶披针形，紫色，被毛。聚伞花序，有花 2～5 朵，花梗被柔毛，萼筒外面被柔毛，萼片近三角形，边缘有白色绒毛；花瓣直立，近圆形，粉红色，基部有短爪，雄蕊 18～20，花丝下部加宽成披针形，与花瓣近等长或稍短，花柱 2 或 3，比雄蕊短，子房先端密被柔毛。果实倒卵形或椭圆形，暗紫黑色，被稀疏柔毛，有 2 小核。

用途：果实入蒙药。

灰栒子 *Cotoneaster acutifolius* Turcz.

苹果属 *Malus* Mill.

山荆子 *Malus baccata*（L.）Borkh.

别名：山定子、林荆子。

鉴别特征：中生乔木，高达 10 米。树皮灰褐色至暗褐色，无毛；芽卵形，鳞片边缘微被毛，红褐色。叶片椭圆形至倒卵形，先端渐尖，稀锐尖，基部楔形或圆形，边缘有细锯齿；叶柄无毛；托叶披针形，早落。伞形花序或伞房花序，有花 4～8 朵；花梗无毛，萼片披针形，外面无毛，里面被毛；花瓣卵形至椭圆形，基部有短爪，白色，雄蕊 15～20，长短不齐，比花瓣短约一半，花柱 5（4），基部合生，有柔毛，比雄蕊长。果实近球形，红色或黄色，花萼早落。

用途：果实可酿酒；嫩叶可代茶叶用；叶含有鞣质，可提取栲胶；也可栽培供观赏用。

山荆子 *Malus baccata*（L.）Borkh.

花叶海棠 *Malus transitoria*（Batal.）C. K. Schneid.

别名：花叶杜梨、马杜梨、涩枣子。

鉴别特征：中生灌木或小乔木，高 1～5 米。嫩枝被绒毛，老枝紫褐色，无毛；芽卵形，先端钝，有数个鳞片，被绒毛。叶片卵形或宽卵形，先端锐尖，有时钝，基部圆形或宽楔形，边缘有不整齐锯齿，通常有 1～3 深裂，裂片被针状卵形或矩圆状椭圆形，上面被绒毛或近无毛，下面密或疏被绒毛，叶柄被绒毛，托叶卵状披针形，先端锐尖，被绒毛。花序近于伞形，有花 3～6 朵；花萼密被绒毛，萼筒钟形，萼片三角状卵形，先端钝，两面均密被绒毛，花瓣白色，近圆形；雄蕊 20～25，长短不齐，比花瓣短；花柱 3～5，无毛。梨果近球形或倒卵形，红色。

用途：可作观赏树。

花叶海棠 *Malus transitoria*（Batal.）C. K. Schneid.

蔷薇属 *Rosa* L.

山刺玫 *Rosa davurica* Pall.

别名：刺玫果。

鉴别特征：中生落叶灌木，高 1～2 米，多分枝。枝通常暗紫色，无毛，在叶柄基部有向下弯曲的成对的皮刺。单数羽状复叶，小叶 5～9，小叶片矩圆形或长椭圆形，先端锐尖，基部近圆形，边缘有细锐锯齿，近基部全缘，上面近无毛，下面被短柔毛和粒状腺点；叶柄和叶轴被短柔毛、腺点和小皮刺；托叶大部分和叶柄合生，被短柔毛和腺点。花常单生，有时数朵簇生；花瓣紫红色，宽倒卵形，先端微凹。蔷薇果近球形或卵形，红色，平滑无毛，顶端有直立宿存的萼片。

用途：根入中药，果实入蒙药；蔷薇果可食用、制果酱与酿酒；花味清香，可制成玫瑰酱、点心馅或香精；根、茎皮和叶含鞣质，可提制栲胶。

山刺玫 *Rosa davurica* Pall.

黄刺玫 *Rosa xanthina* Lindl.

别名：单瓣黄刺玫、重瓣黄刺玫。

鉴别特征：中生灌木，高 1～2 米。树皮深褐色，小枝紫褐色，分枝稠密，有多数皮刺，皮刺直伸，无毛。单数羽状复叶，近圆形至倒卵形，先端圆形，基部圆形或宽楔形，边缘有钝锯齿，上面无毛，下面沿脉有柔毛，后脱落，主脉明显隆起；小叶柄与叶柄有稀疏小皮刺；托叶

黄刺玫 *Rosa xanthina* Lindl.

小，下部和叶柄合生，先端有披针形裂片，边缘有腺毛。花单生，黄色，萼片矩圆状披针形，先端渐尖，全缘，花后反折，花瓣多数，宽倒卵形，先端微凹。蔷薇果红黄色，近球形，先端有宿存反折的萼片。

用途：花、果入中药；可用作观赏灌木。

地榆属　*Sanguisorba* L.

长叶地榆 *Sanguisorba officinalis* L. var. *longifolia*（Bertol.）T. T. Yü et C. L. Li

鉴别特征：多年生中生草本，高30～80厘米，全株光滑无毛。茎直立。单数羽状复叶，基生小叶条状矩圆形至条状披针形，基部微心形、圆形至宽楔形，茎生叶与基生叶相似，但更长而狭窄。穗状花序顶生。萼筒暗紫色，萼片紫色，椭圆形，雄蕊与萼片近等长，花药黑紫色，花丝红色。瘦果宽卵形或椭圆形，有4纵脊棱，被短柔毛。

用途：可作观赏，也可用于园林绿化。

长叶地榆 *Sanguisorba officinalis* L. var. *longifolia*（Bertol.）T. T. Yü et C. L. Li

绵刺属　*Potaninia* Maxim.

绵刺 *Potaninia mongolica* Maxim.

别名：蒙古包大宁。

鉴别特征：强旱生小灌木，高 20～40 厘米。茎多分枝。叶多簇生于短枝上或互生，革质，羽状三出复叶，全缘，两面有长柔毛；侧生小叶全缘。花小，单生于短枝上；花梗纤细，萼片 3，卵状或三角状卵形，花丝短。瘦果，外有宿存萼筒。

用途：中等饲用植物。

绵刺 *Potaninia mongolica* Maxim.

金露梅属 *Pentaphylloides* Ducham.

金露梅 *Pentaphylloides fruticosa*（L.）O. Schwarz

别名：金老梅、金蜡梅、老鸹爪。

鉴别特征：中生灌木，高 50～130 厘米，多分枝。树皮灰褐色，片状剥落，小枝淡红褐色或浅灰褐色，幼枝被绢状长柔毛。单数羽状复叶，小叶 5，少 8，通常矩圆形至倒披针形，先端微凸，基部楔形，全缘，边缘反卷，上面被密或疏的绢毛，下面沿中脉被绢毛或近无毛，托叶膜质，卵状披针形，先端渐尖，基部和叶枕合生。花单生叶腋或数朵成伞状花序，花梗与花萼均被绢毛；萼片披针状卵形，先端渐尖，果期萼片增大，副萼片条状披针形，几与萼片等长，花瓣黄色，宽倒卵形至圆形，子房近卵形，花柱侧生，花托密生绢状柔毛。瘦果近卵形，密被

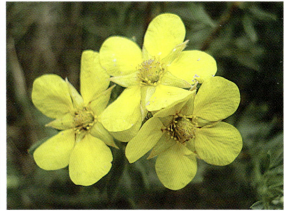

金露梅 *Pentaphylloides fruticosa*（L.）O. Schwarz

绢毛，褐棕色。

　　用途：花、叶入中药，花入蒙药；庭园观赏灌木；叶与果含鞣质，可提制栲胶；嫩叶可代茶叶用；中等饲用植物。

小叶金露梅 *Pentaphylloides parvifolia*（Fisch. ex Lehm.）Soják

　　别名：小叶金老梅。

　　鉴别特征：旱中生灌木，高20～80厘米，多分枝。树皮灰褐色，条状剥裂，小枝棕褐色，被绢状柔毛。单数羽状复叶，近革质，小叶片条状披针形或条形，全缘，边缘强烈反卷，先端尖或钝，两面密被绢毛，银灰绿色，顶生8小叶基部常下延与叶轴汇合，托叶膜质，淡棕色，

披针形。花单生叶腋或数朵成伞房状花序，花萼与花梗均被绢毛，副萼片条状披针形，萼片近卵形，比副萼片稍短或等长，先端渐尖，花瓣黄色，宽倒卵形，子房近卵形，被绢毛，花柱侧生，棍棒状，向下渐细，柱头头状。瘦果近卵形，被绢毛，褐棕色。

　　用途：花、叶入中药，花入蒙药；庭园观赏灌木；叶与果含鞣质，可提制栲胶；嫩叶可代茶叶用；中等饲用植物。

小叶金露梅 *Pentaphylloides parvifolia*（Fisch. ex Lehm.）Soják

委陵菜属 *Potentilla* L.

二裂委陵菜 *Potentilla bifurca* L.

　　别名：叉叶委陵菜。

　　鉴别特征：多年生旱生草本，全株被伏柔毛，高5～20厘米。根状茎木质化，棕褐色，多分枝。茎直立或斜升。单数羽状复叶，部分小叶先端2裂，顶生小叶常3裂，基部楔形，全缘，两面有疏或密的伏柔毛，托叶膜质或草质，披针形或条形，先端渐尖，基部与叶柄合生。聚伞花序生于茎顶部；花萼被柔毛，副萼片椭圆形，萼片卵圆形，花瓣宽卵形或近圆形，子房近椭圆形，无毛，花柱侧生，棍棒状，向两端渐细，柱头膨大，头状，花托有密柔毛。瘦果近椭圆形，褐色。

　　用途：幼芽密集簇生而形成红紫色的垫状丛，可入中药；中等饲用植物。

二裂委陵菜 *Potentilla bifurca* L.

轮叶委陵菜 *Potentilla verticillaris* Steph. ex Willd.

鉴别特征：多年生旱生草本。高 4～15 厘米，全株除叶上面和花瓣外几乎全都覆盖一层白色毡毛。根木质化，圆柱状，粗壮，黑褐色，根状茎木质化，多头，包被多数褐色老叶柄与残余托叶。茎丛生，直立或斜升。单数羽状复叶多基生，顶生小叶羽状全裂，侧生小叶常 2 全裂，侧生小叶成假轮状排列，小叶无柄，近革质，条形，全缘，边缘向下反卷；托叶膜质，棕色，大部分与叶柄合生，分离部分钻形。聚伞花序生于茎顶部；花萼被白色毡毛，副萼片条形，萼片狭三角状披针形；花瓣黄色，倒卵形，先端圆形，花柱顶生。瘦果卵状肾形，表面有皱纹。

用途：辅助蜜源植物；劣等饲用植物。

轮叶委陵菜 *Potentilla verticillaris* Steph. ex Willd.

星毛委陵菜 *Potentilla acaulis* L.

别名：无茎委陵菜。

鉴别特征：多年生旱生草本，高 2～10 厘米，全株被白色星状毡毛，呈灰绿色。根状茎木质化，横走，棕褐色，被伏毛，节部常可生出新植株。茎自基部分枝，纤细，斜倚。掌状三出复叶；小叶近无柄，倒卵形，先端圆形，基部楔形，边缘中部以上有钝齿，中部以下全缘，两

面均密被星状毛与毡毛，灰绿色；托叶草质，与叶柄合生，顶端2～3条裂，基部抱茎。聚伞花序，有花2～5朵，稀单花；花萼外面被星状毛与毡毛，副萼片条形，先端钝，萼片卵状披针形，先端渐尖；花瓣黄色，宽倒卵形，先端圆形或微凹；花托密被长柔毛，子房椭圆形，无毛，花柱近顶生。瘦果近椭圆形。

用途：中等饲用植物。

星毛委陵菜 *Potentilla acaulis* L.

三出委陵菜 *Potentilla betonicifolia* Poir.

别名：白叶委陵菜、三出叶委陵菜、白萼委陵菜。

鉴别特征：多年生旱生草本。根木质化，圆柱状，直伸。花茎被蛛丝状毛或近无毛，常带暗紫红色。基叶为掌状三出复叶，矩圆状披针形至条状披针形，叶柄暗紫红色，有光泽，如铁丝状，疏生蛛丝状毛，小叶先端钝或尖，基部宽楔形或歪楔形，边缘有圆钝或锐尖粗大牙齿，稍反卷，上面暗绿色，有光泽，无毛，下面密被白色毡毛，托叶披针状条形，膜质，被长柔毛，宿存。聚伞花序生于花茎顶部，苞片掌状3全裂，花萼被蛛丝状毛和长柔毛，副萼片条状披针形，萼片披针状卵形，较副萼片稍长，花瓣黄色，倒卵形，花托密生长柔毛，子房椭圆形，无毛，花柱顶生。瘦果椭圆形，稍扁。

用途：地上部分入中药。

三出委陵菜 *Potentilla betonicifolia* Poir.

三出委陵菜 *Potentilla betonicifolia* Poir.

鹅绒委陵菜 *Potentilla anserina* L.

别名：河篦梳、蕨麻委陵菜、曲尖委陵菜。

鉴别特征：多年生湿中生匍匐草本。根木质，圆柱形，黑褐色；根状茎粗短，包被棕褐色托叶。茎匍匐，纤细，节上生不定根、叶与花。基生叶多数，为不整齐的单数羽状复叶；小叶上面无毛或被稀疏柔毛，极少被绢毛状毡毛，下面密被绢毛状毡毛或较稀疏。花单生于匍匐茎上的叶腋间，花梗纤细，被长柔毛，花萼被绢状长柔毛，副萼片矩圆形，先端2～3裂或不分裂，萼片卵形，与副萼片等长或较短，先端锐尖，花瓣黄色，宽倒卵形或近圆形，先端圆形；花柱侧生，棍棒状；花托内部被柔毛；花单生于叶腋。瘦果近肾形，稍扁，褐色，表面微有皱纹。

用途：根及全草入中药，全草入蒙药；全株含鞣质，可提制栲胶；嫩茎叶作野菜或为家禽饲料；茎叶可提取黄色染料；为蜜源植物。

鹅绒委陵菜 *Potentilla anserina* L.

腺毛委陵菜 *Potentilla longifolia* Willd. ex Schlecht.

别名：粘委陵菜。

鉴别特征：多年生中旱生草本，直根木质化，粗壮，黑褐色，根状茎木质化，多头，包被棕褐色老叶柄与残余托叶。茎自基部丛生，直立或斜升。单数羽状复叶，基生叶和茎下部叶的顶生小叶最大，侧生小叶向下逐渐变小，小叶片无柄，狭长椭圆形至倒披针形，边缘有缺刻状锯齿，沿脉疏生长柔毛，托叶膜质，条形，与叶柄合生，茎上部叶的叶柄较短，小叶数较少，托叶草质，卵状披针形，先端尾尖，下半部与叶柄合生。伞房状聚伞花序紧密，花萼密被短柔毛和腺毛，萼片卵形，副萼片披针形；花瓣黄色，宽倒卵形，先端微凹，子房卵形；花柱顶生。瘦果褐色，卵形，表面有皱纹。

用途：全草入中药。

腺毛委陵菜 *Potentilla longifolia* Willd. ex Schlecht.

菊叶委陵菜 *Potentilla tanacetifolia* Willd. ex Schlecht.

别名：蒿叶委陵菜、沙地委陵菜。

菊叶委陵菜 *Potentilla tanacetifolia* Willd. ex Schlecht.

鉴别特征：多年生中旱生草本，高10～45厘米。直根木质化，黑褐色；根状茎短缩，多头，木质，包被老叶柄和托叶残余。茎自基部丛升、斜升、斜倚或直立，茎、叶柄、花梗被长柔毛、短柔毛或曲柔毛，茎上部分枝。单数羽状复叶，有小叶11～17，小叶片狭长椭圆形、椭圆形或倒披针形，先端钝，基部楔形，边缘有缺刻状锯齿。伞房状聚伞花序，花多数，花序较疏松，萼片卵状披针形，比副萼片稍长．先端渐尖；花瓣黄色，宽倒卵形，先端微凹，花柱顶生，花托被柔毛，花萼和花梗非密被腺毛。瘦果褐色，卵形，微皱。

用途：全草入中药；中等饲用植物。

绢毛委陵菜 *Potentilla sericea* L.

鉴别特征：多年生草本。根木质化，圆柱形；根状茎粗短，多头，包被褐色残余托叶。茎纤细，自基部弧曲斜升或斜倚，茎、总花梗与叶柄都有短柔毛和开展的长柔毛。单数羽状复叶，小叶片矩圆形，边缘羽状深裂，呈篦齿状排列，上面密生柔毛，下面被白色毡毛，毡毛上覆盖一层绢毛。伞房状聚伞花序，花萼被绢状长柔毛，副萼片条状披针形，花瓣黄色，宽倒卵形，端微凹，花柱近顶生，花托被长柔毛。瘦果椭圆状卵形，褐色，表面有皱纹。

用途：全草入中药。

绢毛委陵菜 *Potentilla sericea* L.

多裂委陵菜 *Potentilla multifida* L.

多裂委陵菜 *Potentilla multifida* L.

别名：细叶委陵菜。

鉴别特征：多年生中生草本，高20～80厘米。根圆柱形，木质化；根状茎短，多头，包被棕褐色老叶柄与托叶残余。茎斜升、斜倚或近直立。单数羽状复叶，基生叶和茎下部叶具长柄，柄有伏生短柔毛，通常有小叶，小叶羽状深裂几达中脉，狭长椭圆形或椭圆形，裂片条形或条状披针形。伞房状聚伞花序生于茎

多裂委陵菜 *Potentilla multifida* L.

顶端，花萼密被长柔毛与短柔毛，副萼片条状披针形，先端渐尖；花萼各部果期增大，花瓣黄色，宽倒卵形，花柱近顶生，基部明显增粗。瘦果椭圆形，褐色，稍具皱纹。

用途：全草入中药。

掌叶多裂委陵菜 *Potentilla multifida* L. var. *ornithopoda*（Tausch）Th. Wolf

鉴别特征：多年生中旱生草本，本变种与多裂委陵菜的区别在于：单数羽状复叶，有小叶 5，小叶排列紧密，似掌状复叶。

用途：中等饲用植物，各种家畜四季均乐食；用作园林观赏。

掌叶多裂委陵菜 *Potentilla multifida* L. var. *ornithopoda*（Tausch）Th. Wolf

大萼委陵菜 *Potentilla conferta* Bunge

别名：白毛委陵菜、大头委陵菜。

鉴别特征：多年生旱生草本，高 10～45 厘米。直根圆柱形，木质化，粗壮；根茎短，木质，包被褐色残叶柄与托叶。茎、叶柄、总花梗、花密被开展的白色长柔毛和短柔毛。单数羽状复叶，羽状中裂或深裂，裂片三角状矩圆形至条状矩圆形。伞房状聚伞花序紧密，花梗密生短柔毛和稀疏长柔毛；花萼两面都密生短柔毛和疏生长柔毛，副萼片条状披针形，花瓣倒卵形。瘦果卵状肾形。

用途：根入中药。

大萼委陵菜 *Potentilla conferta* Bunge

多茎委陵菜 *Potentilla multicaulis* Bunge

鉴别特征：多年生中旱生草本。根木质化，圆柱形。茎多数，丛生，斜倚或斜升。单数羽状复叶，边缘羽状深裂，呈篦齿状排列。伞房状聚伞花序，具少数花，疏松，花梗纤细，花萼密被短柔毛，萼片三角状卵形；花瓣黄色，宽倒卵形。瘦果椭圆状肾形表面有皱纹。

用途：全草入中药。

多茎委陵菜 *Potentilla multicaulis* Bunge

委陵菜 *Potentilla chinensis* Ser.

鉴别特征： 多年生中旱生草本，高 20～50 厘米。根木质化，圆柱形。茎直立或斜升，被短柔毛及开展的绢状长柔毛。单数羽状复叶，小叶片狭长椭圆形或椭圆形，羽状中裂或深裂，裂片三角状卵形或三角状披针形，边缘向下反卷，下面被白色毡毛，沿叶脉被绢状长柔毛。伞房状聚伞花序，花萼密被短柔毛，副萼片披针形或条状披针形，花瓣黄色，宽倒卵形。瘦果肾状卵形，表面有皱纹。

用途： 全草入中药。

委陵菜 *Potentilla chinensis* Ser.

西山委陵菜 *Potentilla sischanensis* Bunge ex Lehm.

鉴别特征： 多年生旱中生草本，高 7～20 厘米，全株除叶上面和花瓣外几乎全都覆盖一层厚或薄的白色毡毛。根圆柱状，粗壮，黑褐色。根状茎木质化，多头，茎丛生，直立或斜升。单数羽状复叶，多基生，全缘，边缘向下反卷；小叶无柄，近革质，羽状深裂；托叶膜质，与叶柄基部合生，密被绢毛；茎生叶不发达，无柄。聚伞花序，花萼被毡毛，副萼片披针形，先端稍钝；萼片卵状披针形，比副萼片稍长，先端稍钝；花瓣黄色，宽倒卵形，先端微凹，子房肾形，无毛；花柱近顶生；花托半球形，密生长柔毛。瘦果肾状卵形，多皱纹。

用途： 饲用植物；良好的蜜源植物。

西山委陵菜 *Potentilla sischanensis* Bunge ex Lehm.

山莓草属 *Sibbaldia* L.

伏毛山莓草 *Sibbaldia adpressa* Bunge

鉴别特征：多年生旱生草本。根粗壮，黑褐色，木质化；地下茎细长，有分枝，黑褐色，皮稍纵裂，节上生不定根。基生叶为单数羽状复叶，顶生 3 小叶；常基部下延与叶柄合生；顶生小叶倒披针形或倒卵状矩圆形，基部楔形，全缘；侧生小叶披针形或矩圆状披针形，先端锐尖，基部楔形，全缘，边缘稍反卷，上面疏被绢毛，稀近无毛，下面被绢毛，托叶膜质，棕黄色，披针形；茎生叶与基生叶相似。花茎丛生，纤细，斜倚或斜升，疏被绢毛；聚伞花序具花数朵或单花，萼片三角状卵形，具膜质边缘，与副萼片近等长，花瓣黄色或白色，宽倒卵形，雄蕊 10，雌蕊约 10。瘦果近卵形，表面有脉纹。

用途：劣等饲用牧草。

伏毛山莓草 *Sibbaldia adpressa* Bunge

地蔷薇属 *Chamaerhodos* Bunge

地蔷薇 *Chamaerhodos erecta*（L.）Bunge

别名： 直立地蔷薇。

鉴别特征： 二年生或一年生中旱生草本。根较细，长圆锥形。茎单生，稀数茎丛生，上部有分枝，密生腺毛和短柔毛，有时混生长柔毛。基生叶3回三出羽状全裂，最终小裂片狭

条形，两面均为绿色，疏生伏柔毛，具长柄，结果时枯萎，茎生叶与基生叶相似，但柄较短；托叶8至多裂，基部与叶柄合生。聚伞花序着生茎顶，多花，常形成圆锥花序；花梗纤细，密被短柔毛与长柄腺毛；苞片常3条裂；花密被短柔毛与腺毛，萼筒倒圆锥形，萼片三角状卵形或长三角形，与萼筒等长，先端渐尖，花瓣粉红色，倒卵状匙形。瘦果近卵形，淡褐色。

用途： 全草入中药。

地蔷薇 *Chamaerhodos erecta*（L.）Bunge

桃属 *Amygdalus* L.

山桃 *Amygdalus davidiana*（Carr.）de Vos ex L. Henry

别名：野桃、山毛桃、普通桃。

鉴别特征：中生乔木。树皮光滑，暗红紫色，有光泽，嫩枝红紫色，无毛；腋芽3个并生。单叶，互生，叶片披针形或椭圆状披针形，两面平滑无毛。花单生，先叶开放，花梗极短，无毛，花萼无毛，萼筒钟形，萼片矩圆状卵形，先端钝或稍尖，外面无毛；花瓣淡红色或白色，倒卵形或近圆形，先端圆钝或微凹，基都有短爪；雄蕊多数，长短不等；子房密被柔毛，花柱顶生，细长。核果球形，果肉薄，干燥；果核矩圆状椭圆形。

用途：种仁入中药；山桃仁可榨油，供制肥皂、润滑油，也可掺和桐油作油漆用；树干能分泌桃胶，可作黏结剂。

山桃 *Amygdalus davidiana*（Carr.）de Vos ex L. Henry

蒙古扁桃 *Amygdalus mongolica*（Maxim.）Ricker

别名：山樱桃、土豆子。

鉴别特征：旱生灌木，高1～1.5米。多分枝，枝条成近直角方向开展，小枝顶端成长枝刺。单叶，小形，多簇生于短枝上或互生于长枝上，叶片近革质，倒卵形至近圆形，边缘有浅钝锯齿，两面光滑无毛。花单生短枝上，

蒙古扁桃 *Amygdalus mongolica*（Maxim.）Ricker

蒙古扁桃 *Amygdalus mongolica*（Maxim.）Ricker

花梗极短；萼筒宽钟状，无毛；萼片矩圆形，与萼筒近等长，先端有小尖头，无毛，花瓣淡红色，倒卵形，雄蕊多数，子房椭圆形，密被短毛，花柱细长，与雄蕊近等长，被短毛。核果宽卵形，被毡毛，果肉薄，干燥，离核；果核扁宽卵形。

用途：种仁入中药。

柄扁桃 *Amygdalus pedunculata* Pall.

别名：山樱桃、山豆子。

鉴别特征：中旱生灌木，高 1～1.5 米。多分枝，枝开展。树皮灰褐色，稍纵向裂 1 裂，嫩枝浅褐色，常被短柔毛；在短枝上常

柄扁桃 *Amygdalus pedunculata* Pall.

3个芽并生，中间是叶芽，两侧是花芽。单叶互生或簇生于短枝上，叶片倒卵形、椭圆形、近圆形或倒披针形，边缘有锯齿，上面绿色，被短柔毛，下面淡绿色，被短柔毛；托叶条裂，边缘有腺体，基部与叶柄合生，被短柔毛。花单生于短枝上，萼片三角状卵形，花瓣粉红色，圆形，雄蕊多数，子房密被长柔毛。核果近球形，稍扁，被毡毛，果肉薄，干燥，离核，核宽卵形。

用途： 种仁入中药。

杏属 *Armeniaca* Mill.

山杏 *Armeniaca ansu*（Maxim.）Kostina

别名： 野杏。

鉴别特征： 中生小乔木，高1.5～5米。树冠开展，树皮暗灰色，纵裂，小枝暗紫红色，被短柔毛或近无毛，有光泽。单叶，互生，宽卵形至近圆形，先端渐尖或短骤尖，基部截形，近心形，稀宽楔形，边缘有钝浅锯齿，脉腋有柔毛。花单生，近无柄，萼筒钟状，萼片矩圆状椭圆形，先端钝；花瓣粉红色，雄蕊多数，长短不一，比花瓣短；子房密被短柔毛，花柱细长，被短柔毛或近无毛。果近球形，稍扁，密被柔毛，顶端尖，果肉薄，干燥，离核。果核扁球形，背棱增厚有锐棱。

用途： 种仁入中药；杏仁油可掺和干性油用于油漆，也可作肥皂、润滑油的原料；在医药上常用作软膏剂、涂布剂和注射药的溶剂等；树干分泌的胶质，可作黏结剂。

山杏 *Armeniaca ansu*（Maxim.）Kostina

西伯利亚杏 *Armeniaca sibirica*（L.）Lam.

别名： 山杏。

鉴别特征： 旱中生乔木或灌木，高1～2米。小枝灰褐色或淡红褐色，无毛或被疏柔毛。单叶互生，叶片宽卵形或近圆形，边缘有细钝锯齿。花单生，萼片矩圆状椭圆形，花后反折；花瓣白色或粉红色，雄蕊多数，长短不一，比花瓣短，子房椭圆形，被短柔毛，花柱顶生，与雄蕊近等长，下部有时被短柔毛。核果近球形，黄色而带红晕，核扁球形，边缘极锐利如刀刃状。

用途： 山杏仁入中药；杏仁油可掺和干性油用于油漆，也可作肥皂、润滑油的原料；在医药上常用作软膏剂、涂布剂和注射药的溶剂等；树干分泌的胶质，可作黏结剂。

西伯利亚杏 *Armeniaca sibirica*（L.）Lam.

豆 科
Fabaceae

槐属 *Sophora* L.

苦豆子 *Sophora alopecuroides* L.

别名：苦甘草、苦豆根。

鉴别特征：多年生中旱生草本，灰绿色。根发达，外皮红褐色而有光泽。茎直立，分枝多呈帚状；枝条密生灰色平伏绢毛。单数羽状复叶；小叶矩圆状披针形至矩圆形或卵形，全缘，两面密生平伏绢毛。托叶小，钻形；叶轴密生灰色平伏绢毛。总状花序顶生，花多数，

苦豆子 *Sophora alopecuroides* L.

密生；苞片条形；花萼钟形或筒状钟形，密生平伏绢毛，萼齿三角形；花冠黄色，旗瓣矩圆形或倒卵形，基部渐狭成爪；翼瓣矩圆形，比旗瓣稍短，有耳和爪，龙骨瓣与翼瓣等长；雄蕊 10，离生；子房有毛。荚果串珠状，种子宽卵形，黄色或淡褐色。

用途：根入中药和蒙药；有毒植物；枝叶可沤绿肥；固沙植物。

苦参 *Sophora flavescens* Ait.

别名：苦参麻、山槐、地槐、野槐。

鉴别特征：多年生中旱生草本，高 1～3 米。根圆柱状，外皮浅棕黄色。茎直立，多分枝，具不规则的纵沟。单数羽状复叶，具小叶 11～19；托叶条形，小叶卵状矩圆形至狭卵形，稀椭圆形，全缘或具微波状缘，上面无毛，下面疏生柔毛。总状花序顶生，花梗细，苞片条形；花萼钟状，稍偏斜，疏生短柔毛或近无毛，顶端有短三角状微齿；花冠淡黄色，旗瓣匙形，比其他花瓣稍长，翼瓣无耳；雄蕊 10，离生；子房筒状。荚果条形，种子近球形，于种子间微缢缩，呈不明显的串珠状，疏生柔毛，棕褐色。

用途：根入中药和蒙药；种子可作农药；茎皮纤维可织麻袋。

苦参 *Sophora flavescens* Ait.

沙冬青属 *Ammopiptanthus* S. H. Cheng

沙冬青 *Ammopiptanthus mongolicus*（Maxim. ex Kom.）S. H. Cheng

别名：蒙古黄花木。

鉴别特征：常绿强旱生灌木。树皮黄色。叶为掌状三出复叶，少有单叶；托叶小，三角状披针形，与叶柄连合而抱茎；小叶菱状椭圆形或卵形，全缘，两面密被银灰色毡毛。总状花序顶生，具花 8～10 朵；苞片卵形，有白色绢毛；花萼钟状，稍革质，密被短柔毛，萼齿宽三角形，边缘有睫毛；花冠黄色，旗瓣宽倒卵形，边缘反折，顶端微凹，基部渐狭成短爪，翼瓣及龙骨瓣比旗瓣短，翼瓣近卵形，龙骨瓣矩圆形；子房披针形，有柄，无毛。荚果扁平，矩圆形，无毛，顶端有短尖；种子球状肾形。

用途：有毒植物，绵羊、山羊采食花少许呈醉状，采食过多可致死；可作固沙植物；枝、叶可入药，能祛风、活血、止痛，外用主治冻疮、慢性风湿性关节痛。

沙冬青 *Ammopiptanthus mongolicus*（Maxim. ex Kom.）S. H. Cheng

沙冬青 *Ammopiptanthus mongolicus*（Maxim. ex Kom.）S. H. Cheng

黄华属 *Thermopsis* R. Br.

披针叶黄华 *Thermopsis lanceolata* R. Br.

别名：苦豆子、面人眼睛、绞蛆爬、牧马豆。

鉴别特征：多年生中旱生草本。主根深长。茎直立，有分枝，被平伏或稍开展的白色柔毛。掌状三出复叶，具小叶3，小叶倒披针形，先端通常反折，基部渐狭，上面无毛，下面疏被平伏长柔毛；托叶2，卵状披针形，叶状，先端锐尖，基部稍连合，背面被平伏长柔毛。总状花序顶生，花于花序轴每节3～7朵轮生；苞片卵形或卵状披针形；花萼钟状，萼齿披针形，被柔毛；花冠黄色，旗瓣近圆形，先端凹入，基部渐狭成爪，翼瓣与龙骨瓣比旗瓣短，有耳和爪；子房被毛。荚果条形，扁平，疏被平伏的短柔毛，沿缝线有长柔毛。

用途：全草入中药；可作沙生观赏植物；蜜源植物；有良好的防风固沙作用；还可作为饲料供牛羊食用。

披针叶黄华 *Thermopsis lanceolata* R. Br.

苦马豆属 *Sphaerophysa* DC.

苦马豆 *Sphaerophysa salsula*（Pall.）DC.

别名：羊卵蛋、羊尿泡。

鉴别特征：多年生旱生草本。茎直立，具开展的分枝。全株被灰白色短伏毛。单数羽状复叶，小叶倒卵状椭圆形或椭圆形，有时具1小刺尖，两面均被平伏的短柔毛；小叶柄极短，托叶披针形，有毛。总状花序腋生，总花梗有毛；苞片披针形；花萼杯状，有白色短柔毛，萼齿三角形；花冠红色，旗瓣圆形，开展，两侧向外翻卷，顶端微凹，基部有短爪，翼瓣比旗瓣稍短，龙骨瓣与翼瓣近等长；子房条状矩圆形，被柔毛，花柱稍弯，内侧具纵列须毛。荚果宽卵形或矩圆形，膜质，膀胱状，有柄；种子肾形，褐色。

用途：全草及果入中药；中等饲料。

苦马豆 *Sphaerophysa salsula*（Pall.）DC.

甘草属 *Glycyrrhiza* L.

甘草 *Glycyrrhiza uralensis* Fisch. ex DC.

别名：甜草苗。

鉴别特征：多年生中旱生草本。具粗壮的根茎，根有甜味。茎直立，密被白色短毛及鳞片状、点状或小刺状腺体。单数羽状复叶，小叶卵形至椭圆形，两面均被平伏的短柔毛；小叶柄极短；叶轴被细短毛及腺体。总状花序腋生，花密集，淡蓝紫色或紫红色；花梗甚短；苞片披针形；花萼筒状，密被短毛及腺点，裂片披针形；旗瓣椭圆形，翼瓣比旗瓣短，比龙骨瓣长，均具长爪；雄蕊长短不一；子房无柄，具腺状突起。荚果条状矩圆形、镰刀形或弯曲成环状，密被短毛及褐色刺状腺体；种子扁圆形或肾形，黑色，光滑。

用途：根入中药，根及根茎入蒙药；在食品工业上可作香料剂；中等饲用植物。

甘草 *Glycyrrhiza uralensis* Fisch. ex DC.

甘草 *Glycyrrhiza uralensis* Fisch. ex DC.

圆果甘草 *Glycyrrhiza squamulosa* Franch.

别名：马兰杆。

鉴别特征：多年生中旱生草本。茎直立，稍带木质，具腺体。叶为单数羽状复叶，小叶矩圆形至椭圆形，先端具小刺尖，两面密被腺点，并有鳞片状腺体，边缘有长毛及腺体；小叶柄短；托叶披针形或宽披针形，边缘有长毛及腺体。总状花序腋生，总花梗密被白色长柔毛及腺体；苞片披针形；花萼筒状钟形，密被鳞片状腺体并疏生长柔毛，萼齿披针形，渐尖，与萼筒等长；花白色，花瓣均密被腺体，旗瓣矩圆状卵形，顶端钝，基部渐狭成短爪，翼瓣较旗瓣短，但比龙骨瓣稍长或等长，均具爪；子房密被腺体。荚果扁，宽卵形或近圆形，褐色，有瘤状突起，顶端有短尖。

圆果甘草 *Glycyrrhiza squamulosa* Franch.

米口袋属 *Gueldenstaedtia* Fisch.

少花米口袋 *Gueldenstaedtia verna*（Georgi）Boriss.

别名：地丁、多花米口袋。

鉴别特征：多年生旱生草本，全株被白色长柔毛。主根圆锥形。茎短缩，在根颈上丛生。叶为单数羽状复叶，小叶片长卵形至披针形，先端具小尖头，全缘，两面被白色长柔毛；托叶卵形至披针形，基部与叶柄合生，外面被长柔毛。总花梗数个自叶丛间抽出，伞形花序，具花2～4朵；苞片及小苞片披针形至条形；花蓝紫色或紫红色，花萼钟状，密被长柔毛，萼齿不等长；旗瓣宽卵形，顶端微凹，翼瓣矩圆形，较旗瓣短；子房密被柔毛，花柱顶端卷曲。荚果圆筒状，被长柔毛；种子肾形，具浅的蜂窝状凹点，有光泽。

用途：全草入中药；良好饲用植物。

少花米口袋 *Gueldenstaedtia verna*（Georgi）Boriss.

狭叶米口袋 *Gueldenstaedtia stanophylla* Bunge

别名：地丁。

鉴别特征：多年生旱生草本，全株有长柔毛。茎短缩。叶为单数羽状复叶，小叶片矩圆形至条形，通常夏秋季的小叶变窄，成条状矩圆形或条形，先端锐尖或钝尖，具小尖头，全缘，两面被白柔毛，花期毛较密，果期毛少或有时近无毛。托叶三角形，基部与叶柄合生，外面被长柔毛。总花梗排列成伞形；苞片及小苞片披针形；花粉紫色；花萼钟形，密被长柔毛；旗瓣近圆形，顶端微凹，基部渐狭成爪，翼瓣比旗瓣短。荚果圆筒形，被灰白色长柔毛。

用途：全草入中药；优良饲用植物。

狭叶米口袋 *Gueldenstaedtia stanophylla* Bunge

雀儿豆属 *Chesneya* Lindl. ex Endl.

大花雀儿豆 *Chesneya macrantha* S. H. Cheng ex H. C. Fu

别名：红花雀儿豆、红花海绵豆。

鉴别特征：旱生垫状半灌木，多分枝，当年枝短缩。单数羽状复叶，托叶三角状披针形，革质，密被平状短柔毛与白色绢毛，与叶柄基部连合；叶轴长，宿存并硬化成针刺状；小叶椭圆形至倒卵形，上面被浅黑色腺点，两面被平伏的白色绢毛。花较大，紫红色；小苞片条状披针形，褐色，对生，有白色缘毛；花萼锈褐色，密被柔毛，萼齿条状披针形，有白色缘毛；旗瓣倒卵形，顶端微凹，基部渐狭，背面密被短柔毛，翼瓣顶端稍宽且钝，龙骨瓣顶端钝，基部均有长爪；子房有毛。荚果矩圆状椭圆形，革质，顶端具短喙，密被长柔毛。

大花雀儿豆 *Chesneya macrantha* S. H. Cheng ex H. C. Fu

棘豆属 *Oxytropis* DC.

小花棘豆 *Oxytropis glabra*（Lam.）DC.

别名：醉马草、包头棘豆。

鉴别特征：多年生中生草本，高 20～30 厘米。茎匍匐，多分枝，上部斜升，疏被柔毛。奇数羽状复叶，具小叶 5～19，疏离。托叶披针形至三角形，草质，疏被柔毛，分离或基部与叶柄连合；小叶披针形至椭圆形，上面疏被平伏的柔毛或近无毛，下面被疏或较密的平伏柔毛。总状花序腋生，花排列稀疏；总花梗较叶长，疏被柔毛；苞片条状披针形，先端尖，被柔毛；花小，淡蓝紫色；花萼钟状，被平伏的白色柔毛，萼齿披针状钻形；旗瓣宽倒卵形，先端近截形，微凹或具细尖，翼瓣稍短于旗瓣，龙骨瓣稍短于翼瓣。荚果长椭圆形，下垂，膨胀，背部圆，腹缝线稍凹，密被平伏的短柔毛。

用途：有毒植物，含有具强烈溶血活性的蛋白质毒素，家畜大量采食后，能引起慢性中毒。

小花棘豆 *Oxytropis glabra*（Lam.）DC.

硬毛棘豆 *Oxytropis hirta* Bunge

别名： 毛棘豆。

鉴别特征： 多年生旱中生草本，无地上茎，高20～40厘米，全株被长硬毛。叶基生，单数羽状复叶；叶轴粗壮；托叶披针形，与叶柄基部合生，上部分离，膜质，密生长硬毛；小叶5～19，卵状披针形或长椭圆形。总状花序呈长穗状，花黄白色，少蓝紫色，苞片披针形或条状披针形，花梗极短或近无梗，花萼筒状或近于筒状钟形。荚果藏于萼内，长卵形，具假隔膜，顶端具短喙。

硬毛棘豆 *Oxytropis hirta* Bunge

薄叶棘豆 *Oxytropis leptophylla*（Pall.）DC.

别名：山泡泡、光棘豆。

鉴别特征：多年生旱生草本，无地上茎。根粗壮，通常呈圆柱状伸长。叶轴细弱；托叶小，披针形，与叶柄基部合生，密生长毛；单数羽状复叶，小叶7～13，对生，条形，两端渐尖，上面无毛，下面被平伏柔毛。总花梗与叶略等长或稍短，密生长柔毛，花2～6朵集生于总花梗顶部构成短总状花序；花紫红色或蓝紫色，苞片椭圆状披针形，萼筒状，密被毛，萼齿条状披针形；旗瓣近椭圆形，翼瓣比旗瓣短，龙骨瓣稍短于翼瓣；子房密被毛，花柱顶部弯曲。荚果宽卵形，膜质，膨胀，顶端具喙，表面密生短柔毛，内具窄的假隔膜。

用途：辅助蜜源植物；也可作饲用植物。

薄叶棘豆 *Oxytropis leptophylla*（Pall.）DC.

内蒙古棘豆 *Oxytropis neimonggolica* C. W. Zhang et Y. Z. Zhao

内蒙古棘豆 *Oxytropis neimonggolica* C. W. Zhang et Y. Z. Zhao

鉴别特征：多年生旱生矮小草本，高3～7厘米。主根粗壮，向下直伸，黄褐色。茎短缩。小叶1，总叶柄密被贴伏白色绢状柔毛，先端膨大，宿存；托叶卵形，膜质，与总叶柄基部贴生较高，上部分离，先端尖，被白色长柔毛，小叶近革质，椭圆形或椭圆状披针形，全缘或边缘加厚。花葶较叶短，通常具1～2朵花；花冠淡黄色，旗瓣匙形或近匙形，长约20毫米，常反折；翼瓣矩圆形，爪长约9毫米，具短耳；子房被毛。荚果卵球形，长15～20毫米，膨胀，先端尖且具喙，密被白色柔毛，近不完全两室。种子圆肾形，褐色。

二色棘豆 *Oxytropis bicolor* Bunge

鉴别特征：多年生中旱生草本，植物体各部有开展的白色绢状长柔毛。茎极短，似无茎状。叶为具轮生小叶的复叶，托叶卵状披针形，与叶柄基部连生，密被长柔毛，小叶片条形或条状披针形，全缘，边缘常反卷，两面密被绢状长柔毛。总花梗比叶长或与叶近相等，被白色长柔毛，花蓝紫色，于总花梗顶端疏或密地排列成短总状花序，苞片披针形，有毛；萼筒状，密生长柔毛，萼齿条状披针形，旗瓣菱状卵形，干后有黄绿色斑，顶端微凹，翼瓣较旗瓣稍短；龙骨瓣顶端有喙；子房有短柄，密被长柔毛。苞片披针形，有毛。荚果矩圆形，腹背稍扁，顶端有长喙，密被白色长柔毛，假2室。

二色棘豆 *Oxytropis bicolor* Bunge

砂珍棘豆
Oxytropis racemosa Turcz.

别名：泡泡草、砂棘豆。

鉴别特征：多年生旱生草本，高5～15厘米。根圆柱形，伸长，黄褐色。茎短缩或几乎无地上茎。叶丛生，多数，托叶卵形，密被长柔毛，大部与叶柄连合；叶为具轮生小叶的复叶，小叶条形至条状矩圆形，边缘常内卷。总花梗比叶长或与叶近等长；总状花序近头状，

砂珍棘豆 *Oxytropis racemosa* Turcz.

花较小，粉红色或带紫色；苞片条形，比花梗稍短；萼钟状，密被长柔毛，萼齿条形，密被长柔毛；旗瓣侧卵形，翼瓣比旗瓣稍短，龙骨瓣比翼瓣稍短或近等长，顶端具长1毫米余的喙；子房被短柔毛，花柱顶端稍弯曲。荚果宽卵形，膨胀，为不完全的2室。

用途： 全草入中药；辅助蜜源植物；劣等饲用植物。

刺叶柄棘豆 *Oxytropis aciphylla* Ledeb.

别名： 鬼见愁、猫头刺、老虎爪子。

鉴别特征： 强旱生矮小半灌木。根粗壮。茎多分枝，全体呈球状株丛。叶轴宿存，木质化，呈硬刺状，密生平伏柔毛。托叶膜质，下部与叶柄联合，表面无毛，边缘有白色长毛；双数羽状复叶，小叶对生，条形，先端渐尖，有刺尖，两面密生银灰色平伏柔毛，边缘常内卷。总状花序腋生，苞片膜质，披针状钻形；花萼筒状，密生长柔毛，萼齿锥状；花冠蓝紫色，红紫色以至白色，旗瓣倒卵形，翼瓣短于旗瓣，龙骨瓣较翼瓣稍短；子房圆柱形，花柱顶端弯曲，被毛。荚果矩圆形，硬革质，密生白色平伏柔毛，背缝线深陷，隔膜发达。

用途： 茎叶入中药，嫩叶可作饲料。

刺叶柄棘豆 *Oxytropis aciphylla* Ledeb.

黄耆属 *Astragalus* L.

鄂尔多斯黄耆 *Astragalus ordosicus* H. C. Fu

别名： 鄂托克黄耆。

鉴别特征： 多年生旱生草本，全株被白色丁字毛。茎缩短，形成密丛。奇数羽状复叶，托叶卵形，有毛，基部与叶柄连合；具小叶19～35，倒卵形或宽椭圆形，全缘，两面被开展的丁字毛。总状花序腋生或顶生，具花10～12朵，排列紧密呈头状；总花梗比叶短或比叶长，密被白色平伏的短柔毛，在上端混生黑色短柔毛；苞片卵状披针形，膜质，先端尖，有毛；花淡黄色，花萼钟状，有平伏的黑色毛，萼齿不等长，上萼有2齿较短，狭三角形，下萼有3齿较长，条状披针形；旗瓣宽倒卵形，顶端凹，翼瓣与旗瓣等长或稍短，矩圆形；顶端2裂，基部有短爪和耳，龙骨瓣较短；子房无毛。荚果。

鄂尔多斯黄耆 *Astragalus ordosicus* H. C. Fu

用途： 辅助蜜源植物；中等饲用植物。

草木樨状黄耆 *Astragalus melilotoides* Pall.

别名：扫帚苗、层头、小马层子。

鉴别特征：多年生中旱生草本。根深长，较粗壮。茎多数由基部丛生，直立或稍斜升，多分枝，有条棱，疏生短柔毛或近无毛。单数羽状复叶，具小叶 3～7；小叶矩圆形或条状矩圆形，先端钝、截形或微凹，基部楔形，全缘，两面疏生白色短柔毛，叶柄有短柔毛，托叶三角形至披针形，基部彼此连合。总状花序腋生，比叶显著长；花小，粉红色或白色，多数，疏生，苞片甚小，锥形，比花梗短，花萼钟状，疏生短柔毛，萼齿三角形，比萼筒显著短；旗瓣近圆形或宽椭圆形，基部具短爪，顶端微凹，翼瓣比旗瓣稍短，顶端成不均等的 2 裂，基部具耳和爪，龙骨瓣比翼瓣短；子房无毛，无柄，荚果近圆形或椭圆形，顶端微凹，具短喙，表面有横纹，无毛，背部具稍深的沟，2 室。

用途：全草入中药；优质饲用植物；又可作水土保持植物。

草木樨状黄耆 *Astragalus melilotoides* Pall.

细叶黄耆 *Astragalus tenuis* Turcz.

鉴别特征：本变种与草木樨状黄耆的不同点在于：植株由基部生出多数细长的茎，通常分枝多，呈扫帚状；小叶 3～5，狭条形或丝状，先端尖。

用途：中等饲用植物。

细叶黄耆 *Astragalus tenuis* Turcz.

扁茎黄耆 *Astragalus complanatus* R. Br. ex Bunge

别名：夏黄芪、沙苑子、沙苑蒺藜、潼蒺藜、蔓黄芪。

鉴别特征：多年生旱中生草本，主根粗长。全株疏生短毛。茎数个至多数，有棱，略扁，通常平卧。单数羽状复叶，具小叶 9～21，托叶离生，狭披针形，有毛；小叶椭圆形或卵状椭圆形，具短柄，全缘，下面有短伏毛。总状花序腋生，比叶长，具花 3～9 朵，疏生，白色或带紫色，苞片锥形，比花梗稍长或稍短；花萼钟状，被黑色和白色短硬毛，萼齿披针形或近锥形，与萼筒等长或比萼筒稍短，萼的下方常有小苞片 2；旗瓣近圆形，龙骨瓣比旗瓣稍短或有时近等长，翼瓣比龙骨瓣短且狭窄；子房圆柱状，密被毛，有柄，花柱弯曲，柱头有簇状毛。荚果纺锤状矩圆形，稍膨胀，腹背压扁，表面被黑色短硬毛；种子圆肾形，光滑。

用途：种子入中药；辅助蜜源植物；饲用植物；可改良盐碱化草甸，亦可作水土保持植物或绿肥植物。

扁茎黄耆 *Astragalus complanatus* R. Br. ex Bunge

粗壮黄耆 *Astragalus hoantchy* Franch.

别名：乌拉特黄芪、黄芪、贺兰山黄芪。

鉴别特征：多年生旱中生草本，高可达 1 米。茎直立，多分枝，具条棱。单数羽状复叶；

叶柄疏生白色长柔毛，具小叶 9～25，托叶卵状三角形，膜质，与叶柄分离，有毛；小叶宽卵形至倒卵形，全缘，两面中脉上疏中白色或黑色长柔毛或无毛。总状花序腋生，疏具 12～15 朵花，花紫红色或紫色，花梗疏生长柔毛；苞片披针形，膜质，先端渐尖，较花梗长；有毛；花萼钟状筒形，近膜质，结果时基部一侧膨大成囊状，外面疏生黑色或白色长柔毛，上萼齿 2，较短，近三角形，下萼齿 3，较长，披针形；旗瓣宽卵形，翼瓣矩圆形，翼瓣和龙骨瓣均较旗瓣稍短；子房无毛，有子房柄，柱头具簇状毛。荚果矩圆形，有长柄，种子矩圆状肾形，黑褐色，有光泽，在一侧中上部有 1 近三角状缺口。

粗壮黄耆 *Astragalus hoantchy* Franch.

达乌里黄耆 *Astragalus dahuricus*（Pall.）DC.

别名：驴干粮、兴安黄芪、野豆角花。

鉴别特征：一、二年生旱中生草本，高 30～60 厘米，全株被白色柔毛。茎直立，单一，多分枝，有细沟，被长柔毛。单数羽状复叶，具小叶 11～21；托叶狭披针形至锥形，与叶柄离生，被长柔毛；小叶矩圆形至倒卵状矩圆形，稀近椭圆形，全缘，上面疏生白色伏柔毛，下面毛较多，小叶柄极短。总状花序腋生，通常比叶长；花序较紧密或稍稀疏，具 10～20 朵花，花紫红色，苞片条形或刚毛状，有毛，比花梗长；花萼钟状，被长柔毛，萼齿不等长，上萼有 2 齿较短，与萼筒近等长，三角形，下萼有 3 齿较长，比萼筒长约 1 倍，条形，旗瓣宽椭圆形，龙骨

达乌里黄耆 *Astragalus dahuricus*（Pall.）DC.

瓣比翼瓣长，比旗瓣稍短；子房有长柔毛，具柄。荚果圆筒状，呈镰刀状弯曲，顶端具直或稍弯的喙，基部有短柄，果皮较薄，表面具横纹，被白色短毛。

用途：良好饲用植物；可引种栽培，用作放牧或刈制干草，又可作绿肥。

灰叶黄耆 *Astragalus discolor* Bunge

鉴别特征：多年生旱生草本，高30～50毫米，植物体各部有丁字毛。主根直伸。茎直立或斜升，具条棱，密被白色平伏的丁字毛。单数羽状复叶，具小叶9～25；托叶狭三角形，与叶柄分离；小叶矩圆形或条状矩圆形，上面绿色，下面灰绿色，两面有白色平伏的丁字毛。总花梗显著比叶长，总状花序生于枝上部叶腋，具花8～15朵，疏散；苞片卵形；花蓝紫色；花萼筒状钟形，萼齿三角形，两者外面有黑色和白色的平伏而短的丁字毛；旗瓣倒卵形，翼瓣矩圆形，与旗瓣等长，顶端成不均等的2裂，龙骨瓣较翼瓣短；子房具柄，有毛。荚果条形，稍弯，两侧扁，两端尖，果柄显著较萼长，外面有黑色和白色平伏的丁字毛。

用途：良等的牧草。

灰叶黄耆 *Astragalus discolor* Bunge

斜茎黄耆 *Astragalus laxmannii* Jacq.

别名：直立黄芪、马拌肠。

鉴别特征：多年生中旱生草本。根较粗壮，暗褐色。茎数个至多数丛生，斜升。单数羽状复叶，具小叶7～23，小叶卵状椭圆形、椭圆形或矩圆形，全缘，下面有白色丁字毛；托叶三角形。总状花序于茎上部腋生，总花梗比叶长或近相等，花序矩圆状，少近头状，花多数，密集，蓝紫色、近蓝色或红紫色，稀近白色；花梗极短；苞片狭披针形至三角形，先端尖，通常较萼筒显著短；花萼筒状钟形，被黑色或白色丁字毛或两者混生，萼齿披针状条形或锥状；旗瓣倒卵状匙形，翼瓣比旗瓣稍短，比龙骨瓣长；子房有白色丁字毛，基部有极短的柄。荚果矩圆形，具 8 棱，稍侧扁，表面被黑色、褐色或白色的丁字毛，荚果分隔为 2 室。

用途：　种子入中药；辅助蜜源植物；优等饲用植物，引种试验栽培可作为改良天然草场和培育人工牧草地之用；又可作为绿肥植物，用以改良土壤。

斜茎黄耆 *Astragalus laxmannii* Jacq.

糙叶黄耆 *Astragalus scaberrimus* Bunge

别名：春黄芪、掐不齐、白花黄耆。

鉴别特征：多年生旱生草本。具横走的木质化根状茎，无地上茎或有稍长的平卧的地上茎。叶密集于地表，全株密被白色丁字毛，呈灰白色或灰绿色。单数羽状复叶，具小叶 7～15；托叶与叶柄部分连合，离生部分为狭三角形至披针形；小叶椭圆形、近矩圆形，常有小突尖，全缘，两面密被白色平伏的丁字毛。总状花序由基部腋生，具花 3～5 朵，花白色或淡黄色；苞片披针形，比花梗长；花萼筒状，外面密被丁字毛，萼齿条状披针形；旗瓣椭圆形，翼瓣和龙骨瓣较短，翼瓣顶端微缺，子房有短毛。荚果矩圆形，稍弯，喙不明显，背缝线凹入成浅沟，果皮革质，密被白色丁字毛，内具假隔膜，2 室。

用途：中等饲用植物；亦可作水土保持植物。

糙叶黄耆 *Astragalus scaberrimus* Bunge

乳白花黄耆 *Astragalus galactites* Pall.

乳白花黄耆
Astragalus galactites Pall.

别名：白花黄耆。

鉴别特征：多年生旱生草本，高5～10厘米，具短缩而分歧的地下茎。地上部分无茎或具极短的茎。单数羽状复叶，具小叶9～21；托叶下部与叶柄合生，离生部分卵状三角形，膜质，密被长毛；小叶矩圆形至条状披针形，先端有小突尖，全缘，上面无毛，下面密被白色平伏的丁字毛。花序近无梗，通常每叶腋具花2朵，密集于叶丛基部如根生状，花白色或稍带黄色；苞片披针形至条状披针形，被白色长柔毛；萼筒状钟形，萼齿披针状条形或近锥形，密被开展的白色长柔毛；旗瓣菱状矩圆形，翼瓣及龙骨瓣均具细长爪；子房有毛，花柱细长。荚果小，卵形，先端具喙，通常包于萼内，1室；通常含种子2粒。

用途：中等饲用植物。

卵果黄耆 *Astragalus grubovii* Sancz.

别名：新巴黄芪、拟糙叶黄芪。

鉴别特征：多年生旱生草本，高5～20厘米。根粗壮，直伸，黄褐色或褐色，木质。无地上茎或有多数短缩存于地表的地下茎。叶与花密集于地表呈丛生状。全株灰绿色，密被开展的丁字毛。单数羽状复叶，具小叶9～29。托叶披针形，膜质，基部与叶柄连合，外面密被长柔毛；小叶椭圆形或倒卵形，两面密被开展的丁字毛。花序近无梗，通常每叶腋具5～8朵花，密集于叶丛的基部，淡黄白色；苞片披针形，膜质，外面被开展的白毛。花萼筒形，密被半开展的白色长柔毛，萼齿条形；旗瓣矩圆状倒卵形，翼瓣条状矩圆形，龙骨瓣矩圆状倒卵形；子房密被白色长柔毛。荚果无柄，矩圆状卵形，稍膨胀，密被白色长柔毛，2室。

卵果黄耆 *Astragalus grubovii* Sancz.

锦鸡儿属 *Caragana* Fabr.

小叶锦鸡儿 *Caragana microphylla* Lam.

别名：柠条、连针。

鉴别特征：旱生灌木，高40～70厘米。树皮灰黄色或黄白色，小枝黄白色至黄褐色，具条棱；长枝上的托叶宿存硬化成针刺状。小叶10～20，羽状排列，倒卵形或倒卵状矩圆形，近革质，绿色，先端微凹或圆形，少近截形，有刺尖，基部近圆形或宽楔形，幼时两面密被绢状短柔毛，后仅被极疏短柔毛。花单生，花梗密被绢状短柔毛，近中部有关节，花萼钟形或筒状钟形，基部偏斜，密被短柔毛，萼齿宽三角形，边缘密生短柔毛；花冠黄色，旗瓣近圆形，顶端微凹，基部有短爪，翼瓣耳短，圆齿状，龙骨瓣顶端钝，爪约与瓣片等长，耳不明显，子房无毛。荚果圆筒形，红褐色，无毛，顶端斜长渐尖。

用途：全草、根、花、种子入中药，种子入蒙药；优良饲用植物。

小叶锦鸡儿 *Caragana microphylla* Lam.

柠条锦鸡儿 *Caragana korshinskii* Kom.

别名：柠条、白柠条、毛条。

鉴别特征：高大旱生灌木，高 1.5～3 米。树皮金黄色，有光泽，枝条细长，小枝灰黄色，具条棱，密被绢状柔毛。小叶倒披针形或矩圆状倒披针形，羽状排列，长枝上的托叶宿存并硬化成针刺状，有毛，叶轴密被绢状柔毛，脱落；小叶 12～16，羽状排列，倒披针形或矩圆状倒披针形，先端有刺尖，两面密生绢毛。花单生，花梗密被短柔毛，中部以上有关节；花萼钟状或筒状钟形，密被短柔毛，萼齿三角形或狭三角形；花冠黄色，旗瓣宽卵形，基部有短爪，翼

柠条锦鸡儿 *Caragana korshinskii* Kom.

瓣耳短，牙齿状，龙骨瓣矩圆形，耳极短，瓣片基部成截形；子房密生短柔毛。荚果披针形或矩圆状披针形，略扁；革质，深红褐色，顶端短渐尖，近无毛。

用途： 中等饲用植物；耐沙性较强，可作固沙造林树种和农田防护植物，并能沤作绿肥。

荒漠锦鸡儿 *Caragana roborovskyi* Kom.

别名： 洛氏锦鸡儿。

鉴别特征： 强旱生矮灌木，高 30～50 厘米。树皮黄褐色，略有光泽，稍呈不规则的条状剥裂，小枝黄褐色或灰褐色，具灰色条棱，嫩枝密被白色长柔毛。托叶狭三角形，中肋隆起，边缘膜质，先端具刺尖，密被长柔毛；叶轴全部宿存并硬化成针刺状，小叶 6～10，羽状排列，宽倒卵形至倒被针形，先端有细尖，两面密被绢状长柔毛。花单生，花梗极短，密被长柔毛，在基部有关节，花萼筒状，密被长柔毛，萼齿狭三角形，渐尖而具刺尖，花冠黄色，全部被短柔毛；旗瓣倒宽卵形，顶端圆，稍具突尖，基部有短爪，翼瓣椭圆形，龙骨瓣顶端稍尖，向内方弯曲，爪较瓣片稍短或近等长，耳较短；子房密被柔毛。荚果圆筒形。

用途： 辅助蜜源植物；中等饲用植物。

荒漠锦鸡儿 *Caragana roborovskyi* Kom.

卷叶锦鸡儿 *Caragana ordosica* Y. Z. Zhao，Zong Y. Zhu et L. Q. Zhao

别名： 康青锦鸡儿、藏锦鸡儿、垫状锦鸡儿。

鉴别特征： 强旱生垫状矮灌木。树皮灰黄色，多裂纹。枝条短而密，灰褐色，密被长柔毛；托叶卵形或近圆形，先端渐尖，膜质，褐色，密被长柔毛；叶轴全部宿存并硬化成针刺

卷叶锦鸡儿 *Caragana ordosica* Y. Z. Zhao，Zong Y. Zhu et L. Q. Zhao

状，翼瓣爪约与瓣片等长或较瓣片稍长，耳短而狭或钝圆，龙骨瓣的爪较瓣片为长，耳短，稍成牙齿状。子房密生柔毛。荚果短，椭圆形，外面密被长柔毛，里面密生毡毛。

甘蒙锦鸡儿 *Caragana opulens* Kom.

鉴别特征： 直立中旱生灌木，树皮灰褐色，有光泽。小枝细长，带灰白色，有条棱。长枝上的托叶宿存并硬化成针刺状，短枝上的托叶脱落；具针尖，边缘有短柔毛；叶轴短，在长枝上的硬化成针刺状，直伸或稍弯；小叶4，假掌状排列，倒卵状披针形，先端圆形，有刺尖，基部渐狭，绿色，上面无毛或近无毛，下面疏生短柔毛。花单生，花梗无毛，中部以上有关节；花萼筒状钟形，基部显著偏斜呈囊状凸起，无毛，萼齿三角形，具针尖，边缘有短柔毛；花冠黄色；子房筒状，无毛。荚果圆筒形，无毛，带紫褐色，顶端尖。

用途： 辅助蜜源植物；优良饲用植物；优良的肥料树种；枝干可作薪柴。

甘蒙锦鸡儿 *Caragana opulens* Kom.

窄叶矮锦鸡儿 *Caragana angustissima*（C. K. Schneid.）Y. Z. Zhao

鉴别特征： 强旱生矮灌木，高30～40厘米。树皮金黄色，有光泽，枝甚细长。小叶4，假掌状排列，小叶狭条形或条状倒披针形，灰绿色，有毛。花单生；花梗较叶长；花萼钟状筒形，花冠黄色；花梗、花萼与子房均密被绢状毡毛或长柔毛。荚果圆筒形。

用途： 具有良好的固沙性能，可用作草场改良的补播材料或植作沙障；茎可抽取纤维，供造纸及制作人造纤维板；种子可榨油。

窄叶矮锦鸡儿 *Caragana angustissima*（C. K. Schneid.）Y. Z. Zhao

白皮锦鸡儿 *Caragana leucophloea* Pojark.

鉴别特征：强旱生灌木。树皮淡黄色或金黄色，有光泽。小枝具纵条棱，嫩枝被短柔毛，常带紫红色。托叶在长枝上的硬化成针刺，宿存，在短枝上的脱落；叶轴在长枝上的硬化成针刺，宿存，短枝上的叶无叶轴，小叶4，假掌状排列，狭倒披针形或条形，先端锐尖，有短刺尖，无毛或被伏生短毛。花单生，花梗近中部具关节；花萼钟状，萼齿三角形，锐尖或渐尖；花冠黄色，旗瓣宽倒卵形，先端微凹，爪宽短，翼瓣条状矩圆形，长与旗瓣近相等，爪长为瓣片的1/3，龙骨瓣稍短于旗瓣，耳短小；子房无毛。荚果圆筒形。

用途：良等饲用植物，亦为防风固沙及保土植物。

白皮锦鸡儿 *Caragana leucophloea* Pojark.

狭叶锦鸡儿
Caragana stenophylla Pojark.

别名：红柠条、羊柠角、红刺、柠角。

鉴别特征：旱生矮灌木，高15～70厘米。树皮灰黄色、黄褐色。小枝纤细，具条棱，幼时疏生柔毛。长枝上的托叶宿存并硬化成针刺状，叶轴在长枝上者亦宿存而硬化成针刺状，直伸或稍弯曲，短枝上的叶无叶轴；小叶4，

狭叶锦鸡儿 *Caragana stenophylla* Pojark.

假掌状排列，条状倒披针形，先端锐尖或钝，有刺尖，基部渐狭，两面疏生柔毛或近无毛。花单生；花梗较叶短，有毛，中下部有关节；花萼钟形或钟状筒形，基部稍偏斜，无毛或疏生柔毛，萼齿三角形，有针尖，边缘有短柔毛；花冠黄色，旗瓣圆形或宽倒卵形，翼瓣上端较宽成斜截形，龙骨瓣比翼瓣稍短，耳短而钝，子房无毛。荚果圆筒形，两端渐尖。

用途：主要蜜源植物；良好饲用植物。

野豌豆属 *Vicia* L.

山野豌豆 *Vicia amoena* Fisch. ex Seringe

别名：山黑豆、落豆秧、透骨草。

鉴别特征：多年生中生草本，高 40～80 厘米。茎攀援或直立，具四棱。叶为双数羽状复叶，具小叶 6～14，互生，叶轴末端成分枝或单一的卷须，小叶具刺尖，全缘，侧脉与中脉呈锐角，通常达边缘，在末端不连合成波状，牙齿状或不明显；托叶大，2～3 裂成半边戟形或半边箭头形，有毛。总状花序腋生；总花梗通常超出叶，具 10～20 朵花，花梗有毛；花红紫色或蓝紫色，花萼钟状，有毛，上萼齿较短，三角形，下萼齿较长，披针状锥形；旗瓣倒卵形，翼瓣与旗瓣近等长，龙骨瓣稍短于翼瓣，顶端渐狭，略呈三角形；子房有柄，花柱急弯，上部周围有毛，柱头头状。荚果矩圆状菱形，无毛。种子圆形，黑色。

用途：全草入蒙药；优等饲用植物；种子可与多年生丛生性禾本科牧草混播，改良天然草场和打草用。

山野豌豆 *Vicia amoena* Fisch. ex Seringe

山黧豆属 *Lathyrus* L.

山黧豆 *Lathyrus quinquenervius*（Miq.）Litv.

别名： 五脉山黧豆、五脉香豌豆。

鉴别特征： 多年生中生草本，高 20～40 厘米。根茎细而稍弯，横走地下。茎单一，直立或稍斜升，有棱，具翅。双数羽状复叶，小叶 2～6，叶轴末端成为单一不分歧的卷须，下部叶的卷须很短，常成刺状；托叶为狭细的半箭头状，小叶矩圆状披针形至条形，先端具短刺尖，全缘。总状花序腋生，花序通常为叶的 2 倍至数倍长，具 3～7 朵花；花梗疏生柔毛；花蓝紫色或紫色；花萼钟状，被长柔毛，上萼齿三角形，先端锐尖或渐尖，比萼筒显著短，下萼齿锥形或狭披针形，比萼筒稍短或近等长；旗瓣宽倒卵形，于中部缢缩，顶端微缺，翼瓣比旗瓣稍短或近等长，龙骨瓣比翼瓣短，子房有毛，花柱下弯。荚果矩圆状条形。

用途： 全草入中药；种子有毒。

山黧豆 *Lathyrus quinquenervius*（Miq.）Litv.

苜蓿属 *Medicago* L.

紫花苜蓿 *Medicago sativa* L.

别名： 紫苜蓿、苜蓿。

鉴别特征： 多年生中生草本。茎直立或有时斜升。羽状三出复叶；顶生小叶较大，托叶狭披针形或锥形，长渐尖，全缘或稍有齿，下部与叶柄合生；小叶矩圆状倒卵形至倒披针形，先端具小刺尖，叶缘上部有锯齿，中下部全缘，下面疏生柔毛。短总状花序腋生，具花 5 至 20 余朵，通常较密集，有毛；总花梗超出于叶，有毛；花紫色或蓝紫色，花梗短，有毛；苞片小，条状锥形；花萼筒状钟形，翼瓣比旗瓣短，龙骨瓣比翼瓣稍短；子房条形，柱头头状。荚果螺旋形，通常卷曲 1～2.5 圈，密生伏毛；种子小，肾形，黄褐色。

用途： 全草入中药；为栽培的优良牧草；蜜源植物，或用于改良土壤及作绿肥。

紫花苜蓿 *Medicago sativa* L.

天蓝苜蓿 *Medicago lupulina* L.

别名： 黑荚苜蓿。

鉴别特征： 一、二年生中生草本。茎斜倚或斜升，被长柔毛或腺毛。羽状三出复叶，叶柄有毛，托叶卵状披针形或狭披针形，先端渐尖，下部与叶柄合生，有毛；小叶宽倒卵形至菱形，边缘上部具锯齿，下部全缘，上面疏生白色长柔毛，下面密被长柔毛。花 8～15 朵密集成头状花序，生于总花梗顶端，总花梗有毛；花小，黄色；苞片极小，条状锥形；花萼钟状，密被柔毛，萼齿条状披针形；旗瓣近圆形，翼瓣显著比旗瓣短，龙骨瓣与翼瓣近等长；子房内侧有毛，柱头头状。荚果肾形，成熟时黑色，表面具纵纹，疏生腺毛；种子小，黄褐色。

用途： 全草入中药；优等饲用植物；可以改良天然草场；水土保持植物及绿肥植物。

天蓝苜蓿 *Medicago lupulina* L.

草木樨属 *Melilotus*（L.）Mill.

草木樨 *Melilotus officinalis*（L.）Lam.

别名： 黄花草木樨、马层子、臭苜蓿。

主要特征： 一、二年生旱中生草本。茎直立，粗壮，多分枝，光滑无毛。叶为羽状三出复叶；托叶条状披针形；小叶倒卵形至倒披针形，先端钝，基部楔形或近圆形；边缘有不整齐的疏锯齿。总状花序细长，腋生，有多数花；花黄色，花萼钟状。萼齿5，三角状披针形，近等长，稍短于萼筒；旗瓣椭圆形，先端圆或微凹，基部楔形，翼瓣比旗瓣短，与龙骨瓣略等长；子房卵状矩圆形，无柄，花柱细长。荚果小，近球形或卵形，成熟时近黑色，表面具网纹；种子近圆形或椭圆形，稍扁。

用途： 全草入中药和蒙药；优等饲用植物；作绿肥及水土保持之用；又可作蜜源植物。

草木樨 *Melilotus officinalis*（L.）Lam.

细齿草木樨 *Melilotus dentatus*（Wald. et Kit.）Pers.

别名： 马层、臭苜蓿。

鉴别特征： 二年生中生草本。茎直立，有分枝，无毛。叶为羽状三出复叶，托叶条形或条

细齿草木樨 *Melilotus dentatus*（Wald. et Kit.）Pers.

状披针形，边缘具密的细锯齿，先端长渐尖，基部两侧有齿裂，小叶倒卵状矩圆形，边缘具密的细锯齿。总状花序细长，腋生，花多而密；花黄色，花萼钟状，萼齿三角形，近等长，稍短于萼筒，旗瓣椭圆形，先端圆或微凹，无爪，翼瓣比旗瓣稍短，龙骨瓣比翼瓣稍短或近等长；子房条状矩圆形，无柄，花柱细长。荚果卵形或近球形，表面具网纹，成熟时黑褐色；种子近圆形或椭圆形，稍扁。

用途： 全草入中药和蒙药；优等饲用植物；可作绿肥及水土保持之用；又可作蜜源植物。

白花草木樨　*Melilotus albus* Medik.

别名： 白香草木樨。

鉴别特征： 一、二年生中生草本，高达1米以上。茎直立，圆柱形，中空，全株有香味。羽状三出复叶，托叶锥形或条状披针形；小叶椭圆形至倒卵状矩圆形，边缘具疏锯齿。总状花序腋生，花小，多数，稍密生，花萼钟状，萼齿三角形；花冠白色，旗瓣椭圆形，顶端微凹或近圆形，翼瓣比旗瓣短，比龙骨瓣稍长或近等长；子房无柄。荚果小，椭圆形或近矩圆形，初时绿色，后变黄褐色至黑褐色，表面具网纹；种子肾形，褐黄色。

用途： 全草入中药和蒙药；为优等饲用植物；可作绿肥及水土保持之用；又可作蜜源植物。

白花草木樨　*Melilotus albus* Medik.

扁蓿豆属　*Melilotoides* Heist. ex Fabr.

扁蓿豆　*Melilotoides ruthenica*（L.）Soják

别名： 花苜蓿、野苜蓿。

鉴别特征： 多年生中旱生草本。根茎粗壮。茎多分枝，茎、枝常四棱形，疏生短毛。羽状三出复叶；小叶矩圆状倒披针形至条状楔形，茎下部或中下部的小叶边缘常在中上部有锯齿，有时中下部亦具锯齿，叶脉明显；托叶披针状锥形至半箭头形，顶端渐尖，全缘或基部具牙齿或裂片，有毛。总状花序腋生，稀疏，总花梗超出于叶，疏生短毛；苞片极小，锥形；花黄色，带深紫色，花梗有毛；花萼钟状，密被伏毛，萼齿披针形；旗瓣矩圆状倒卵形，翼瓣短于旗瓣，近矩圆形，龙骨瓣短于翼瓣；子房条形，有柄。荚果扁平，网纹明显，先端有短喙；种子矩圆状椭圆形，淡黄色。

用途： 优等饲用植物；可作补播材料改良草场；又为水土保持植物。

扁蓿豆 *Melilotoides ruthenica*（L.）Soják

大豆属 *Glycine* Willd.

野大豆 *Glycine soja* Sieb. et Zucc.

别名：乌豆。

鉴别特征：一年生湿中生草本。茎缠绕，细弱，疏生黄色长硬毛。羽状三出复叶，托叶卵状披针形，小托叶狭披针形，有毛，小叶薄纸质，卵形至卵状披针形，全缘，两面有长硬毛。总状花序腋生，花小，淡紫红色，苞片披针形，花萼钟状，密生长毛，萼齿三角状披针形，与萼筒近等长，旗瓣近圆形，翼瓣歪倒卵形，龙骨瓣较旗瓣及翼瓣短小；子房有毛。荚果矩圆形或稍弯呈近镰刀形，两侧稍扁，密被黄褐色长硬毛；种子椭圆形，稍扁，黑色。

用途：种子入中药；可食用；为短期放牧及混播用牧草。

野大豆 *Glycine soja* Sieb. et Zucc.

岩黄耆属 *Hedysarum* L.

短翼岩黄耆 *Hedysarum brachypterum* Bunge

鉴别特征： 多年生草本。高 15～30 厘米。茎斜升。疏或密生长柔毛，具纵沟。单数羽状复叶，小叶 11～25，托叶三角形，膜质，褐色，外面有长柔毛，小叶椭圆形、矩圆形或条状矩圆形，先端钝，基部圆形或近宽楔形，全缘，常纵向折叠，上面密布暗绿色腺点，近无毛，下面密生灰白色平伏长柔毛。总状花序腋生，具花 10～20 朵；花梗短，有毛，苞片披针形，膜质，褐色；小苞片条形，长为萼筒之半；花红紫色，花萼钟状，内外有毛，萼齿披针状锥形，下 2 萼齿，较萼筒稍长，上和中萼齿长约 3 毫米，约与萼筒等长，旗瓣倒卵形，顶端微凹，无爪，翼瓣矩圆形，长为旗瓣的 1/2，有短爪，龙骨瓣长为翼瓣的 2～3 倍，有爪；子房有柔毛，有短柄。荚果有 1～3 荚节，顶端有短尖，荚节宽卵形或椭圆形，有白色柔毛和针刺。

用途： 全草可入药，用于治疗腹痛。

短翼岩黄耆 *Hedysarum brachypterum* Bunge

华北岩黄耆 *Hedysarum gmelinii* Ledeb.

别名： 刺岩黄芪、矮岩黄芪。

鉴别特征： 多年生旱中生草本。根粗壮。茎直立或斜升，具纵沟，被疏或密的白色柔毛。单数羽状复叶，叶轴有柔毛；小叶椭圆形至卵状矩圆形，上面密被褐色腺点，无毛或近无毛，下面密被平伏或开展的长柔毛；托叶卵形或卵状披针形，先端锐尖，膜质，褐色，有柔毛。总状花序腋生，紧缩或伸长，总花梗显著比叶长；花多数，花梗短；苞片披针形，小苞片条形，约与萼筒等长，膜质，褐色，花红紫色，花萼钟状，有白色伏柔毛，萼齿条状披针形，下萼齿较上萼齿和中萼齿稍长，旗瓣倒卵形，翼瓣短于旗瓣，龙骨瓣与旗瓣近等长；子房有白色柔毛，有短柄。荚果有荚节 3～6，荚节宽椭圆形，有网状肋纹、针刺和白色柔毛。

用途： 良好饲用植物。

华北岩黄耆 *Hedysarum gmelinii* Ledeb.

贺兰山岩黄耆 *Hedysarum petrovii* Yakovl.

别名：六盘山岩黄耆。

鉴别特征：多年生旱中生草本。根粗壮，木质化。茎多数，缩短，全株密被开展与平伏的白色柔毛。奇数羽状复叶，具小叶 7～15；小叶椭圆形或矩圆状卵形，上面近无毛或疏被长柔毛，并密被腺点，下面密被平伏的长柔毛；托叶卵状披针形，膜质，中部以上与叶柄连合，密被白色贴伏柔毛；总状花序腋生，较叶长，密集，总花梗密被开展和平伏的柔毛；花梗短，苞片条状披针形，被长柔毛；花红色或红紫色，花萼钟状，密被白色柔毛，萼齿条状钻形，长于萼筒，旗瓣倒卵形，翼瓣矩圆形，短于旗瓣，龙骨瓣与旗瓣近等长或稍短，子房被毛。荚果有（1）2～4 荚节，荚节圆形，扁平，稍凸起，表面有稀疏网纹，密被白色柔毛和硬刺。

用途：良好的牧草。

贺兰山岩黄耆 *Hedysarum petrovii* Yakovl.

山竹子属 *Corethrodendron* Fisch. et Basin.

细枝山竹子
Corethrodendron scoparium（Fisch. et C. A. Mey.）Fisch. et Basiner

别名：花棒、花柴、花帽、花秧、牛尾梢。

鉴别特征：旱生灌木。茎和下部枝紫红色或黄褐色，皮剥落，多分枝，嫩枝绿色或黄绿色，具纵沟，被平伏的短柔毛或近无毛。单数羽状复叶，下部叶具小叶 7～11，上部叶具少数小叶，最上部叶轴完全无小叶，小叶矩圆状椭圆形或条形，上面密被平伏的短柔毛，并密被红褐色腺点，下面密被平伏的柔毛。总状花序腋生，较叶长，花少数，紫红色，花萼钟状筒形；子房有毛。荚果有荚节 2～4，荚节近球形，膨胀，密被白色毡状柔毛。

用途：良好饲用植物；优良的固沙先锋植物。

细枝山竹子 *Corethrodendron scoparium*（Fisch. et C. A. Mey.）Fisch. et Basiner

山竹子
Corethrodendron fruticosum（Pall.）B. H. Choir et H. Ohashi

别名：山竹岩黄耆。

鉴别特征：中旱生半灌木。根粗壮，红褐色。茎直立，多分枝。树皮灰黄色或灰褐色，常呈纤维状剥落。小枝黄绿色或带紫褐色，嫩枝灰绿色，密被平伏的短柔毛，具纵沟。单数羽状

山竹子 *Corethrodendron fruticosum*（Pall.）B. H. Choir et H. Ohashi

三叶；托叶卵形或卵状披针形，膜质，褐色。荚果通常具2～3荚节，荚节矩圆状椭圆形，两面稍凸，具网状脉纹。

用途：良好饲用植物。

羊柴 *Corethrodendron fruticosum*（Pall.）B. H. Choir et H. Ohashi var. *lignosum*（Trautv.）Y. Z. Zhao

鉴别特征：中旱生半灌木。树皮灰黄色或灰褐色，常呈纤维状剥落。茎直立，多分枝，开展，小枝黄绿色或灰绿色，疏被平伏的短柔毛，具纵条棱。单数羽状复叶，具小叶，上部的叶具少数小叶，中下部的叶具多数小叶，托叶卵形。总状花序腋生，不分枝或有时分枝，具花10～30朵；花梗短，有毛；苞片甚小，三角状卵形，褐色，有毛；花紫红色，花萼钟形，被短柔毛，上萼齿2，三角形，较短，下萼齿3，较长，旗瓣宽倒卵形，翼瓣短于旗瓣，龙骨瓣与旗瓣等长；子房无毛。荚果通常具1～2荚节，两面扁平，具隆起的网状脉纹，无毛。

用途：优等饲用植物。

羊柴 *Corethrodendron fruticosum*（Pall.）B. H. Choir et H. Ohashi var. *lignosum*（Trautv.）Y. Z. Zhao

胡枝子属 *Lespedeza* Michx.

胡枝子 *Lespedeza bicolor* Turcz.

别名：横条、横笆子、扫条。

鉴别特征：中生直立灌木，高达1米余。老枝灰褐色，嫩枝黄褐色或绿褐色，有细棱并疏被短柔毛。羽状三出复叶，互生；托叶2，条形，褐色；叶轴有毛；顶生小叶较大，宽椭圆形至卵形，先端具短刺尖，上面近无毛，下面疏生平伏柔毛，侧生小叶较小，具短柄。总状花序腋生，全部成为顶生圆锥花序，总花梗较叶长，花梗有毛；小苞片矩圆形或卵状披针形，有毛，花萼杯状，紫褐色，被白色平伏柔毛，萼片披针形或卵状披针形，与萼筒近等长，花冠紫色，旗瓣倒卵形，翼瓣矩圆形，龙骨瓣与旗瓣等长或稍长；子房条形，有毛。荚果卵形，两面微凸，顶端有短尖，基部有柄，网脉明显，疏或密被柔毛。

用途：全草入中药；中等饲用植物；花美丽可供观赏；枝条可编筐；嫩茎叶可代茶用；籽实可食用；又可植作绿肥植物及保持水土，改良土壤。

胡枝子 *Lespedeza bicolor* Turcz.

多花胡枝子 *Lespedeza floribunda* Bunge

鉴别特征：旱中生小半灌木，高 30～100 厘米。多于茎的下部分枝，枝有细棱并密被白色柔毛。羽状三出复叶，互生，托叶 2，条形，褐色，先端刺芒状，有毛；叶轴有毛；顶生小叶较大，纸质，倒卵形或倒卵状矩圆形，先端有短刺尖，上面被平伏短柔毛，后变近无毛，下面密被白色柔毛，侧生小叶较小，具短柄。总状花序腋生；总花梗较叶为长，有毛，小苞片卵状披针形，与萼筒贴生，有毛；花萼杯状，密生绢毛，萼片披针形，较萼筒长；花冠紫红色，旗瓣椭圆形，翼瓣略短，条状矩圆形，龙骨瓣长于旗瓣；子房有毛。荚果卵形，顶端尖，有网状脉纹，密被柔毛。

用途：辅助蜜源植物；良等饲用植物；可作绿肥；可用于水土保持。

多花胡枝子 *Lespedeza floribunda* Bunge

达乌里胡枝子 *Lespedeza davurica*（Laxm.）Schindl.

别名： 牤牛茶、牛枝子。

鉴别特征： 多年生中旱生草本，高 20～50 厘米。茎单一或数个簇生，嫩枝有细棱并有白色短柔毛。羽状三出复叶，互生，托叶 2，刺芒状，叶轴有毛；小叶披针状矩圆形，先端有短刺尖，全缘，上面无毛或有平伏柔毛，下面伏生柔毛。总状花序腋生，较叶短或与叶等长；总花梗有毛；小苞片披针状条形，先端长渐尖，有毛；萼筒杯状，萼片披针状钻形，先端刺芒状，几与花冠等长；花冠黄白色，旗瓣椭圆形，中央常稍带紫色，翼瓣矩圆形，较短，龙骨瓣长于翼瓣；子房条形，有毛。荚果小，包于宿存萼内，倒卵形或长倒卵形，顶端有宿存花柱，两面凸出，伏生白色柔毛。

用途： 全草入中药；蜜源植物；优等饲用植物。

达乌里胡枝子 *Lespedeza davurica*（Laxm.）Schindl.

尖叶胡枝子 *Lespedeza juncea*（L. f.）Pers.

别名： 尖叶铁扫帚、铁扫帚、黄蒿子。

鉴别特征： 中旱生小半灌木，高 30～50 厘米，分枝少或上部多分枝成帚状。小枝具细棱并被白色平伏柔毛。羽状三出复叶，托叶刺芒状，有毛；叶轴甚短，顶生小叶较大，条状矩圆形至披针形，先端有短刺尖，上面近无毛，下面密被平伏柔毛，侧生小叶较小。总状花序腋生，具 3～5 朵花，总花梗细弱，有毛；花梗甚短，小苞片条状披针形，与萼筒近等长并贴生于其上；花萼杯状，密被柔毛，萼片披针形，较萼筒长，花开后有明显的 3 脉；花冠白色，有紫斑，旗瓣近椭圆形，翼瓣矩圆形，较旗瓣稍短，龙骨瓣与翼瓣近等长；子房有毛；无瓣花簇生于叶腋，有短花梗。荚果宽椭圆形或倒卵形，顶端有宿存花柱，有毛。

用途： 良好饲用植物；可作水土保持植物。

尖叶胡枝子　*Lespedeza juncea*（L. f.）Pers.

鸡眼草属 *Kummerowia* Schindl.

长萼鸡眼草 *Kummerowia stipulacea*（Maxim.）Makino

别名：掐不齐。

鉴别特征：一年生中生草本，高5～20厘米。根纤细。茎斜升或直立，分枝开展，疏生向上的细硬毛。掌状三出复叶，少近羽状；托叶2，卵形，膜质；小叶倒卵形至倒卵状楔形，先端具短尖，上面无毛，下面中脉及边缘有白色长硬毛，侧脉平行。花通常1～2朵腋生，花梗有白色硬毛，有关节；小苞片4，其中1片很小，位于小花梗顶端关节处，通常小苞片具1～3条脉；花萼钟状，萼齿5，宽卵形或宽椭圆形；花冠淡红紫色，旗瓣椭圆形，龙骨瓣较旗瓣及翼瓣长。荚果椭圆形或卵形，稍扁，两面凸，顶端圆形，具微凸的小刺尖，表面被毛。

用途：全草入中药；优等饲用植物；可用为短期放牧地混播材料；又可作绿肥植物。

长萼鸡眼草　*Kummerowia stipulacea*（Maxim.）Makino

酢浆草科
Oxalidaceae

酢浆草属 *Oxalis* L.

酢浆草 *Oxalis corniculata* L.

别名： 酸浆、三叶酸、酸母。

鉴别特征： 多年生中生草本，全株被短柔毛。茎柔弱，多分枝。掌状三出复叶；小叶倒心形，近无柄，先端2浅裂，基部宽楔形，边缘及下面疏生伏毛。花1朵或2～5朵形成腋生的伞形花序，花序梗与叶柄近等长；萼片5，被柔毛；花瓣5，黄色，矩圆状倒卵形；子房短圆柱形，被短柔毛。蒴果近圆柱形，略具5棱，被柔毛。种子扁平，表面具横条棱。

酢浆草 *Oxalis corniculata* L.

牻牛儿苗科
Geraniaceae

牻牛儿苗属 *Erodium* L' Hérit.

牻牛儿苗 *Erodium stephanianum* Willd.

别名： 太阳花。

鉴别特征： 一、二年生旱中生草本。根直立，圆柱状。茎平铺地面或稍斜升，具开展的长柔毛或有时近无毛。叶对生，2回羽状深裂，轮廓长卵形或矩圆状三角形，1回羽片4～7对，基部下延至中脉，小羽片条形，全缘或具1～3粗齿，两面具疏柔毛；托叶条状披针形，渐尖，边缘膜质，被短柔毛。伞形花序腋生，萼片矩圆形成近椭圆形，先端具长芒，花瓣淡紫色或紫蓝色，子房被灰色长硬毛。蒴果，端有长喙，成熟时5个果瓣与中轴分离，喙部呈螺旋状卷曲。

用途： 全草入中药；可提取栲胶。

牻牛儿苗 *Erodium stephanianum* Willd.

老鹳草属 *Geranium* L.

鼠掌老鹳草 *Geranium sibiricum* L.

别名：鸭脚草。

鼠掌老鹳草 *Geranium sibiricum* L.

鉴别特征：多年生中生草本。根状茎短而直立，具很多略增粗的长根。茎细长，伏卧或上部斜向上，多分枝，被倒生毛。叶对生，肾状三角形或三角形，多为 3 深裂，裂片卵状菱形或卵状椭圆形，上部边缘有缺刻或粗锯齿，齿顶端有小凸尖；叶片两面有疏伏毛，沿脉毛较密；基生叶及下部茎生叶有长柄，上部叶具短柄，柄皆具倒生柔毛或伏毛。聚伞花序腋生，具 2 花；萼片卵状椭圆形或矩圆状披针形，具 3 脉，沿脉有疏柔毛，顶端具芒，边缘膜质；花瓣宽倒卵形，淡红色或近白色而具深色脉纹。蒴果具短柔毛，种子具细网状隆起。

用途：全草入中药和蒙药。

亚麻科
Linaceae

亚麻属 *Linum* L.

野亚麻 *Linum stelleroides* Planch.

别名：山胡麻。

鉴别特征：一年生或二年生中生草本，高 40～70 厘米。茎直立，圆柱形，光滑，基部稍木质，上部多分枝。叶互生，密集，条形或条状披针形，先端尖，基部渐狭，全缘，两面无毛。聚伞花序，分枝多，萼片 5，卵形或卵状披针形，先端急尖，边缘稍膜质，具黑色腺点；花瓣 5，倒卵形，淡紫色、紫蓝色或蓝色；雄蕊与花柱等长；柱头倒卵形。蒴果球形或扁球形。种子扁平，褐色。

用途：种子入中药和蒙药；可作人造棉、麻布及造纸原料等；种子供榨食用油。

野亚麻 *Linum stelleroides* Planch.

宿根亚麻 *Linum perenne* L.

鉴别特征：多年生旱生草本，高 20～70 厘米。主根垂直，粗壮，木质化。茎从基部丛生，直立或稍斜升，分枝，通常有或无不育枝。叶互生，条形或条状披针形，具 1 脉，基部狭窄，先端尖，平或边缘稍卷，无毛；下部叶有时较小，鳞片状；不育枝上的叶较密，条形。聚伞花序，花通常多数，暗蓝色或蓝紫色，萼片卵形，下部有 5 条突出脉，边缘膜质；雄蕊与花柱异长，稀等长。蒴果近球形，草黄色，开裂。种子矩圆形。

　　用途：茎皮纤维可用；种子可榨油。

宿根亚麻 *Linum perenne* L.

白刺科
Nitrariaceae

白刺属 *Nitraria* L.

白刺 *Nitraria roborowskii* Kom.

　　别名：唐古特白刺。

白刺 *Nitraria roborowskii* Kom.

鉴别特征：旱生灌木，高 1～2 米。枝多数，灰白色，略有光泽，顶端针刺状。叶通常 2～3 个簇生，倒卵形、宽倒披针形或长椭圆状匙形，先端圆钝，全缘。花序顶生，花较稠密，黄白色。核果卵形或椭圆形，熟时深红色，果汁玫瑰色；果核卵形，上部渐尖。

用途：固沙植物；可做饲料；果可食。

小果白刺 *Nitraria sibirica* **Pall.**

别名：西伯利亚白刺、哈莫儿。

鉴别特征：耐盐旱生灌木，高 0.5～1 米。多分枝；小枝灰白色，尖端刺状。叶在嫩枝上多为 4～6 个簇生，倒卵状匙形，全缘，无毛或嫩时被柔毛；无柄。花小，黄绿色，排成顶生蝎尾状花序，萼片 5，绿色，三角形；花瓣 5，白色，矩圆形，雄蕊 10～15；子房 3 室。核果近球形或椭圆形，两端钝圆，熟时暗红色，果汁暗蓝紫色；果核卵形。

用途：果实入中药和蒙药；重要的固沙植物，能积沙而形成白刺沙堆；果实可食；枝叶和果实可做饲料。

小果白刺 *Nitraria sibirica* **Pall.**

骆驼蓬科
Peganaceae

骆驼蓬属 *Peganum* L.

骆驼蓬 *Peganum harmala* **L.**

鉴别特征：多年生耐盐旱生草本，无毛。茎高 30～80 厘米，直立或开展，由基部多分枝。叶互生，卵形，全裂为 3～5 条形或条状披针形裂片。花单生，与叶对生，萼片稍长于花瓣，裂片条形，有时仅顶端分裂；花瓣黄白色，倒卵状矩圆形，雄蕊短于花瓣，花丝近基部增宽；子房 3 室，花柱 3。蒴果近球形。种子三棱形，黑褐色，被小疣状突起。

用途：全草入中药；种子可做红色染料，榨油可供轻工业用。

骆驼蓬 *Peganum harmala* L.

多裂骆驼蓬 *Peganum multisectum*（Maxim.）Bobr.

鉴别特征：多年生耐盐旱生草本，无毛。茎高 30～80 厘米，平卧，由基部多分枝。叶互生，卵形，2～3 回深裂，裂片较窄。花单生，与叶对生，萼片稍长于花瓣，裂片条形，有时仅顶端分裂；花瓣黄白色，倒卵状矩圆形，雄蕊短于花瓣，花丝近基部增宽；子房 3室，花柱 3。蒴果近球形。种子三棱形，黑褐色，被小疣状突起。

用途：全草入中药；饲用植物。

多裂骆驼蓬 *Peganum multisectum*（Maxim.）Bobr.

匍根骆驼蓬 *Peganum nigellastrum* Bunge

别名：骆驼蓬、骆驼蒿。

鉴别特征：多年生根蘖性耐盐旱生草本，高 10～25 厘米，全株密生短硬毛。茎有棱，多分枝。叶 2 回或 3 回羽状全裂。萼片稍长于花瓣，5～7 裂，裂片条形；花瓣白色、黄色，倒披针形，雄蕊 15，花丝基部增宽；子房 3 室。蒴果近球形，黄褐色。种子纺锤形，黑褐色，有小疣状突起。

用途：全草及种子入中药；饲用植物。

匍根骆驼蓬 *Peganum nigellastrum* Bunge

蒺藜科
Zygophyllaceae

霸王属 *Sarcozygium* Bunge

霸王 *Sarcozygium xanthoxylon* Bunge

鉴别特征：强旱生灌木，高 70～150 厘米。枝疏展，弯曲，皮淡灰色，木材黄色，小枝先端刺状。叶在老枝上簇生，在嫩枝上对生；小叶 2 枚，椭圆状条形或长匙形，顶端圆，基部渐狭。萼片 4，倒卵形，绿色，边缘膜质，花瓣 4，黄白色，倒卵形或近圆形，顶端圆，基部渐狭成爪，雄蕊 8，长于花瓣，褐色，鳞片倒披针形，顶端浅裂，长约为花丝长度的 2/5。蒴果通常具 3 宽翅，宽椭圆形或近圆形，不开裂。

用途：根入中药；中等饲用植物；可做燃料并可阻挡风沙。

霸王 *Sarcozygium xanthoxylon* Bunge

四合木属 *Tetraena* Maxim.

四合木
Tetraena mongolica Maxim.

鉴别特征：强旱生落叶小灌木，高可达90厘米。老枝红褐色，稍有光泽或有短柔毛，小枝灰黄色或黄褐色，小枝密被白色稍开展的不规则的丁字毛，节短明显。双数羽状复叶，小叶2枚，肉质，倒披针形，全缘，顶端圆钝，具突尖，基部楔形，全缘，黄绿色，两

四合木 *Tetraena mongolica* Maxim.

面密被不规则的丁字毛，托叶膜质。花1~2朵着生于短枝上；萼片4，卵形或椭圆形，被不规则的丁字毛，宿存；花瓣4，白色具爪，瓣片椭圆形或近圆形，花丝近基部有白色薄膜状附属物，具花盘；子房上位，4深裂，被毛，4室，花柱单一，丝状，着生子房近基部。果常下垂，具4个不开裂的分果瓣，种子镰状披针形，表面密被褐色颗粒。

用途： 枝含油脂，极易燃烧，为优良燃料；也可做饲料，并有阻挡风沙的作用。

蒺藜属 *Tribulus* L.

蒺藜 *Tribulus terrestris* L.

鉴别特征： 一年生中生草本。茎由基部分枝，平铺地面，深绿色到淡褐色，长可达1米左

右，全株被绢状柔毛。双数羽状复叶；小叶5~7对，对生，矩圆形，顶端锐尖或钝，基部稍偏斜，近圆形，上面深绿色，较平滑，下面色略淡，被毛较密。萼片卵状披针形，宿存；花瓣倒卵形，雄蕊10；子房卵形，有浅槽，突起面密被长毛，花柱单一，短而膨大，柱头5，下延。果由5个分果瓣组成，每果瓣具长短棘刺各1对，背面有短硬毛及瘤状突起。

用途： 果实入中药和蒙药；饲用植物。

蒺藜 *Tribulus terrestris* L.

驼蹄瓣属 *Zygophyllum* L.

蝎虎驼蹄瓣 *Zygophyllum mucronatum* Maxim.

别名： 蝎虎草、草霸王。

鉴别特征： 多年生草本，高10~30厘米。茎由基部多分枝，开展，具沟棱。叶条形或条状矩圆形，绿色；叶轴有翼，扁平。萼片5，矩圆形或窄倒卵形，绿色，边缘膜质；雄蕊长于花瓣，花药矩圆形，黄色，花丝绿色，鳞片白膜质，倒卵形至圆形，长可达花丝长度的一半。蒴果弯垂，具5棱，圆柱形，基部钝，顶端渐尖，上部常弯曲。

蝎虎驼蹄瓣 *Zygophyllum mucronatum* Maxim.

芸香科
Rutaceae

拟芸香属 *Haplophyllum* Juss.

北芸香 *Haplophyllum dauricum*（L.）G. Don

别名：假芸香、单叶芸香、草芸香。

鉴别特征：多年生旱生草本，高6～25厘米，全株有特殊香气。根棕褐色。茎基部埋于土中的部分略粗大，木质，淡黄色，无毛；茎丛生，直立，具不明显细毛。单叶互生，全缘，柄，条状披针形至狭矩圆形，全缘，茎下部叶较小，倒卵形，叶两面具腺点，中脉不显。花聚生于茎顶，黄色，花的各部分具腺点；萼片5，近圆形或宽卵形，花瓣5，黄色，椭圆形，边缘薄膜质，雄蕊10，离生，花丝下半部增宽，边缘密被白色长睫毛，花药长椭圆形，药隔先端的腺点黄色；子房黄棕色，基部着生在圆形花盘上；花柱柱头稍膨大。蒴果，成熟时黄绿色，3瓣裂。种子肾形，黄褐色。

用途：良等饲用植物。

北芸香　*Haplophyllum dauricum*（L.）G. Don

针枝芸香 *Haplophyllum tragacanthoides* Diels

鉴别特征：强旱生小半灌木，高 2～8 厘米。生多数宿存的针刺状不分枝的老枝，老枝淡褐色或淡棕黄色；当年生枝，淡灰绿色，密被短柔毛，直立，不分枝。叶矩圆状披针形、狭椭圆状或矩圆状倒披针形。先端锐尖或钝，基部渐狭，边缘具细钝锯齿，两面灰绿色，厚纸质，具腺点，无柄。花单生于枝顶；花萼 5 深裂，裂片卵形至宽卵形；花瓣狭矩圆形；子房扁球形，4～5 室。成熟蒴果顶部开裂。种子肾形，表面有皱纹。

用途：全株含精油；根、茎多含香豆素，又含多量喹啉类生物碱。

针枝芸香 *Haplophyllum tragacanthoides* Diels

苦木科
Simarubaceae

臭椿属 *Ailanthus* Desf.

臭椿 *Ailanthus altissima*(Mill.)Swingle

别名：樗。

鉴别特征：乔木，高达 30 米，胸径可达 1 米。树皮平滑，具灰色条纹。小枝赤褐色，粗壮。单数羽状复叶，小叶有短柄，卵状披针形或披针形，先端长渐尖；叶缘波纹状，近基部有 2～4 先端具腺体的粗齿，常挥发恶臭味；上面绿色，下面淡绿色，具白粉或柔毛。花小，白色带绿，杂性同株或异株。翅果扁平，长椭圆形，初黄绿色，有时稍带红色，熟时褐黄色或红褐色。

用途：根皮及果实入药，树皮入蒙药；园林绿化和山地水土保持树种；木材可制作家具及建筑用，还可造纸；叶可饲养椿蚕。

臭椿 *Ailanthus altissima*(Mill.)Swingle

远志科
Polygalaceae

远志属 *Polygala* L.

细叶远志 *Polygala tenuifolia* Willd.

别名：远志、小草。

鉴别特征：多年生广旱生草本，高 8～30 厘米。根肥厚，圆柱形，外皮浅黄色或棕色。茎多数，较细，直立或斜升。叶近无柄，条形至条状披针形。先端渐尖，基部渐窄，两面近无毛或稍被短曲柔毛。总状花序顶生或腋生，基部有苞片 3，披针形，易脱落；花淡蓝紫色，萼片

5，外侧 3 片小，绿色，披针形，内侧两片大，呈花瓣状，倒卵形，背面近中脉有宽的绿条纹，花瓣 3，紫色，两侧花瓣长倒卵形，子房扁圆形或倒卵形，2 室，花柱扁，上部明显弯曲，柱头 2 裂。蒴果扁圆形，先端微凹，边缘有狭翅，表面无毛。种子 2，椭圆形，棕黑色，被白色柔毛。

  用途：根入中药，根皮入蒙药。

细叶远志 *Polygala tenuifolia* Willd.

卵叶远志 *Polygala sibirica* L.

  别名：瓜子金、西伯利亚远志。

  鉴别特征：多年生中旱生草本，高 10～30 厘米，全株被短柔毛。根粗壮，圆柱形。茎丛生，被短曲的柔毛，基部稍木质。叶无柄或有短柄，茎下部的叶小，卵圆形，上部的叶大，狭卵状披针形；先端有短尖，基部楔形，两面被短柔毛。花淡蓝色，生于一侧。花瓣 3，龙骨状瓣比侧瓣长，花柱稍扁，细长。蒴果扁，倒心形，顶端凹陷，周围具宽翅，边缘疏生短睫毛。种子 2，长卵形。

  用途：根入中药，根皮入蒙药。

卵叶远志 *Polygala sibirica* L.

大戟科
Euphorbiaceae

白饭树属 *Flueggea* Willd.

一叶萩 *Flueggea suffruticosa*（Pall.）Baill.

别名：叶底珠、叶下珠、狗杏条。

鉴别特征：中生灌木，高1~2米，上部分枝细密。当年枝黄绿色，老枝灰褐色或紫褐色，光滑无毛。叶椭圆形或矩圆形，先端钝或短尖，基部楔形，边缘全缘或具细齿，两面光滑无毛。花单性，雌雄异株；雌花单一或数花簇生叶腋；萼片5，矩圆形，光滑无毛；雄蕊5，超出花萼或与萼近等长；雌花单一或数花簇生叶腋；子房圆球形，花柱很短，柱头3裂，向上逐渐扩大成扁平的倒三角形，先端具凹缺。蒴果扁圆形，黄褐色，表面有细网纹，具3条浅沟。种子紫褐色，稍具光泽。

用途：叶及花入中药。

一叶萩 *Flueggea suffruticosa*（Pall.）Baill.

地构叶属 *Speranskia* Baill.

地构叶 *Speranskia tuberculata*（Bunge）Baill.

别名：珍珠透骨草、海地透骨草、瘤果地构。

鉴别特征：多年生旱中生草本。根粗壮，木质。茎直立，多由基部分枝，密被短柔毛。叶互生，披针形或卵状披针形，边缘疏生不整齐的牙齿，下面被较密短柔毛；叶无柄或近无柄。花单性，雌雄同株，总状花序顶生；花小形，淡绿色；苞片披针形；雄花萼片5，卵状披针形，镊合状排列，外面及边缘被毛，花瓣5，膜质，倒三角形，先端具睫毛，短于花萼，腺体5，小形；雄蕊10~15，花丝直立，被疏毛；雌花萼片被毛；花瓣倒卵状三角形，背部及边缘具毛，短于花萼，膜质，腺体小；子房 3 室，被短毛及小瘤状突起，花柱 3，先端 2 深裂。蒴果扁球状三角形，具 3 条沟纹，外被瘤状突起，被短柔毛。

用途：地上部分及根入中药。

地构叶 *Speranskia tuberculata*（ Bunge ）**Baill.**

大戟属 *Euphorbia* L.

地锦 *Euphorbia humifusa* **Willd.**

别名：铺地锦、铺地红、红头绳。

鉴别特征：一年生中生草本。茎多分枝，纤细，平卧，被柔毛或近光滑。单叶对生，矩圆形或倒卵状矩圆形，边缘具细齿，两面无毛或疏生毛；托叶小，锥形，羽状细裂。杯状聚伞花序单生于叶腋，总苞倒圆锥形，边缘 4 浅裂，裂片三角形；腺体 4，横矩圆形；子房 3 室，具 3 纵沟，花柱 3，先端 2 裂。蒴果三棱状圆球形，无毛，光滑。种子卵形，略具三棱，褐色，外被白色蜡粉。

用途：全草入中药和蒙药；茎、叶含鞣质，可提制栲胶。

地锦 *Euphorbia humifusa* **Willd.**

乳浆大戟　*Euphorbia esula* L.

别名：猫儿眼、烂疤眼。

鉴别特征：多年生草本。根细长，褐色。茎直立，光滑无毛，具纵沟。叶条形、条状披针形或倒披针状条形，先端渐尖或稍钝，基部钝圆或渐狭，边缘全缘，两面无毛，无柄。总花序顶生；苞叶条形、披针形、卵状披针形或卵状三角形，先端渐尖或钝，基部钝圆或微心形，少有基部两侧各具1小裂片（似叶耳）者；腺体4，与裂片相间排列，新月形，两端有短角，黄褐色或深褐色；子房卵圆形，3室，花柱3，先端2浅裂。蒴果扁圆球形，具3沟，无毛，无瘤状突起。种子卵形。

用途：全草入中药和蒙药。

乳浆大戟　*Euphorbia esula* L.

卫矛科
Celastraceae

卫矛属　*Euonymus* L.

白杜　*Euonymus maackii* Rupr.

别名：丝棉木、明开夜合、桃叶卫矛。

　　鉴别特征：中生落叶灌木或小乔木，高可达6米。树皮灰色，小枝细长，对生，无木栓质翅，光滑，绿色或灰绿色。叶对生，卵形、椭圆状卵形或椭圆状披针形，少近圆形，先端长渐尖，基部宽楔形，边缘具细锯齿，两面光滑无毛。聚伞花序由8～15花组成，萼片4，近圆形，花瓣4，雄蕊4；花药紫色，花丝着生在肉质花盘上；子房上位，花柱单一。蒴果倒圆锥形，种子外被橘红色假种皮。

　　用途：根、根皮、花果入中药；木材供家具、器具及细工雕刻用；树皮、根皮含硬橡胶；叶可代茶；既是水土保持树种又为庭园观赏树种；种子含油，可制肥皂和工业用油。

白杜 *Euonymus maackii* Rupr.

矮卫矛 *Euonymus nanus* M. Bieb.

　　别名：土沉香。

　　鉴别特征：中生小灌木，高可达1米。枝柔弱，绿色，光滑，常具棱。叶互生、对生或3～4叶轮生，条形或条状矩圆形；边缘全缘或疏生小齿，常向下反卷；无柄。聚伞花序生于叶腋，其上有条形的苞片及小苞片，花紫褐色，四基数。蒴果熟时紫红色，4瓣开裂，每室有1到几粒种子，棕褐色，基部为橘红色假种皮所包围。

　　用途：根、树皮入中药。

矮卫矛 *Euonymus nanus* M. Bieb.

槭树科

Aceraceae

槭树属 *Acer* L.

茶条槭 *Acer ginnala* Maxim.

别名：黑枫。

鉴别特征：中生落叶小乔木，高达 4 米。小枝细，光滑。单叶对生，具 3 裂片，卵状长椭圆形至卵形，裂片边缘具重锯齿，基部心形、圆形或截形，上面深绿，有光泽，下面淡绿色，网脉显著隆起；初有稀柔毛。花黄白色，杂性同株，由多花排成伞房花序，顶生，萼片 5，边缘具柔毛；花瓣 5，倒披针形；雄蕊 8，着生于花盘内侧，子房密被长柔毛，花柱无毛，柱头 2 裂。小坚果，两翅几近平行，两果开展度为锐角或更小。

用途：叶及芽入中药；木材为细木工和胶合板原料；树皮含单宁；嫩叶可代茶用；种子含可制肥皂；可作水土保持及园林绿化树种。

茶条槭 *Acer ginnala* Maxim.

无患子科
Sapindaceae

文冠果属 *Xanthoceras* Bunge

文冠果 *Xanthoceras sorbifolium* Bunge

别名：木瓜、文冠树。

鉴别特征：中生灌木或小乔木，高可达8米，胸径可达90厘米。树皮灰褐色，小枝粗壮，褐紫色，光滑或有短柔毛。单数羽状复叶，互生，小叶9～19，无柄，窄椭圆形至披针形，边缘具锐锯齿。总状花序，萼片5，花瓣5，白色，内侧基部有由黄变紫红的斑纹；花盘5裂；雄蕊8；

文冠果 *Xanthoceras sorbifolium* Bunge

子房矩圆形，具短而粗的花柱。蒴果3~4室，每室具种子1~8粒，种子球形，黑褐色，种脐白色，种仁（种皮内有一棕色膜包着的）乳白色。

　　用途： 茎干或枝条的木质部入蒙药；种子榨油可供食用和工业用；油渣含有丰富的蛋白质和淀粉，可供提取蛋白质或氨基酸的原料，经加工也可以作精饲料；木材可作器具和家具；果皮可提取糠醛；又为荒山固坡和园林绿化树种。

鼠李科
Rhamnaceae

枣属 *Ziziphus* Mill.

酸枣 *Ziziphus jujuba* Mill. var. *spinosa*（Bunge）Hu ex H. F. Chow

　　别名： 棘。

　　鉴别特征： 旱中生灌木或小乔木，高达4米。小枝弯曲呈"之"字形，紫褐色，具柔毛，有细长的刺，刺有两种：一种是狭长刺，另一种刺成弯钩状。单叶互生，长椭圆状卵形至卵状披针形，边缘有钝锯齿，齿端具腺点，上面暗绿色，无毛，下面浅绿色，沿脉有柔毛；叶柄具柔毛。花黄绿色，花梗短，花萼5裂；花瓣5；雄蕊5，与花瓣对生，比花瓣稍长；具明显花盘。核果暗红色，后变黑色，卵形至长圆形，具短梗，核顶端钝。

酸枣 *Ziziphus jujuba* Mill. var. *spinosa*（Bunge）Hu ex H. F. Chow

用途：种子、树皮及根皮入药；种子可榨油；果实可酿酒；枣肉可提取维生素；核壳可制活性炭；叶可作猪的饲料；茎皮内含鞣质可提制栲胶；酸枣仁可作兽药；植株可作绿篱，也是良好的水土保持树种。

鼠李属 *Rhamnus* L.

柳叶鼠李
Rhamnus erythroxylum Pall.

别名：黑格兰、红木鼠李。

鉴别特征：旱中生灌木，高达2米，多分枝，具刺。叶条状披针形，长2～9厘米，宽0.3～1.2厘米，先端渐尖，少为钝圆，基部楔形。核果球形，熟时黑褐色，种子倒卵形，背面有沟，种沟开口占种子全长的5/6。

用途：叶入中药。

柳叶鼠李 *Rhamnus erythroxylum* Pall.

小叶鼠李 *Rhamnus parvifolia* Bunge

别名：黑格铃。

鉴别特征：旱中生灌木，高达2米，多分枝。小枝细，对生，有时互生，单叶密集丛生于短枝或在长枝上近对生，叶厚，小形，菱状卵圆形、倒卵形或椭圆形，先端突尖或钝圆，稍有毛或短毛，仅在脉腋具簇生柔毛的腋窝，侧脉2～3对，显著，成平行的弧状弯曲；叶柄基部楔形，上面有槽。花单性，小形，黄绿色，排成聚伞花序，花梗细；萼片4，直立，无毛或其散生短柔毛，花瓣4；雄蕊4，与萼片互生。核果球形，成熟时黑色，具2核；每核各具1种子，种子侧扁，光滑，栗褐色，背面有种沟，种沟开口占种子全长的4/5。

用途：果实入中药；可用作防护林之下木及固沙树种，也可作水土保持和庭院绿化树种。

小叶鼠李　*Rhamnus parvifolia* Bunge

葡萄科
Vitaceae

蛇葡萄属　*Ampelopsis* Michaux

掌裂蛇葡萄 *Ampelopsis delayavana* Planch. var. *glabra*（Diels et Gilg）C. L. Li

别名： 掌裂草葡萄、光叶草葡萄。

鉴别特征： 木质藤本，长达8米。老枝皮暗灰褐色，具纵条棱与皮孔；幼枝稍带红紫色，具条棱；卷须与叶对生，具2分叉。掌状复叶具3小叶；小叶不分裂，边缘具粗锯齿；小枝、叶柄和叶下面无毛。二歧聚伞花序具多数花，与叶对生，具细长的总花轴；花萼不分裂；花瓣5，椭圆状卵形，绿黄色，雄蕊5，与花瓣对生；花盘浅盘状。浆果近球形。

用途： 块根入中药。

掌裂蛇葡萄 *Ampelopsis delayavana* Planch. var. *glabra*（Diels et Gilg）C. L. Li

锦葵科
Malvaceae

木槿属 *Hibiscus* L.

野西瓜苗 *Hibiscus trionum* L.

别名： 和尚头、香铃草。

鉴别特征： 一年生中生草木。茎直立，具白色星状粗毛。叶近圆形或宽卵形，掌状 3 全裂，中裂片最长，长卵形，先端钝，基部楔形，边缘具不规则的羽状缺刻，侧裂片歪卵形，基部一边有一枚较大的小裂片，上面近无毛，下面被星状毛；叶柄被星状毛，托叶狭披针形，边缘具硬毛。花单生于叶腋，花柄密生星状毛及叉状毛；花萼卵形，膜质，基部合生，先端 5 裂，淡绿色，有紫色脉纹，副萼片通常 11～13，条形，边缘具长硬毛；花瓣 5，淡黄色；雄蕊筒紫色，无毛；子房 5 室，胚珠多数，花柱顶端 5 裂。蒴果圆球形，被长硬毛，花萼宿存。种子黑色，肾形，表面具粗糙的小突起。

用途： 全草及种子入中药。

野西瓜苗 *Hibiscus trionum* L.

锦葵属 *Malva* L.

野葵 *Malva verticillata* L.

别名：冤葵、冬苋菜。

鉴别特征：一年生中生草本，茎直立或斜升，下部近无毛，上部具星状毛。叶近圆形或肾形，掌状5浅裂，裂片三角形，边缘具圆钝重锯齿或锯齿，下部叶裂片有时不明显，上面通常无毛，幼时稍被毛，下面疏生星状毛；叶柄被星状毛；托叶披针形，疏被毛。花多数，近无梗，簇生于叶腋；花萼5裂，裂片卵状三角形，背面密被星状毛，边缘密生单毛，小苞片（副萼片）3，条状披针形；花瓣淡紫色或淡红色，倒卵形，顶端微凹，雄蕊筒上部具倒生毛；雌蕊由10~12心皮组成，10~12室，每室1胚珠。分果果瓣背面稍具横皱纹，侧面具辐射状皱纹，花萼宿存。种子肾形，褐色。

用途：种子入中药。

野葵 *Malva verticillata* L.

苘麻属 *Abutilon* Mill.

苘麻 *Abutilon theophrasti* Medik.

别名：青麻、白麻、车轮草。

鉴别特征：一年生亚灌木状中生草本。茎直立，圆柱形，上部常分枝，密被柔毛及星状毛，下部毛较稀疏。叶圆心形，边缘具细圆锯齿，两面密被星状柔毛，叶柄被星状柔毛。花单生于茎上部叶腋；花梗近顶端有节；萼杯状，裂片5，卵形或椭圆形，顶端急尖；花冠黄色，花瓣倒卵形，顶端微缺；雄蕊筒短，平滑无毛；心皮排列成轮状，形成半球形果实，密被星状毛及粗毛，顶端变狭为芒尖。分果瓣成熟后变黑褐色，有粗毛，顶端有2长芒，种子肾形，褐色。

用途：种子入中药；茎皮纤维可编织麻袋、搓制绳索等纺织材料，种子可榨油供制造肥皂、油漆及工业上作润滑油等。

苘麻 *Abutilon theophrasti* Medik.

柽柳科
Tamaricaceae

红砂属 *Reaumuria* L.

红砂 *Reaumuria soongorica*（Pall.）Maxim.

别名：枇杷柴、红虱。

鉴别特征：超旱生小灌木，多分枝。老枝灰黄色，幼枝色稍淡。叶肉质，圆柱形，上部稍粗，常簇生，先端钝，浅灰绿色。花单生叶腋或在小枝上集为稀疏的穗状花序状，无柄；苞片3，披针形；萼钟形，中下部合生，上部5齿裂，裂片三角形，锐尖，边缘膜质。花瓣5，开张，粉红色或淡白色，矩圆形；下半部具2个矩圆形的鳞片；雄蕊6~8，少有更多者，离生，花丝基部变宽，与花瓣近等长；子房长椭圆形，花柱3。蒴果长椭圆形，光滑，3瓣开裂。种子3~4，矩圆形，全体被淡褐色毛。

用途：枝、叶入中药；良等饲用植物。

红砂 *Reaumuria soongorica*（Pall.）Maxim.

长叶红砂 *Reaumuria trigyna* Maxim.

别名： 黄花枇杷柴。

鉴别特征： 荒漠耐盐旱生小灌木，高 10～30 厘米；多分枝。树皮片状剥裂；老枝灰白色或

长叶红砂 *Reaumuria trigyna* Maxim.

灰黄色，当年枝由老枝顶部发出，较细，淡绿色。叶肉质，圆柱形；微弯曲，常簇生。花单生叶腋；花梗纤细；苞片约 10 片，宽卵形，覆瓦状排列在花萼的基部；萼片 5，离生，与苞片同形；花瓣 5，黄白色，矩圆形，下半部有 2 鳞片；雄蕊 15；子房卵圆形，花柱常 3，少 4～5。蒴果矩圆形，光滑，3 瓣开裂。

用途： 枝、叶入中药；良等饲用植物。

柽柳属 *Tamarix* L.

柽柳 *Tamarix chinensis* Lour.

别名： 中国柽柳、桧柽柳、华北柽柳。

鉴别特征： 轻度耐盐碱中生灌木或小乔木，高 2～5 米。老枝深紫色或紫红色。叶披针形或披针状卵形，先端锐尖，平贴于枝或稍开张。花由春季到秋季均可开放，春季的总状花序侧生去年枝上，夏、秋季总状花序生于当年枝上，常组成顶生圆锥花序，总状花序具短的花序柄或近无柄，苞片狭披针形或钻形，稍长于花梗。花小，萼片 5，卵形，渐尖；花瓣 5，粉红色，矩圆形或倒卵状矩圆形，开张，宿存，雄蕊 5，长于花瓣，花柱 8，花盘 5 裂，裂片顶端微凹。蒴果圆锥形。

用途： 嫩枝、叶入中药；枝柔韧，可供编筐、篮等用；中等饲用植物；可作庭园栽培树种。

柽柳 *Tamarix chinensis* Lour.

多枝柽柳 *Tamarix ramosissima* Ledeb.

别名： 红柳。

鉴别特征： 耐盐旱生灌木或小乔木，通常高 2～3 米，多分枝。叶披针形或三角状卵形，几乎贴于茎上。总状花序生于当年枝上，组成顶生的大型圆锥花序；苞片卵状披针形；花梗短于或等长于花萼；萼片 5，卵形，渐尖或微钝，边缘膜质，倒卵圆形，粉红色或紫红色，直立，花后宿存；花盘 5 裂，每裂先端有深或浅的凹缺，雄蕊 5，花药钝或在顶端有钝的突起；花柱 3。蒴果长圆锥形。种子多数，顶端簇生毛。

　　用途： 枝、叶入中药；良等饲用植物；防风固沙树种；茎干可做农具把；枝条供编筐、篓等；嫩枝含单宁，可提取鞣料。

多枝柽柳　*Tamarix ramosissima* Ledeb.

水柏枝属　*Myricaria* Desv.

河柏　*Myricaria bracteata* Royle

　　别名： 水柽柳。

河柏　*Myricaria bracteata* Royle

　　鉴别特征：中生灌木，老枝棕色，幼嫩枝黄绿色。叶小，窄条形。总状花序由多花密集而成，顶生，少有侧生；苞片宽卵形或长卵形，几等于或长于花瓣，先端有尾状长尖，边缘膜质，具圆齿；萼片5，披针形或矩圆形，边缘膜质；花瓣5，矩圆状椭圆形，粉红色；雄蕊8～10，花丝中下部连合；子房圆锥形，无花柱。蒴果狭圆锥形。种子具有柄的簇生毛。

　　用途：嫩枝条入中药和蒙药；枝含单宁。

宽叶水柏枝 *Myricaria platyphylla* Maxim.

　　别名：喇嘛棍。

　　鉴别特征：中生灌木，高可达2米左右，直立，具多数分枝。老枝紫褐色或棕色，幼枝浅黄绿色。叶疏生，卵形、心形或宽披针形，较大，基部最宽可达10毫米，先端渐尖，全缘，常由叶腋生出小枝，小枝上叶形较小。总状花序顶生或腋生；苞片宽卵形，先端长渐尖，淡绿色，叶部有宽膜质边缘；萼片5，披针形，边缘狭膜质；花瓣5，紫红色，倒卵形；雄蕊10，花丝合生至中部以上，雌蕊长于雄蕊，子房圆锥形，花托不显。蒴果3瓣裂，种子具有柄的白色簇毛。

　　用途：嫩枝干后入中药。

宽叶水柏枝 *Myricaria platyphylla* Maxim.

半日花科
Cistaceae

半日花属 *Helianthemum* Mill.

鄂尔多斯半日花
Helianthemum ordosicum Y. Z. Zhao, Zong Y. Zhu et R. Cao

　　别名：内蒙半日花。

鉴别特征：旱生矮小灌木，多分枝，稍呈垫状。老枝褐色或灰褐色，小枝对生或近对生，幼时被紧贴的短柔毛，后渐光滑，先端常尖锐成刺状。单叶对生，革质，披针形或狭卵形，两面被白色棉毛；具短柄或近无柄；托叶钻形。花单生枝顶；花梗被白色长柔毛；萼片 5，背而密被白色短柔毛，不等大，外面的 2 个条形；花瓣 5，黄色，倒卵形；雄蕊多数，花药黄色，子房密生柔毛，花柱丝形。蒴果卵形，被短柔毛；种子卵形。

用途：地上部分含红色物质，可作红色染料。

鄂尔多斯半日花 *Helianthemum ordosicum* Y. Z. Zhao, Zong Y. Zhu et R. Cao

堇菜科
Violaceae

堇菜属 *Viola* L.

裂叶堇菜 *Viola dissecta* Ledeb.

别名：疔毒草、深裂叶堇菜。

鉴别特征：多年生中生草本，高 5～15 厘米，无地上茎。根茎短，根数条，白色。叶片掌状，3～5 全裂或深裂并再裂，或近羽状分裂，裂片条形；果期叶柄具窄翅；托叶披针形，边缘疏具细齿。花淡紫堇色，具紫色脉纹；萼片卵形或披针形，先端渐尖，边缘膜质，通常于下部具短毛，基部附属器小；全缘或具 1～2 缺刻；子房无毛；花柱基部细，柱头前端具短喙，两侧具稍宽的边缘。蒴果矩圆状卵形或椭圆形至矩圆形，无毛。

用途：全草入中药。

裂叶堇菜 *Viola dissecta* Ledeb.

紫花地丁 *Viola philippica* Cav.

别名：辽堇菜、光瓣堇菜。

鉴别特征：多年生中生草本，主根圆锥形。茎短缩，在根颈上丛生，全株被白色长柔毛。叶为单数羽状复叶，托叶三角形，基部与叶柄合生，外面被长柔毛；小叶椭圆形、长椭圆形或卵形。总花梗自叶丛间抽出，伞形花序，花梗极短，苞片及小苞片披针形；花紫红色或蓝紫色；花萼钟状，被长柔毛，萼齿不等长，上面2萼齿较大，旗瓣宽卵形，顶端微凹，基部渐狭成爪，翼瓣矩圆形，上端稍宽，具斜截头，基部具短爪，龙骨瓣卵形；子房密被长柔毛。荚果圆筒状，1室，被长柔毛。

用途：全草入中药和蒙药。

紫花地丁 *Viola philippica* Cav.

早开堇菜 *Viola prionantha* Bunge

别名：尖瓣堇菜、早花地丁。

鉴别特征：多年生中生草本，无地上茎，叶通常多数。根茎粗或稍粗，根细长或稍粗，黄白色，通常向下伸展，有时近横生。托叶淡绿色至苍白色，上端分离部分呈卵状披针形或披针形，边缘疏具细齿；叶柄有翅，被柔毛，叶片矩圆状卵形或卵形，边缘具钝锯齿，两面被柔毛；果期叶大，卵状三角形或长三角形。花梗花期超出于叶，果期常比叶短，苞片生于花梗的中部附近；萼片披针形或卵状披针形；花瓣紫堇色或淡紫色，瓣片末端较粗，微向上弯；子房无毛，花柱棍棒状。蒴果椭圆形至矩圆形，无毛。

用途：全草入中药。

早开堇菜 *Viola prionantha* Bunge

早开堇菜 *Viola prionantha* Bunge

瑞香科

Thymelaeaceae

草瑞香属 *Diarthron* Turcz.

草瑞香 *Diarthron linifolium* Turcz.

别名：粟麻。

鉴别特征：多年生中生草本，植株高 20～35 厘米，全株光滑无毛。茎直立，细瘦，具多数

草瑞香 *Diarthron linifolium* Turcz.

分枝，基部带紫色。叶先端钝或稍尖，基部渐狭，全缘，边缘向下反卷，并有极稀疏毛，有短柄或近无柄。总状花序顶生，花梗极短；花萼下半部膨大部分浅绿色，上半部收缩部分绿色，裂片紫红色，矩圆状披针形；雄蕊 4，1 轮，着生于花萼筒中部以上，花丝极短，花药矩圆形；子房扁，长卵形，1 室，黄色，无毛，花柱细，上部弯曲，柱头稍膨大。小坚果长梨形，黑色，为残存的花萼筒下部所包藏。

狼毒属　*Stellera* L.

狼毒　*Stellera chamaejasme* L.

别名：断肠草、小狼毒、红火柴头花、棉大戟。

鉴别特征：多年生旱生草本。根粗大，木质，外包棕褐色。茎丛生，直立，不分枝，光滑无毛。叶较密生，椭圆状披针形，先端渐尖，基部钝圆或楔形，两面无毛。顶生头状花序，花萼筒细瘦，下部常为紫色，具明显纵纹，顶端 5 裂，裂片近卵圆形，具紫红色网纹。雄蕊 10，2 轮，着生于萼喉部与萼筒中部，花丝极短；子房椭圆形，上部密被淡黄色细毛，花柱极短，近头状；子房基部一侧有长约 1 毫米矩圆形蜜腺。小坚果卵形，棕色，上半部被细毛，果皮膜质，为花萼管基部所包藏。

用途：根入中药。

狼毒　*Stellera chamaejasme* L.

胡颓子科
Elaeagnaceae

沙棘属　*Hippophae* L.

中国沙棘　*Hippophae rhamnoides* L. subsp. *sinensis* Rousi

别名：醋柳、酸刺、黑刺。

鉴别特征：旱中生灌木或乔木，通常高 1 米。枝灰色，通常具粗壮棘刺；幼枝具褐锈色鳞片。

叶通常近对生，条形至条状披针形，两端钝尖，上面披银白色鳞片后渐脱落呈绿色，下面密被淡白色鳞片，中脉明显隆起；叶柄极短。花先叶开放，淡黄色，花小；花萼2裂；雄花序轴常脱落，雄蕊4；雌花比雄花后开放，具短梗；花萼筒囊状，顶端2小裂。果实橙黄或橘红色，包于肉质花萼筒中，近球形。种子卵形，种皮坚硬，黑褐色，有光泽。

　　用途：果实可做浓缩性维生素 C 的制剂和酿酒；果汁可解铅中毒；果实入蒙药。

中国沙棘 *Hippophae rhamnoides* L. subsp. *sinensis* Rousi

胡颓子属 *Elaeagnus* L.

沙枣 *Elaeagnus angustifolia* L.

　　别名：桂香柳、金铃花、银柳、七里香。

沙枣 *Elaeagnus angustifolia* L.

鉴别特征：耐盐旱生灌木或小乔木，高达 15 米。幼枝被灰白色鳞片及星状毛，老枝栗褐色；具有刺。叶矩圆状披针形至条状披针形，先端尖或钝，基部宽楔形全缘，两面均有银白色鳞片，上面银灰绿色，下面银白色。花银白色，生于小枝下部叶腋；花萼筒钟形，内部黄色，外边银白色，有香味，两端通常 4 裂；两性花的花柱基部被花盘所包围，果实矩圆状椭圆形或近圆形，初密被银白色鳞片，后渐脱落，熟时橙黄色、黄色、枣红色。

用途：树皮及果实入中药；沙枣果实可作食用；叶为良好的饲料；木材可为家具及建筑用材。

千屈菜科

Lythraceae

千屈菜属 *Lythrum* L.

千屈菜 *Lythrum salicaria* L.

别名：鞭草、败毒草。

鉴别特征：多年生湿生草本；茎直立，多分枝，四棱形，被白色柔毛或仅嫩枝被毛。叶对生，少互生，长椭圆形或矩圆状披针形。顶生总状花序；花两性，数朵簇生于叶状苞腋内，具短梗；苞片卵状披针形至卵形，顶端长渐尖，两面及边缘密被短柔毛；小苞片狭条形，被柔毛；花萼筒紫色，顶端有齿裂，萼齿三角状卵形，齿裂间有被柔毛的长尾状附属物，花瓣 6，狭倒卵形，紫红色，生于萼筒上部；雄蕊 12；子房上位，长卵形，2 室，胚珠多数，柱头头状；花盘杯状，黄色。蒴果椭圆形，包于萼筒内。

用途：全草入中药。

千屈菜 *Lythrum salicaria* L.

菱 科
Trapaceae

菱属 *Trapa* L.

欧菱 *Trapa natans* L.

别名： 丘角菱、格菱、冠菱、东北菱、耳菱。

鉴别特征： 一年生浮水水生草本，茎细长，沉水中。沉水叶细裂，裂片丝状；浮水叶叶片宽菱形或卵状菱形，中部以上具矩圆形海绵质气囊。花梗短，果期向下，长2～3厘米，常疏生软毛；绿色，有光泽，下面被长软毛；花白色至微红色。果实稍扁平，菱形与菱状三角形，坚硬；上缘中央部突出，两端有开出的刺状角，果熟时黑褐色。

用途： 果肉入中药和蒙药；果实可食用，亦熬粥食；叶可作饲料和肥料。

欧菱 *Trapa natans* L.

柳叶菜科
Onagraceae

柳叶菜属 *Epilobium* L.

细籽柳叶菜 *Epilobium minutiflorum* Hausskn.

别名： 异叶柳叶菜。

鉴别特征： 多年生湿生草本。茎直立，多分枝，下部无毛，上部被稀疏弯曲短毛。叶披针形或矩圆状披针形，先端渐尖，基部楔形或宽楔形，边缘具不规则的锯齿，两面无毛，上部叶近无柄，下部叶具极短的柄。花单生茎上部叶腋，粉红色；花萼被白色毛，裂片披针形；花瓣倒卵形，顶端2裂；花药椭圆形；子房密被白色短毛，柱头短棍棒状。蒴果被稀疏白色弯曲短毛，果柄被白色弯曲短毛。种子棕褐色，倒圆锥形，顶端圆，有短喙，基部渐狭；种缨白色。

细籽柳叶菜 *Epilobium minutiflorum* Hausskn.

沼生柳叶菜 *Epilobium palustre* L.

别名： 沼泽柳叶菜、水湿柳叶菜。

鉴别特征： 多年生湿生草本。茎直立，高20～50厘米，基部具匍匐枝或地下有匍匐枝，上部被曲柔毛，下部通常稀少或无。茎下部叶对生，上部互生，披针形或长椭圆形，先端渐尖，基部楔形或宽楔形，上面有弯曲短毛，下面仅沿中脉密生弯曲短毛，全缘，边缘反卷；无柄。花单生于茎上部叶腋，粉红色；花萼裂片披针形，外被短柔毛；花瓣倒卵形，花药椭圆形；子房密被白色弯曲短毛，柱头头状。蒴果弯曲短毛，果梗被稀疏弯曲的短毛。种子倒披针形，暗棕色；种缨淡棕色或乳白色。

用途： 全草入中药。

沼生柳叶菜 *Epilobium palustre* L.

小二仙草科

Haloragaceae

狐尾藻属 *Myriophyllum* L.

狐尾藻 *Myriophyllum spicatum* L.

别名: 穗状狐尾藻。

鉴别特征: 多年生水生草本,根状茎生于泥中。茎光滑,多分枝,圆柱形。叶轮生,羽状全裂,裂片丝状,无叶柄。穗状花序生于茎顶,花单性或两性,雌雄同株,花序上部为雄花,下部为雌花,中部有时有两性花;基部有一对小苞片,一对大苞片,苞片卵形,全缘或呈羽状齿裂;花萼裂片卵状三角形,极小,花瓣匙形,早落;雌花萼裂片有时不明显,通常无花瓣,有时有较小的花瓣；雄蕊 8，花药椭圆形，淡黄色，花丝短，丝状；子房下位，4 室，柱头 4 裂，羽毛状，向外反卷。果实球形，表面有突起。

用途：观赏植物；全草为草鱼和猪的饲料；在湖泊生态修复工程中作为净水工具种和植被恢复先锋物种；鱼虾蟹塘养殖过程中作为饵料、避难和产卵场所；室内观赏水族养殖过程中作为布景材料。

狐尾藻 *Myriophyllum spicatum* L.

轮叶狐尾藻 *Myriophyllum verticillatum* L.

别名：狐尾藻。

鉴别特征：多年生水生草本，泥中具根状茎。茎直立，圆柱形，光滑无毛，高 20～40 厘米。叶通常 4 叶轮生，羽状全裂，水上叶裂片狭披针形，沉水叶裂片呈丝状，无叶柄。花单性，雌雄同株或杂性，单生于水上叶的叶腋内，上部为雄花，下部为雌花，有时中部为两性花；雌花花萼与子房合生，顶端 4 裂，卵状三角形，花瓣极小，早落；雄花花萼裂片三角形，花瓣椭圆形；雄蕊 8，花药椭圆形，花丝丝状，开花后伸出花冠外；子房下位，4 室，卵形，柱头 4 裂，羽毛状，向外反卷。果实卵球形。

用途：可作养猪、养鱼、养鸭的饲料。

轮叶狐尾藻 *Myriophyllum verticillatum* L.

杉叶藻科
Hippuridaceae

杉叶藻属 *Hippuris* L.

杉叶藻 *Hippuris vulgaris* L.

鉴别特征：多年生湿生草本，生于水中，全株光滑无毛。根茎匍匐，生于泥中。茎圆柱形，直立，不分枝，高 20～60 厘米，有节。叶轮生，条形，全缘，无叶柄，茎下部叶较短小。花小、两性，稀单性，无梗，单生于叶腋；花萼与子房大部分合生；无花瓣；雄蕊 1，生于子房上，略偏一侧，花药椭圆形；子房下位，椭圆形，花柱丝状，稍长于花丝。核果矩圆形，平滑，无毛，棕褐色。

用途：全草入药，能镇咳、疏肝、凉血止血、养阴生津、透骨蒸，主治烦渴、结核咳嗽、劳热骨蒸、肠胃炎等。

杉叶藻 *Hippuris vulgaris* L.

锁阳科
Cynomoriaceae

锁阳属 *Cynomorium* L.

锁阳 *Cynomorium songaricum* Rupr.

别名：地毛球、羊锁不拉、铁棒锤、锈铁棒。

鉴别特征：多年生肉质寄生草本，无叶绿素，大部埋于沙中。寄主根上着生大小不等的锁阳芽体，近球形或椭圆形，具多数须根与鳞片状叶。茎圆柱状，直立，棕褐色，埋于沙中的茎具有细小须根，基部较多；茎基部略增粗或膨大，呈螺旋状排列。肉穗状花序生于茎顶，伸出地面，棒状、矩圆形或狭椭圆形，着生非常密集的小花，花序中散生鳞片状叶；雄花、雌花和

两性花相伴杂生，有香气；雄花花被片通常4，雄蕊1，花丝粗，深红色，花药深紫红色；雌花花被片条状披针形，子房下位，内含顶生下垂胚珠1；小坚果，果皮白色。种子近球形，种皮坚硬而厚。

用途：除去花序的肉质茎入中药；富含鞣质，可提炼栲胶；含淀粉，可酿酒及做饲料。

锁阳 *Cynomorium songaricum* Rupr.

伞形科
Apiaceae

柴胡属 *Bupleurum* L.

红柴胡 *Bupleurum scorzonerifolium* Willd.

别名：狭叶柴胡、软柴胡。

鉴别特征：旱生植物，植株高10～60厘米。主根长圆锥形，常红褐色；根茎圆柱形，具横皱纹，不分枝，上部包被毛刷状叶鞘残留纤维，茎通常单一。基生叶与茎下部叶具长柄，叶片条形或披针状条形，先端长渐尖，基部渐狭，叶脉在下面凸起；茎中部与上部叶与基生叶相似，但无柄。复伞形花序顶生和腋生；花梗不等长；小总苞片通常5，披针形，先端渐尖，常具3脉；花瓣黄色。果近椭圆形，果棱钝。

用途：根及根茎入中药；优质饲用植物。

红柴胡 *Bupleurum scorzonerifolium* Willd.

红柴胡 *Bupleurum scorzonerifolium* Willd.

北柴胡 *Bupleurum chinense* DC.

别名：柴胡、竹叶柴胡。

鉴别特征：旱生植物，植株高15～17厘米。主根圆柱形或长圆锥形，黑褐色或棕褐色，具支根；根茎圆柱形，黑褐色，具横皱纹，顶端生出数茎。茎直立，稍呈"之"字形弯曲，具纵细棱，灰蓝绿色，上部多分枝。茎生叶条形、倒披针状条形或椭圆状条形，先端锐尖或渐尖，基部渐狭，具狭软骨质边缘，叶脉在下面凸出；基生叶早枯落。复伞形花序顶生和腋生；总苞片披针形，有时无；花梗不等长；小总苞片通常5，披针形或条状披针形，先端渐尖，常比花短或近等长，无萼齿；花瓣黄色。果椭圆形，淡棕褐色。

用途：根及根茎入中药和蒙药。

北柴胡 *Bupleurum chinense* DC.

泽芹属 *Sium* L.

泽芹 *Sium suave* Walt.

鉴别特征：多年生湿生草本。根多数成束状，棕褐色，茎直立，上部分枝，具明显纵棱与宽且深的沟槽，节部稍膨大，节间中空。基生叶与茎下部叶具长柄，叶柄中空，叶片为1回单数羽状复叶，条状披针形、条形或披针形，先端渐尖，基部矩圆形或宽楔形，边缘具尖锯齿。复伞形花序，小伞形花序具花 10 至 20 余朵；总苞片条形或披针状条形，先端长渐尖，边缘膜质；小总苞片条形或披针状条形，先端长渐尖，边缘膜质；萼齿短齿状；花瓣白色，花柱基厚垫状，比子房宽，边缘微波状。果近球形，具锐角状宽棱，木栓质。

　　用途：全草入中药。

泽芹 *Sium suave* Walt.

毒芹属 *Cicuta* L.

毒芹 *Cicuta virosa* L.

　　别名：芹叶钩吻。

　　鉴别特征：多年生湿中生草本，具多数肉质须根；根茎绿色，节间极短，节的横隔排列紧密，内部形成许多扁形腔室。茎直立，上部分枝，圆筒形，节间中空，具纵细棱。基生叶与茎下部叶具长柄，叶柄圆筒形，中空，基部具叶鞘；叶片 2～3 回羽状全裂，轮廓为三角形或卵状三角形，先端锐尖，基部楔形或渐狭，边缘具不整齐的尖锯齿或缺刻状，两面沿中脉与边缘稍粗糙；茎中部与上部叶较小并简化，叶柄全部成叶鞘。复伞形花序；小伞形花序具多数花；通常无总苞片；小总苞片披针状条形至条形，比花梗短，先端尖，全缘；萼齿三角形；花瓣白色。果近球形。

　　用途：根茎入中药；果可提取挥发油；全草有剧毒，人或家畜误食后往往中毒致死。

毒芹 *Cicuta virosa* L.

葛缕子属 *Carum* L.

田葛缕子 *Carum buriaticum* Turcz.

别名：田蒿。

鉴别特征：二年生旱中生草本，高 25～80 厘米。基生叶和茎下部叶具长柄；叶 2～3 回羽状全裂，1 回羽片 5～7 对，远离，最终裂片狭条形；上部和中部茎生叶变小与简化，叶鞘具白色狭膜质边缘。复伞形花序顶生或腋生，小总苞片 8～12；花白色。双悬果椭圆形。

用途：全草及根入中药；果实含芳香油，称黄蒿油；可用作食品、糖果、牙膏和洁口剂的香料。

田葛缕子 *Carum buriaticum* Turcz.

阿魏属 *Ferula* L.

沙茴香 *Ferula bungeana* Kitag.

鉴别特征：多年生中旱生草木。直根圆柱形，直伸地下；根状茎圆柱形，顶部包被淡褐棕色的纤维状老叶残基。茎直立，具多数开展的分枝，表面具纵细棱，圆柱形，节间实心。基生叶多数，莲座状丛生，大形，具长叶柄与叶鞘，叶鞘条形，黄色叶片质厚，坚硬，三至四回羽状全裂，轮廓三角状卵形；茎中部叶较小与简化；顶生叶极简化，有时只剩叶鞘。复伞形花序多数，常成层轮状排列；小伞形花序具花 5～12 朵；总苞片条状锥形，有时不存在；小总苞片 3～5，披针形或条状披针形；萼齿卵形，花瓣黄色。果矩圆形，果棱黄色。

用途：全草及根入中药。

沙茴香 *Ferula bungeana* Kitag.

防风属 *Saposhnikovia* Schischk.

防风 *Saposhnikovia divaricata*（Turcz.）Schischk.

别名： 关防风、北防风、旁风。

鉴别特征： 多年生旱生草本，高 30～70 厘米。主根圆柱形，粗壮，外皮灰棕色；根状茎短

防风 *Saposhnikovia divaricata*（Turcz.）Schischk.

圆柱形，外密被棕褐色纤维状老叶残基。茎直立，二歧式多分枝，表面具细纵棱，圆柱形，节间实心。基生叶多数簇生，具长柄与叶鞘；叶片 2～3 回羽状深裂，轮廓披针形或卵状披针形；茎生叶与基生叶相似，但较小与简化，顶生叶柄几乎完全呈鞘状，具极简化的叶片或无叶片。复伞形花序多数；通常无总苞片；小总苞片 4～10，披针形，比花梗短；萼齿卵状三角形，花瓣白色；子房被小瘤状突起。

用途： 根入中药；劣等饲用植物。

防风 *Saposhnikovia divaricata*（Turcz.）Schischk.

蛇床属 *Cnidium* Cusson ex Juss.

碱蛇床 *Cnidium salinum* Turcz.

别名： 根茎碱蛇床。

鉴别特征： 二年生或多年生耐盐中生草本。主根圆锥形，褐色，具支根。茎直立或下部稍膝曲，上部稍分枝，具纵细棱，无毛，节部膨大，基部常带红紫色。叶少数，基生叶和茎下部叶具长柄与叶鞘；叶片 2～3 回羽状全裂，轮廓为卵形或三角状卵形，顶端锐尖，边缘稍卷折；茎中上部叶较小与简化，叶柄全部成叶鞘，叶片简化成一或二回羽状全裂。复伞形花序；小伞形花序具花 15～20 朵；总苞片通常不存在，稀 1～2，长条状锥形；小总苞片 7～9，狭条形，边缘膜质；花梗具纵棱；萼齿不明显，花瓣白色；花柱于花后延长，比花柱基长得多。双悬果近椭圆形或卵形。

碱蛇床 *Cnidium salinum* Turcz.

藁本属 *Ligusticum* L.

岩茴香 *Ligusticum tachiroei*（Franch. et Sav.）M. Hiroe et Constance

岩茴香 *Ligusticum tachiroei*（Franch. et Sav.）M. Hiroe et Constance

别名：细叶藁本、丝叶藁本。

鉴别特征：多年生中生草本。根圆柱形，淡褐黄色；根茎圆柱形，顶端包被残叶基。茎直立，单一，有时上部稍分枝，具细纵棱；叶片3～4回羽状全裂，轮廓三角形或卵状三角形。复伞形花序；伞辐具条棱，内侧稍粗糙；总苞片数片，狭条形，边缘膜质；小总苞片数片，条形，比花梗长，边缘稍粗糙；花两性或雄性；萼齿三角状披针形，花瓣白色；花柱基圆锥形；花柱延长，果期下弯。果卵状长椭圆形，果棱黄色，尖锐。

用途：根入中药。

迷果芹属 *Sphallerocarpus* Bess. ex DC.

迷果芹 *Sphallerocarpus gracilis*（Bess. ex Trev.）K. -Pol.

别名：东北迷果芹。

鉴别特征：一、二年生中生草本，高30～120厘米。茎直立，多分枝，具纵细棱，被开展的或弯曲的长柔毛，茎下部与节部毛较密，茎上部与节间常无毛或近无毛。基生叶开花时早枯落，茎下部叶具长柄，叶鞘三角形，抱茎，茎中部或上部叶的叶柄一部分或全部成叶鞘，叶柄和叶鞘常被长柔毛；叶片3～4回羽状分裂，轮廓为三角状形，先端尖，两面无毛或有时被极稀疏长柔毛；上部叶渐小并简化。复伞形花序；小总苞片通常为5，椭圆状卵形或披针形，顶端尖，边缘具睫毛，宽膜质，果期向下反折；花两性或单性；萼齿很小，三角形；花瓣白色；花柱基短圆锥形。双悬果矩圆状椭圆形，黑色，两侧压扁；分生果横切面圆状五角形，果棱隆起。

用途：劣等饲用植物。

迷果芹 *Sphallerocarpus gracilis*（Bess. ex Trev.）K. -Pol.

报春花科
Primulaceae

报春花属　*Primula* L.

粉报春　*Primula farinosa* L.

别名：黄报春、红花粉叶报春。

鉴别特征：多年生中生草本。根状茎极短，须根多数。叶倒卵状矩圆形至矩圆状披针形，全缘或具稀疏钝齿；叶下面有白色或淡黄色粉状物。花葶较纤细，无毛。伞形花序一轮，有花3～10朵；苞片基部膨大呈浅囊状，果期不反折；花萼裂片通常绿色，钟形，裂片矩圆形或狭三角形，边缘有短腺毛；花冠淡紫红色，喉部黄色，高脚碟状；子房卵圆形。蒴果圆柱形，超出花萼，棕色。种子多数，褐色，多面体形，种皮有细小蜂窝状凹眼。

用途：全草入中药。

粉报春　*Primula farinosa* L.

点地梅属　*Androsace* L.

北点地梅　*Androsace septentrionalis* L.

别名：雪山点地梅。

鉴别特征：一年生旱中生草本，植株被分叉毛，直根系。叶倒披针形、条状倒披针形至狭菱形，无柄或下延呈宽翅状柄。花葶1至多数，直立，高7～30厘米，黄绿色，下部略呈紫红色，花葶与花梗都被2～4个分叉毛和短腺毛；伞形花序具多数花；花萼钟状，中脉隆起；花冠白色，坛状；子房倒圆锥形，柱头头状。蒴果倒卵状球形。

用途：全草入蒙药。

北点地梅　*Androsace septentrionalis* L.

北点地梅　*Androsace septentrionalis* **L.**

大苞点地梅 *Androsace maxima* **L.**

鉴别特征： 二年生旱中生草本，高 1.2～8 厘米，全株被糙伏毛及腺毛。叶基生，倒披针形、矩圆状披针形或椭圆形，基部下延呈宽柄状，中上部边缘有小牙齿，质地较厚。花葶数条从基部伸出，常带红褐色，伞形花序，苞片长 3～6 毫米，花梗长 5～12 毫米，花萼漏斗状，花冠白色或淡粉红色，喉部有环状凸起。蒴果近球形。

大苞点地梅　*Androsace maxima* **L.**

阿拉善点地梅 *Androsace alashanica* **Maxim.**

鉴别特征： 多年生旱生植物，垫状植物，呈小半灌木状。主根及地上分枝的下部木质化；叶片通常光滑或稀有短柔毛；叶缘或仅上部边缘为软骨质。每一莲座丛有一花葶，花葶极短，伞形花序含花 1～2 朵；花冠白色，筒部与花萼近等长，喉部有短管状凸起，裂片倒卵形，全缘，先端微波状；花药卵形；子房卵圆形，柱头稍膨大，胚珠少数。蒴果倒卵圆形。

阿拉善点地梅 *Androsace ulushanica* Maxim.

海乳草属 *Glaux* L.

海乳草 *Glaux maritima* L.

鉴别特征：多年生耐盐中生小草本，高 4～25 厘米。叶全部茎生，叶肉质；花组成总状花序、圆锥花序或单生于叶腋；花冠裂片在花蕾中旋转状排列，或无花冠。花单生于叶腋；花冠不存在；花萼宽钟状，粉白色至蔷薇色。5 中裂，雄蕊 5。蒴果近球形，顶端 5 瓣裂。种子近椭圆形，种皮具网纹。

海乳草 *Glaux maritima* L.

海乳草 *Glaux maritima* **L.**

珍珠菜属 *Lysimachia* L.

黄莲花 *Lysimachia davurica* Ledeb.

鉴别特征：多年生中生草本。根较粗，根状茎横走。茎直立，节上具对生红棕色鳞片状叶。叶对生或 3～4 叶轮生，叶片条状披针形、披针形至矩圆状卵形。顶生圆锥花序或复伞房状圆锥花序，花黄色，多数，花序轴及花梗均密被锈色腺毛；花冠黄色。蒴果球形。

用途：带根全草入中药。

黄莲花 *Lysimachia davurica* Ledeb.

白花丹科
Plumbaginaceae

补血草属 *Limonium* Mill.

黄花补血草 *Limonium aureum*（L.）Hill.

别名：黄花苍蝇架、金匙叶草、金色补血草。

鉴别特征：多年生耐盐旱生草本，高9～30厘米，全株除萼外均无毛。根茎逐年增大而木质化并变为多头，常被有残存叶柄和红褐色芽鳞。叶灰绿色，矩圆状匙形至倒披针形。花序为伞房状圆锥花序；穗状花序位于上部分枝顶端；花冠、花萼橙黄色。

用途：花入中药。

黄花补血草 *Limonium aureum*（L.）Hill.

细枝补血草 *Limonium tenellum*（Turcz.）Kuntze

别名：纤叶匙叶草，纤叶矶松。

鉴别特征：多年生旱生草本，高9～30厘米，全株除萼及第一内苞片外均无毛。根颈上有许多白色膜质鳞芽，根皮破裂成棕色纤维。叶小，质厚，矩圆状匙形或条状倒披针形，具短尖。花序伞房状，花序轴直立，自下部作数回分枝，呈"之"字形曲折；萼漏斗状，淡紫色，干后变白，边缘具不整齐细锯齿；花冠淡紫红色，雄蕊 5，子房倒卵圆形，具棱。

细枝补血草 *Limonium tenellum*（Turcz.）Kuntze

二色补血草 *Limonium bicolor*（Bunge）Kuntze

别名：苍蝇架、落蝇子花。

鉴别特征：多年生旱生草本，高 10～50 厘米，全株除萼外均无毛。根颈略肥大，根皮不破裂成棕色纤维。基生叶匙形至矩圆状匙形，先端具短尖，全缘。穗状花序排列在小枝的上部至顶端，彼此多少离开或靠近，不在每一枝端集成近球形的复花序；花序轴通常无叶，偶可在 1～3 节上有叶；萼漏斗状，在开展前呈紫红色或粉红色，后变白色；花冠黄色，与萼近等长，雄蕊 5，子房倒卵圆形，具棱。

用途：带根全草入中药。

二色补血草 *Limonium bicolor*（Bunge）Kuntze

马钱科
Loganiaceae

醉鱼草属　*Buddleja* L.

互叶醉鱼草
Buddleja alternifolia Maxim.

别名；白箕稍。

鉴别特征：旱中生小灌木，最高可达3米，多分枝。枝幼时灰绿色，被较密的星状毛，后渐脱落，老枝灰黄色。单叶互生，披针形或条状披针形，上面暗绿色，具稀疏的星状毛，下面密被灰白色柔毛及星状毛。花多出自去年生枝上，数花簇生或形成圆锥状花序；花冠紫堇色，裂片卵形或宽卵形，雄蕊4，无花丝。蒴果矩圆状卵形，熟时2瓣开裂，种子多数，有短翅。

用途：花可提取芳香油。

互叶醉鱼草　*Buddleja alternifolia* Maxim.

龙胆科
Gentianaceae

龙胆属　*Gentiana* L.

鳞叶龙胆　*Gentiana squarrosa* Ledeb.

别名：小龙胆、石龙胆。

鉴别特征：一年生中生草本，高2～7厘米。茎纤细，密被短腺毛。叶边缘软骨质，稍粗糙或被短腺毛，先端反卷，具芒刺；基生叶较大，卵圆形或倒卵状椭圆形，茎生叶较小，倒卵形或倒披针形。花单顶生；花萼管状钟形，先端反折，具芒刺，边缘软骨质，粗糙；花冠管状钟形。蒴果倒卵形或短圆状倒卵形。种子多数，扁椭圆形，表面具细网纹。

用途：全草入中药。

鳞叶龙胆 *Gentiana squarrosa* Ledeb.

假水生龙胆 *Gentiana pseudoaquatica* Kusnez.

鉴别特征：一年生中生草本，高2～6厘米。茎纤细，近四棱形，分枝或不分枝，被微短腺毛。叶边缘软骨质，先端稍反卷，具芒刺，下面中脉软骨质。花单生枝顶；花萼具5条软骨质凸起，管状钟形，裂片直立，披针形；花冠管状钟形，具5裂片，蓝色，卵圆形，褶近三角形。蒴果倒卵形或椭圆状倒卵形。种子多数，椭圆形。

假水生龙胆 *Gentiana pseudoaquatica* Kusnez.

达乌里龙胆 *Gentiana dahurica* Fisch.

别名：小秦艽、达乌里秦艽。

鉴别特征：多年生中旱生草本，高 10～30 厘米。茎斜升，基部为纤维状的残叶基所包围。基生叶较大，条状披针形，五出脉，主脉在下面明显凸起；聚伞花序顶生或腋生；花萼管状钟形，管部膜质，有时 1 侧纵裂，具 5 裂片，裂片狭条形，不等长；花冠管状钟形，具 5 裂片，裂片展开，卵圆形，先端尖，蓝色；褶三角形，对称，比裂片短一半。蒴果条状倒披针形，稍扁，具极短的柄，包藏在宿存花冠内。种子多数，狭椭圆形，表面细网状。

用途：根入中药，花入蒙药。

达乌里龙胆 *Gentiana dahurica* Fisch.

獐牙菜属 *Swertia* L.

北方獐牙菜 *Swertia diluta*（Turcz.）Benth. et J. D. Hook.

别名：当药、淡味獐牙菜。

北方獐牙菜 *Swertia diluta*（Turcz.）Benth. et J. D. Hook.

鉴别特征：一年生中生草本，全株无毛。茎直立，多分枝，近四棱形，棱上通常具狭翅。无基生叶，茎生叶对生、条状披针形或披针形，全缘，无柄。聚伞花序，具少数花，顶生或腋生；花梗纤细；萼片5，狭条形，具1脉；花冠淡紫白色，辐状，管部长约1毫米，裂片狭卵形，先端渐尖，基部具2条状矩圆形的腺洼，边缘具白色流苏状毛；花药狭矩圆形，蓝色；子房无柄，无花柱，柱头明显，2圆片状。蒴果卵状矩圆形，淡棕褐色，具横皱纹，顶部2瓣开裂，外露。种子近球形或宽椭圆形，棕褐色，表面细网状。

瘤毛獐牙菜 *Swertia pseudochinensis*
H. Hara

瘤毛獐牙菜 *Swertia pseudochinensis* H. Hara

别名：紫花当药。

鉴别特征：一年生中生草本，高15～30厘米。根通常黄色，主根细瘦，有少数支根，味苦。茎直立，四棱形。叶对生，条状披针形或条形；无基生莲座状叶。聚伞花序通常具3花，顶生或腋生；花冠淡蓝紫色，辐状，管部长约1.5毫米，裂片狭卵形，基部具2囊状淡黄色腺洼，其边缘具白色流苏状长毛；花药狭矩圆形，蓝色；子房椭圆状披针形，枯黄色或淡紫色。蒴果矩圆形，棕褐色。种子近球形，棕褐色，表面细网状。

用途：全草入中药和蒙药。

獐牙菜
Swertia bimaculata（Sieb. et Zucc.）J. D. Hook. et Thoms ex C. B. Clarke

鉴别特征：一年生中生草本，高30～80厘米。茎直立，多分枝，带四棱。叶对生，椭圆状披针形，先端长渐尖，基部近圆形，全缘，无柄或具短柄。聚伞花序顶生或腋生；花直径1.5～2厘米，具长梗；花萼5深裂，裂片披针形；花冠幅状，浅黄绿色，5深裂，裂片矩圆形，上半部有紫色小斑点，中部有2个黏性、稍凹陷的圆形大斑点，基部无蜜腺洼。蒴果卵形或矩圆形，种子近扁球形。

用途：全草入中药。

獐牙菜 *Swertia bimaculata*（Sieb. et Zucc.）J. D. Hook. et Thoms ex C. B. Clarke

睡菜科
Menyanthaceae

荇菜属 *Nymphoides* Seguier

荇菜 *Nymphoides peltata*（S. G. Gmel.）Kuntze

别名： 莲叶荇菜、水葵、苓菜。

鉴别特征： 多年生水生植物。地下茎生于水底泥中，横走匍匐状。茎圆柱形，多分枝，生水中，节部有时具不定根。叶漂浮水面，对生或互生，近革质，叶片圆形或宽椭圆形，先端圆形，基部深心形，全缘或微波状，上面具粗糙状凸起，下面密被褐紫色的小腺点；叶柄抱茎。花序伞形状，簇生叶腋；花梗被腺点；萼裂片披针形，先端钝，边缘膜质，被褐紫色腺点；花冠黄色，管长5～7毫米，喉部具毛，裂片卵圆形，先端凹缺，边缘具齿状毛；假雄蕊5，密被白色长毛，位于花冠管中部。蒴果卵形。种子宽椭圆形，稍扁，边缘具翅，褐色。

用途： 全草入中药。

荇菜 *Nymphoides peltata*（S. G. Gmel.）Kuntze

夹竹桃科
Apocynaceae

罗布麻属 *Apocynum* L.

罗布麻 *Apocynum venetum* L.

别名：茶叶花、野麻。

鉴别特征：耐盐中生直立半灌木或草本，高 1～3 米，具乳汁。枝条圆筒形，光滑无毛，紫红色或淡红色。单叶对生，分枝处的叶常为互生，椭圆状披针形至矩圆状卵形，边缘具细齿，两面光滑无毛。聚伞花序多生于枝顶，花梗被短柔毛；花萼 5 深裂，边缘膜质，两面被柔毛；花冠紫红色或粉红色，钟形，花冠裂片具 3 条紫红色的脉纹，花冠里面基部具副花冠及环状肉质花盘；雄蕊 5，着生于花冠筒基部，与副花冠裂片互生，花药箭头形；花柱短，柱头 2 裂。蓇葖果 2，平行或叉生，筷状圆筒形。种子多数，卵状矩圆形，顶端有一簇白色绢毛。

用途：叶入中药；良好的蜜源植物；茎皮纤维为纺织及高级用纸的原料；叶含胶，可作轮胎的原料；嫩叶蒸炒后可代茶用。

罗布麻 *Apocynum venetum* L.

萝藦科
Asclepiadaceae

杠柳属 *Periploca* L.

杠柳 *Periploca sepium* Bunge

别名：北五加皮、羊奶子、羊奶条。

鉴别特征：蔓性中生灌木，长1米左右，除花外全株无毛。小枝对生，黄褐色。叶革质，披针形或矩圆状披针形；二歧聚伞花序腋生或顶生，着花数朵，总花梗与花梗纤细；花萼裂片卵圆形，里面基部具5~10小腺体；花冠辐状，紫红色，5裂，裂片矩圆形，中央加厚部分呈纺锤形，反折，里面被长柔毛，外面无毛；副花冠环状，10裂，其中5裂延伸呈丝状，顶端弯钩状，被柔毛；雄蕊着生在副花冠里面，花药粘连包围柱头。蓇葖2，常弯曲而顶端相连，近圆柱形，具纵纹，稍具光泽。种子狭矩圆形，顶端具种缨。

用途：根、皮入中药；茎叶乳汁含弹性橡胶。茎及根皮可制杀虫药。茎皮纤维为人造棉原料，还可制绳和造纸。

杠柳 *Periploca sepium* Bunge

鹅绒藤属 *Cynanchum* L.

牛心朴子 *Cynanchum mongolicum*（Maxim.）Hemsl.

别名：黑心朴子、黑老鸦脖子、芦芯草、老瓜头。

鉴别特征：多年生旱生沙生草本，高 30～50 厘米。根丛须状，黄色。叶带革质，无毛，对

生，狭尖椭圆形。伞状聚伞花序腋生，着花 10 余朵；花萼 5 深裂，裂片近卵形，两面无毛；花冠黑紫色或红紫色，辐状，5 深裂，裂片卵形；副花冠黑紫色，肉质，5 深裂，裂片椭圆形，背部龙骨状突起，与合蕊柱等长；花粉块每药室 1 个，椭圆形，下垂。蓇葖单生，纺锤状。种子椭圆形或矩圆形，扁平，棕褐色；种缨白色，绢状。

　　用途：蜜源植物；全草可作绿肥与杀虫药；种子可榨工业用油。

牛心朴子 *Cynanchum mongolicum*（Maxim.）Hemsl.

地梢瓜 *Cynanchum thesioides*（Freyn）K. Schum.

　　别名：沙奶草、地瓜瓢、沙奶奶、老瓜瓢。

　　鉴别特征：多年生旱生草本，高 15～30 厘米。根细长，褐色，具横行绳状的支根。叶对生，条形。伞状聚伞花序腋生；花萼 5 深裂，裂片披针形，外面被短硬毛，先端锐尖；花冠白色，辐状；副花冠杯状，5 深裂，裂片三角形，与合蕊柱近等长；花粉块每药室 1 个，矩圆形，下垂。蓇葖果单生，纺锤形，表面具纵细纹。种子近矩圆形，扁平，棕色，顶端种缨白色。

地梢瓜 *Cynanchum thesioides*（Freyn）K. Schum.

　　用途：带果实的全草入中药；种子入蒙药；全株含橡胶、树脂，可作工业原料；幼果可食；种缨可作填充料。

地梢瓜　*Cynanchum thesioides*（Freyn）K. Schum.

雀瓢　*Cynanchum thesioides*（Freyn）K. Schum. var. *australe*（Maxim.）Tsiang et P. T. Li

鉴别特征：多年生旱生草本，高15～30厘米。根细长，褐色，具横行绳状的支根。茎缠绕。叶对生，条形。伞状聚伞花序腋生；花冠白色，辐状；副花冠杯状，5深裂，裂片三角形，与合蕊柱近等长；花粉块每药室1个，矩圆形，下垂。蓇葖果单生，纺锤形，表面具纵细纹。种子近矩圆形，扁平，顶端种缨白色，绢状。

用途：带果实的全草入中药；种子入蒙药；全株含橡胶、树脂，可作工业原料；幼果可食；种缨可作填充料。

雀瓢　*Cynanchum thesioides*（Freyn）K. Schum. var. *australe*（Maxim.）Tsiang et P. T. Li

鹅绒藤　*Cynanchum chinense* R. Br.

别名：祖子花。

鉴别特征：多年生中生草本。茎缠绕，多分枝，稍具纵棱，被短柔毛。叶对生，薄纸质，宽三角状心形。伞状二歧聚伞花序腋生；花冠辐状，白色，裂片条状披针形；副花冠杯状，外轮顶端5浅裂，裂片三角形，内轮具5条较短的丝状体，外轮丝状体与花冠近等长；柱头近五角形，顶端2裂。蓇葖果圆柱形，平滑无毛。种子矩圆形，压扁。

用途：根及茎的乳汁入中药。

鹅绒藤 *Cynanchum chinense* R. Br.

旋花科
Convolvulaceae

打碗花属 *Calystegia* R. Br.

打碗花 *Calystegia hederacea* Wall. ex Roxb.

别名： 小旋花。

鉴别特征： 一年生缠绕或平卧中生草本，全体无毛。茎具细棱，通常由基部分枝。叶片三角状卵形、戟形或箭形。花单生叶腋，花梗长于叶柄，有细棱；苞片宽卵形，长 7～16 毫米。花冠漏斗状，淡粉红色或淡紫色；雄蕊花丝基部扩大，有细鳞毛；子房无毛，柱头 2 裂，裂片矩圆形，扁平。蒴果卵圆形，微尖，光滑无毛。

用途： 根茎及花入中药；根茎含淀粉，可造酒，也可制饴糖，又是优良的猪饲料。

打碗花 *Calystegia hederacea* Wall. ex Roxb.

旋花属 *Convolvulus* L.

田旋花 *Convolvulus arvensis* L.

别名：箭叶旋花、中国旋花。

鉴别特征：细弱蔓生或微缠绕的多年生中生草本，常形成缠结的密丛。茎有条纹及棱角，无毛或上部被疏柔毛。花冠长 15～20 毫米。叶形变化很大，三角状卵形至卵状矩圆形，心形或箭簇形；花冠宽漏斗状，白色或粉红色，或白色具粉红或红色的瓣中带，或粉红色具红色或白色的瓣中带；雄蕊花丝基部扩大，具小鳞毛；子房有毛。蒴果卵状球形或圆锥形，无毛。

用途：全草、花和根入中药；优等饲用植物。

田旋花 *Convolvulus arvensis* L.

银灰旋花 *Convolvulus ammannii* Desr.

别名：阿氏旋花。

鉴别特征：多年生矮小草本旱生植物，全株密生银灰色绢毛。茎少数或多数，平卧或上升，

高2～11.5厘米。叶互生，条形或狭披针形，无柄。花小，单生枝端，具细花梗；萼片5，不等大，外萼片矩圆形或矩圆状椭圆形，内萼片较宽，卵圆形，顶端具尾尖，密被贴生银色毛；花冠小，白色、淡玫瑰色或白色带紫红色条纹，外被毛。蒴果球形，2裂；种子卵圆形，淡褐红色，光滑。

用途：全草入中药；优等饲用植物。

银灰旋花 *Convolvulus ammannii* Desr.

刺旋花 *Convolvulus tragacanthoides* Turcz.

别名：木旋花。

鉴别特征：旱生半灌木，高5～15厘米。茎密集分枝，分枝斜上不成直角开展，叶互生，狭倒披针状条形。花2～5朵密集生于枝端，花枝伸长而无刺；花冠漏斗状，粉红色，瓣中带密生毛，顶端5浅裂；雄蕊5，不等长，长为花冠的1/2，基部扩大，无毛；子房有毛，2室，柱头2裂，裂片狭长。蒴果近球形，有毛。种子卵圆形，无毛，冠檐具浅三角形裂片；花药不扭曲；雌蕊与雄蕊几等长或稍短，子房2室，每室具2胚珠。蒴果圆锥状卵形，顶端钝尖，径5～10（12）毫米；种子黑色，密被囊状毛。

刺旋花 *Convolvulus tragacanthoides* Turcz.

刺旋花　*Convolvulus tragacanthoides* **Turcz.**

鹰爪柴　*Convolvulus gortschakovii* Schrenk

别名： 郭氏木旋花。

鉴别特征： 强旱生半灌木或近于垫状小灌木，高 10～30 厘米，分枝多少成直角开展；花单生于短的侧枝上，侧枝末端常具两个小刺；叶倒披针形或条状披针形。萼片不等大，2 个外萼

鹰爪柴　*Convolvulus gortschakovii* Schrenk

片宽卵形；花冠玫瑰色，长1.3～2厘米；雄蕊稍不等长，短于花冠；雌蕊稍长过雄蕊；花盘环状；子房被长毛。蒴果宽椭圆形。

　　用途：骆驼在夏秋冬季乐食其叶，绵羊、山羊喜食其叶。

鱼黄草属 *Merremia* Dennst. ex Endlicher

北鱼黄草 *Merremia sibirica*（ L. ）H. Hall.

　　别名：囊毛鱼黄草。

　　鉴别特征：一年生缠绕中生寄生草本，全株无毛。茎多分枝，具细棱。叶狭卵状心形，顶端尾状长渐尖，基部心形，边缘稍波状。花序腋生，1～2至数朵形成聚伞花序；总梗通常短于叶柄，明显具棱；苞片2；条形；萼片5，近相等；花冠小，漏斗状，淡红色，无毛，冠檐具浅三角形裂片；花药不扭曲；雌蕊与雄蕊几等长或稍短，子房2室，每室具2胚珠。蒴果圆锥状卵形，顶端钝尖；种子黑色，密被囊状毛。

北鱼黄草 *Merremia sibirica*（ L. ）H. Hall.

菟丝子科
Cuscutaceae

菟丝子属 *Cuscuta* L.

菟丝子 *Cuscuta chinensis* Lam.

别名：豆寄生、无根草、金丝藤。

鉴别特征：一年生寄生草本，茎细，缠绕，黄色，无叶。花多数，簇生状；苞片与小苞片均呈鳞片状；花萼杯状，先端5裂，花冠白色，先端5裂，雄蕊5，花丝短，子房近球形，花柱2，柱头头状。蒴果近球形，稍扁，成熟时被宿存花冠全部包住，盖裂；种子淡褐色，表面粗糙。

用途：种子入中药和蒙药。

菟丝子 *Cuscuta chinensis* Lam.

大菟丝子 *Cuscuta europaea* L.

别名：欧洲菟丝子。

鉴别特征：一年生寄生草本。茎纤细，淡黄色或淡红色，缠绕，无叶。花序球状或头状，花梗无或几乎无；苞片矩圆形，顶端尖，花萼杯状；花冠淡红色，壶形，裂片矩圆状披针形或三角状卵形，通常向外反折，宿存；雄蕊的花丝与花药近等长，着生于花冠中部；鳞片倒卵圆形，边缘细齿状或流苏状；花柱2，叉分，柱头条形棒状。蒴果球形。种子淡褐色，表面粗糙。

大菟丝子 *Cuscuta europaea* L.

紫草科
Boraginaceae

紫丹属 *Tournefortia* L.

细叶砂引草 *Tournefortia sibirica* L.
var. *angustior*（DC.）G. L. Chu et M. G. Gilbert

鉴别特征： 多年生中旱生草本，具细长的根状茎。茎高 8～25 厘米，密被长柔毛，常自基

细叶砂引草 *Tournefortia sibirica* L .var. *angustior*（DC.）G. L. Chu et M. G. Gilbert

部分枝。叶条形或条状披针形，先端尖，基部渐狭，两面被密伏生的长柔毛，无柄或几无柄。伞房状聚伞花序顶生；花密集，仅花序基部具1条形苞片，被密柔毛；花萼密被白柔毛；花冠白色，漏斗状。花药箭形，基部2裂，果矩圆状球形，先端平截，具纵棱，被密短柔毛。

用途：花可提取香料；良好的固沙植物。

紫筒草属 *Stenosolenium* Turcz.

紫筒草 *Stenosolenium saxatile* (Pall.) Turcz.

别名：紫根根。

鉴别特征：多年生旱生草本，高6～20厘米，密被粗硬毛并混生短柔毛。基生叶和下部叶倒披针状条形，上部叶披针状条形，全缘，两面密生糙毛及混生短柔毛。总状花序顶生，苞叶叶状；花具短梗；花萼5深裂，裂片窄卵状披针形；花冠筒细长，高脚碟状，紫色、青紫色或白色，裂片5，雄蕊5，生于花冠筒中上部，柱头2，头状。小坚果4，三角状卵形。

用途：全草入中药，根入蒙药。

紫筒草 *Stenosolenium saxatile* (Pall.) Turcz.

软紫草属 *Arnebia* Forsk.

黄花软紫草 *Arnebia guttata* Bunge

别名：假紫草。

鉴别特征：多年生旱生草本。茎高8～12厘米，从基部分枝，被有开展的刚毛混生短柔毛。

叶窄倒披针形、长匙形或条状披针形。花序密集；苞片与花萼都被密硬毛；苞片条状披针形；花萼5裂，裂片裂至基部，细条状披针形。花冠黄色，被短密柔毛，筒细；花柱异长，在长柱花雄蕊，生于花冠筒中部或以上；在短柱花则生于花冠筒喉部；花柱稍超过喉部或较低，顶部2裂，柱头头状。小坚果4，卵形，有小瘤状凸起，着生面于果基部。

用途： 根入中药和蒙药。

黄花软紫草 *Arnebia guttata* Bunge

疏花软紫草 *Arnebia szechenyi* Kanitz

别名： 疏花假紫草。

鉴别特征： 多年生旱生草本。茎高8～15厘米，分枝，密被开展的刚毛，混生少数糙毛。上部叶为矩圆形，下部叶较窄。花疏生，总花梗、苞片和花萼被密硬毛与短硬毛；苞片窄椭圆形；花冠黄色，花萼5裂，近基部，裂片条形；喉部具紫红色斑纹，带紫色斑纹。小坚果1，卵形；有小瘤状凸起。

疏花软紫草 *Arnebia szechenyi* Kanitz

琉璃草属 *Cynoglossum* L.

大果琉璃草 *Cynoglossum divaricatum* Steph. ex Lehm.

别名： 大赖鸡毛子、展枝倒提壶、沾染子。

鉴别特征： 二年生或多年生旱中生草本。根垂直，单一或稍分枝。茎高30～65厘米，密被贴伏的短硬毛，上部多分枝。叶矩圆状披针形或披针形，两面密被贴伏的短硬毛；无柄。花序有稀疏的花；具苞片，狭披针形或条形。花萼果期向外反折；花冠蓝色、红紫色，具5个梯形附属物，位于喉部以下；小坚果4，扁卵形，密生锚状刺。

用途： 果和根入中药。

大果琉璃草 *Cynoglossum divaricatum* Steph. ex Lehm.

鹤虱属 *Lappula* Moench

异刺鹤虱 *Lappula heteracantha*（Ledeb.）Gürke

别名： 小沾染子。

鉴别特征： 一、二年生旱中生草本，高20～50厘米，全株均被刚毛。基生叶莲座状，条状倒披针形或倒披针形，具柄；茎生叶条形或狭倒披针形，先端弯尖，无柄。花序稀疏；花冠淡蓝色，有时稍带白色或淡黄色斑，漏斗状，5裂，裂片近圆形，喉部具5个矩圆形附属物；花药三棱状矩圆形；子房4裂，柱头扁球状。小坚果4，长卵形，边缘具2行锚状刺，内行每侧6～7个，外行刺极短。

用途： 种子可榨油。

异刺鹤虱 *Lappula heteracantha*（Ledeb.）Gürke

齿缘草属 *Eritrichium* Schrad.

少花齿缘草 *Eritrichium pauciflorum*（Ledeb.）DC.

别名：蓝梅。

鉴别特征：多年生中旱生草本，高10～25厘米，全株（茎、叶、苞片、花梗、花萼）密被绢

状灰白色细刚毛。茎数条丛生，常簇生，较密。叶狭匙形、狭匙状倒披针形或条形，无柄。花序顶生，花序分枝，花期后花序轴渐延伸，每花序分枝有花数至10余朵；苞片条状披针形，花梗直立或稍开展；花萼裂片5，披针状条形；花冠蓝色，辐状。小坚果陀螺形，背面平或微凸，具瘤状凸起和毛，棱缘有三角形小齿，齿端无锚状刺，少有小短齿或长锚状刺。

用途：带花全草入中药和蒙药。

少花齿缘草 *Eritrichium pauciflorum*（Ledeb.）DC.

斑种草属 *Bothriospermum* Bunge

狭苞斑种草 *Bothriospermum kusnezowii* Bunge

别名：细叠子草。

鉴别特征：一年生旱中生草本，全株均密被刚毛。茎高 13～35 厘米，斜升，自基部分枝，茎数条。叶倒披针形，稀匙形或条形。花序长 5～15 厘米，果期延长达 45 厘米；叶状苞片，条形或披针状条形。花冠蓝色，花冠筒短，喉部具 5 附属物，裂片 5，钝，开展。小坚果肾形，着生面在果最下部，密被小瘤状凸起，腹面有纵椭圆形凹陷。

狭苞斑种草 *Bothriospermum kusnezowii* Bunge

附地菜属 *Trigonotis* Stev.

附地菜 *Trigonotis peduncularis*（Trev.）Bentham ex S. Baker et Moore

鉴别特征：一年生旱中生草本。茎 1 至数条，高 8～18 厘米，被伏短硬毛。基生叶倒卵状椭圆形、椭圆形或匙形，茎下部叶与基生叶相似，茎上部叶椭圆状披针形。花萼裂片椭圆状披针形，花冠蓝色，裂片钝开展，喉部黄色，具 5 附属物。小坚果四面体形。

用途：全草入药，能清热、消炎、止痛、止痢，主治热毒疮疡、赤白痢疾，跌打损伤。

附地菜 *Trigonotis peduncularis*（Trev.）Bentham ex S. Baker et Moore

马鞭草科
Verbenaceae

莸属 *Caryopteris* Bunge

蒙古莸 *Caryopteris mongholica* Bunge

别名：白蒿。

鉴别特征：旱生小灌木，高 15～40 厘米。单叶对生，披针形、条状披针形或条形。聚伞花序顶生或腋生；花萼钟状，先端 5 裂，宿存；花冠蓝紫色，筒状，外被短柔毛；雄蕊 4，二强，长

蒙古莸 *Caryopteris mongholica* Bunge

约为花冠的 2 倍；花柱细长，柱头 2 裂。果实球形，小坚果矩圆状扁三棱形，边缘具窄翅。

用途：花、叶、枝入蒙药；叶及花可提取芳香油；可作护坡树种。

蒙古莸　*Caryopteris mongholica* Bunge

牡荆属　*Vitex* L.

荆条　*Vitex negundo* L. var. *heterophylla*（Franch.）Rehd.

鉴别特征：中生灌木，高 1～2 米。幼枝四方形，老枝圆筒形，幼时有微柔毛。掌状复叶，

荆条　*Vitex negundo* L. var. *heterophylla*（Franch.）Rehd.

具小叶 5，有时 3，矩圆状卵形至披针形，边缘有缺刻状锯齿，浅裂至羽状深裂。顶生圆锥花序，花小，蓝紫色，具短梗；花冠 2 唇形；花萼钟状。核果。

用途：根、茎、叶、果实入中药；蜜源植物；水土保持树种；枝条可编筐、篓等。

唇形科
Lamiaceae

水棘针属 *Amethystea* L.

水棘针 *Amethystea caerulea* L.

鉴别特征：一年生中生草本。高 15～40 厘米。茎被疏柔毛或微柔毛，多分枝。叶纸质，轮廓三角形或近卵形，3 全裂，边缘具粗锯齿或重锯齿，上面被短柔毛，下面沿叶脉疏被短柔毛。花序为由松散具长梗的聚伞花序所组成的圆锥花序；苞叶与茎生叶同形，向上渐变小；小苞片微小，条形；花萼钟状，外面被乳头状突起及腺毛，花冠略长于花萼，蓝色或蓝紫色，冠檐 2 唇形。小坚果倒卵状三棱形。

用途：中等饲用植物。

水棘针 *Amethystea caerulea* L.

黄芩属 *Scutellaria* L.

黄芩 *Scutellaria baicalensis* Georgi

别名：黄芩茶。

鉴别特征：多年生中旱生草本，高20～35厘米。主根粗壮，圆锥形。叶披针形或条状披针形，全缘，上面无毛或疏被贴生的短柔毛，下面无毛或沿中脉疏被贴生微柔毛，密被下陷的腺点。花序顶生，总状，常偏一侧；花梗与花序轴被短柔毛；苞片向上渐变小，披针形，具稀疏睫毛；花冠紫色、紫红色或蓝色，外面被具腺短柔毛，冠筒基部膝曲；雄蕊稍伸出花冠；花盘环状。小坚果卵圆形。

用途：根入中药和蒙药。

黄芩 *Scutellaria baicalensis* Georgi

甘肃黄芩 *Scutellaria rehderiana* Diels

别名：阿拉善黄芩。

甘肃黄芩 *Scutellaria rehderiana* Diels

鉴别特征：多年生旱中生草本，高 12～30 厘米。主根木质，圆柱形，直径达 2 厘米。茎弧曲上升，被下向的疏或密的短柔毛，有时混生腺毛。叶片草质，卵形、卵状披针形或披针形，全缘，两面被短毛或被短柔毛，两面几无腺粒或具黄色腺粒。花序总状，顶生；花冠粉红、淡紫至紫蓝色；花丝中部以下被疏柔毛；子房 4 裂，表面瘤状突起；花盘肥厚，平顶。

用途：根入中药。

粘毛黄芩 *Scutellaria viscidula* Bunge

别名：黄花黄芩、腺毛黄芩。

鉴别特征：多年生中旱生草本，高 7～20 厘米。叶条状披针形、披针形或条形，全缘，上面被极疏贴生的短柔毛，下面密被短柔毛，两面均具多数黄色腺点，叶柄极短。花序顶生，总状，花梗与花序轴被腺毛；苞片同叶形，向上变小，卵形至椭圆形，被腺毛；花萼被腺毛；花冠黄色，外面被腺毛，里面被长柔毛，冠筒基部明显膝曲，上唇盔状，先端微缺，下唇中裂片宽大，近圆形，两侧裂片靠拢上唇，卵圆形。小坚果卵圆形，褐色，腹部近基部具果脐。

用途：根入中药和蒙药。

粘毛黄芩 *Scutellaria viscidula* Bunge

并头黄芩 *Scutellaria scordifolia* Fisch. ex Schrank

别名：头巾草。

鉴别特征：多年生中旱生草本，高 10～30 厘米。茎沿棱疏被微柔毛或近几无毛。叶三角状披针形、条状披针形或披针形，边缘具疏锯齿或全缘，下面具多数凹腺点；具短叶柄或几无柄。花单生于茎上部叶腋内；花萼疏被短柔毛；花冠蓝色或蓝紫色，外面被短柔毛，冠筒基部浅囊状膝曲，上唇盔状，内凹，下唇 3 裂；子房裂片等大，黄色，花柱细长，先端微裂。小坚果近圆形或椭圆形，褐色，具瘤状突起，腹部中间具果脐，隆起。

用途： 全草入中药。

并头黄芩 *Scutellaria scordifolia* Fisch. ex Schrank

夏至草属 *Lagopsis*（Bunge ex Benth.）Bunge

夏至草 *Lagopsis supina*（Steph. ex Willd.）Ik.-Gal. ex Knorr.

鉴别特征： 多年生旱中生草本，高 15～30 厘米。茎密被微柔毛，分枝。叶轮廓为半圆形、圆形或倒卵形，裂片有疏圆齿，两面密被微柔毛。轮伞花序具疏花；小苞片弯曲，刺状，密被微柔毛；花萼管状钟形，外面密被微柔毛，具 5 脉，齿近整齐，三角形，先端具浅黄色刺尖；花冠白色，稍伸出于萼筒，外面密被长柔毛，里面与花丝基部扩大处被微柔毛，上唇矩圆形，全绿，下唇中裂片圆形，侧裂片椭圆形；雄蕊着生于管筒内缢处，不伸出；花柱先端 2 浅裂，与雄蕊等长。小坚果长卵状三棱形，褐色，有鳞秕。

用途： 全草入中药和蒙药。

夏至草 *Lagopsis supina*（Steph. ex Willd.）Ik.-Gal. ex Knorr.

青兰属 *Dracocephalum* L.

香青兰 *Dracocephalum moldavica* L.

别名： 山薄荷。

鉴别特征： 一年生中生草本，高 15～40 厘米。叶披针形至披针状条形，边缘具疏圆齿，有

时基部的牙齿齿尖常具长刺，两面均被微毛及黄色小腺点。轮伞花序生于茎或分枝上部，每节通常具 4 花；苞片狭椭圆形，疏被微毛，每侧具 3～5 齿，齿尖具长刺；花萼具金黄色腺点，密被微柔毛，常带紫色；花冠淡蓝紫色至蓝紫色；雄蕊微伸出，花丝无毛，花药平叉开；花柱无毛，先端 2 等裂。小坚果矩圆形，顶端平截。

用途： 地上部分入蒙药；全株含芳香油，可做香料植物。

香青兰 *Dracocephalum moldavica* L.

毛建草 *Dracocephalum rupestre* Hance

别名： 岩青兰。

鉴别特征： 多年生中生草本，根茎直，生出多数茎，茎不分枝，斜升，四棱形，疏被倒向的短柔毛，带紫色。叶片三角状卵形，边缘具圆齿，上面略被微柔毛，下面被短柔毛；叶柄长 3～8 厘米，疏被伸展白色长柔毛。轮伞花序密集，常成头状，稀成穗状；萼上唇中齿较侧齿宽 2 倍以上；花较大，长 3.5～4 厘米；花冠紫蓝色，花丝疏被柔毛，顶端具尖的突起。

用途： 全草入中药和蒙药；花可供观赏；全草有香气，可代茶饮。

毛建草 *Dracocephalum rupestre* Hance

毛建草 *Dracocephalum rupestre* Hance

灌木青兰 *Dracocephalum fruticulosum* Steph. ex Willd.

别名：沙地青兰。

鉴别特征：旱生小半灌木，高约20厘米。小枝近圆柱形或呈不明显的四棱形，略带紫色，密被倒向白色短毛。叶片椭圆形或矩圆形，全缘或具1～3齿，两面密被短毛及腺点。轮伞花序生于茎顶；苞片长椭圆形，边缘每侧有具长刺的小齿，密被微毛及腺点，边缘具短睫毛。萼钟状管形，花冠淡紫色，外面密被短柔毛，冠筒里面中下部具2行白色短柔毛，冠檐2唇形；雄蕊稍伸出，花丝被疏毛，花药深紫色。

灌木青兰 *Dracocephalum fruticulosum* Steph. ex Willd.

荆芥属 *Nepeta* L.

大花荆芥 *Nepeta sibirica* L.

鉴别特征：多年生中生草本，高20～70厘米。茎多数，直立或斜升，被微柔毛，老时脱落。叶披针形、矩圆状披针形或三角状披针形，边缘具锯齿。轮伞花序疏松排列于茎顶部；花冠蓝色。冠筒直立，冠檐2唇形，上唇2裂，裂片椭圆形，下唇3裂，中裂片肾形，先端具弯缺，侧裂片矩圆形；雄蕊后对略长于上唇。小坚果倒卵形，腹部略具棱，光滑，褐色。

用途：地上部分中可提取芳香油，做香料。

大花荆芥 *Nepeta sibirica* L.

糙苏属 *Phlomis* L.

串铃草 *Phlomis mongolica* Turcz.

别名：毛尖茶、野洋芋。

鉴别特征：多年生旱中生草本。茎被刚毛及星状微柔毛，棱上被毛尤密。叶卵状三角形或三角状披针形，边缘有粗圆齿，苞叶三角形或三角状披针形，叶片上面被星状毛及单毛，或疏被刚毛，稀近无毛，下面密被星状毛或刚毛。轮伞花序，腋生，多花密集；苞片条状钻形，被具节缘毛；花萼筒状，萼齿5，相等，圆形，先端微凹，具硬刺尖；花冠紫色，偶有白色；雄蕊4，内藏，花丝下部被毛，后对花丝基部在毛环稍上处具反折的短距状附属器；花柱先端为不等的2裂。小坚果顶端密被柔毛。

用途：块根入中药；优等饲用植物。

串铃草 *Phlomis mongolica* Turcz.

尖齿糙苏 *Phlomis dentosa* Franch.

鉴别特征：多年生旱中生草本，高 20～40 厘米。茎直立，多分枝，茎下部疏被具节刚毛，花序下部的茎及上部分枝被星状毛。叶三角形或三角状卵形，边缘具不整齐的圆齿，上面被单毛和星状毛，下面近无毛，基生叶具长柄，茎生叶具短柄，苞叶近无柄。轮伞花序，花冠粉红色，苞片针刺状，略坚硬，密被星状柔毛及星状毛；后对雄蕊具距状附属器。小坚果顶端无毛。

用途：优等饲用植物。

尖齿糙苏 *Phlomis dentosa* Franch.

益母草属 *Leonurus* L.

细叶益母草 *Leonurus sibiricus* L.

别名：益母蒿、龙昌菜。

鉴别特征：一、二年生旱中生草本，高 30～75 厘米。茎钝四棱形，有短而贴生的糙伏毛。

叶形从下到上变化较大，下部叶早落，中部叶轮廓为卵形，叶裂片狭窄，宽1～3毫米；轮伞花序腋生，多花，轮廓圆球形，向顶逐渐密集组成长穗状；小苞片刺状，向下反折；无花梗；花萼管状钟形，外面在中部被疏柔毛，里面无毛，齿5，前2齿长，稍开张，后3齿短；花冠粉红色，下唇比上唇短，外面密被长柔毛，里面无毛，3裂；雄蕊4，前对较长，花丝丝状；花柱丝状，先端2浅裂。小坚果矩圆状三棱形，褐色。

用途：全草入中药和蒙药，果实中入药。

细叶益母草 *Leonurus sibiricus* L.

脓疮草属 *Panzerina* Soják

脓疮草 *Panzerina lanata*（L.）Soják

别名：白龙昌菜。

鉴别特征：多年生旱生草本，高15～35厘米。茎多分枝，从基部发出，密被白色短绒毛。叶片轮廓为宽卵形，茎生叶掌状（3）5深裂，裂片分裂常达基部，狭楔形，小裂片卵形至披针形，上面均密被贴生短毛，下面

脓疮草 *Panzerina lanata*（L.）Soják

脓疮草 *Panzerina lanata*（L.）Soják

密被绒毛，呈灰白色，叶具柄，细长，被绒毛，苞叶较小，3 深裂。轮伞花序，具多数花，组成密集的穗状花序；花萼管状钟形；花冠淡黄色或白色，外面被丝状长柔毛，里面无毛；花盘平顶。

兔唇花属
Lagochilus Bunge

冬青叶兔唇花 *Lagochilus ilicifolius* Bunge ex Beth.

鉴别特征：多年生旱生植物，高 7～13 厘米。叶楔状菱形，革质，先端具 5～8 齿裂，齿端具短芒状刺尖，两面无毛，无柄。轮伞花序具 2～4 花，着生在茎上部叶腋内；花萼管状钟形，革质，无毛；花冠淡黄色，外面密被短柔毛，里面无毛；雄蕊着生于冠筒，前对长，花丝扁平；花柱近方柱形。小坚果狭三角形，长约 5 毫米，顶端截平。

冬青叶兔唇花 *Lagochilus ilicifolius* Bunge ex Beth.

冬青叶兔唇花 *Lagochilus ilicifolius* Bunge ex Beth.

水苏属 *Stachys* L.

毛水苏 *Stachys baicalensis* Fisch. ex Benth

别名：华水苏、水苏。

鉴别特征：多年生湿中生草本。根茎伸长，节上生须根。茎直立，沿棱及节具伸展的刚毛或倒生小刚毛。叶矩圆状披针形至披针状条形，两面被贴生的刚毛。轮伞花序组成顶生穗状花序；苞叶与叶同形，卵状披针形或披针形；小苞片条形，被刚毛，早脱落；花梗与花序轴密被柔毛状刚毛。花萼外面沿肋及齿缘被具节柔毛状刚毛，萼齿三角状披针形，顶端具黄白色刺尖；花冠淡紫至紫色，上唇直伸，被柔毛状刚毛，下唇疏被微柔毛；雄蕊内藏，近等长，花丝扁平，被微柔毛，花药浅蓝色，卵圆形；花柱与雄蕊近等长；花盘平顶。小坚果近圆形。

用途：全草入中药。

毛水苏 *Stachys baicalensis* Fisch. ex Benth

百里香属 *Thymus* L.

百里香 *Thymus serpyllum* L.

别名：地椒。

鉴别特征：中旱生小半灌木。茎多分枝，匍匐，垫状。叶条状披针形至椭圆形，全缘。轮伞花序紧密排成头状；花梗长密被微柔毛；花萼狭钟形，具 10～11 脉，上唇与下唇通常近等长，上唇有 3 齿，齿三角形；具睫毛或近无毛，下唇 2 裂片钻形，被硬睫毛。花冠紫红色、紫色、粉红色或白色，被短疏柔毛。小坚果近网形，光滑。

百里香 *Thymus serpyllum* L.

薄荷属 *Mentha* L.

薄荷 *Mentha canadensis* L.

鉴别特征：多年生湿中生草本。叶矩圆状披针形至卵状披针形，边缘具锯齿或浅锯齿，叶柄被微柔毛。轮伞花序腋生，花无梗或近无梗；花萼管状钟形，萼齿狭三角状钻形，外面被疏或密的微柔毛与黄色腺点。花冠淡紫或淡红紫色，被毛，雄蕊及花柱通常伸出花冠。小坚果卵球形，黄褐色。

用途：地上部分入中药。

薄荷 *Mentha canadensis* L.

地笋属 *Lycopus* L.

地笋 *Lycopus lucidus* Turcz. ex Beth.

别名：地瓜苗、泽兰。

鉴别特征：多年生湿中生草本，高 40～100 厘米，根状茎横走，先端肥大呈圆柱状。叶革质，椭圆状披针形至条状披针形，边缘具锐尖粗牙齿状锯齿。轮伞花序，多花密集成半球形；苞片卵圆形，具 1～3 脉；花萼钟形，具腺点，萼齿 5，近相等，卵状披针形，先端具刺尖头；花冠白色，冠檐不明显的 2 唇形，花药卵圆形；花盘平顶。小坚果卵状三棱形，具腺点。

用途：全草入中药；根状茎可食用。

地笋 *Lycopus lucidus* Turcz. ex Beth.

茄　科
Solanaceae

枸杞属 *Lycium* L.

宁夏枸杞 *Lycium barbarum* L.

别名：山枸杞、白疙针。

鉴别特征：粗壮中生灌木，高可达 2.5～3 米。单叶互生，长椭圆状披针形、卵状矩圆形或披针形。花腋生，花梗细；花萼杯状，先端通常 2 中裂，有时其中 1 裂片再微 2 齿裂；花冠漏斗状，粉红色或淡紫红色，具暗紫色条纹，花冠筒明显长于裂片，中部以下稍窄狭，花冠裂片边缘无缘毛；花丝基部稍上处及花冠筒内壁密生一圈绒毛。浆果宽椭圆形，红色。

用途：果实入中药和蒙药，根皮入中药。

宁夏枸杞 *Lycium barbarum* L.

茄属 *Solanum* L.

龙葵 *Solanum nigrum* L.

别名：天茄子。

龙葵 *Solanum nigrum* L.

鉴别特征：一年生中生草本，高 0.2～1 米。叶卵形，有不规则的波状粗齿或全缘。花序短蝎尾状，腋外生，下垂，有花 4～10 朵。总花梗长 1～2.5 厘米；花梗长约 5 毫米；花萼杯状；花冠白色，辐状，裂片卵状三角形；子房卵形，花柱中部以下有白色绒毛。浆果球形，直径约 8 毫米，熟时黑色，种子近卵形，压扁状。

用途：全草入中药。

青杞 *Solanum septemlobum* Bunge

别名：草枸杞、野枸杞、红葵。

鉴别特征：多年生中生草本，高 20～50 厘米。茎有棱，直立，多分枝。叶卵形，通常不整齐羽状 7 深裂，裂片宽条形或披针形，先端尖，两面均疏被短柔毛，叶脉及边缘毛较密。花萼小，杯状，外面有疏柔毛，裂片三角形，花冠蓝紫色，裂片矩圆形；子房卵形。浆果近球状，熟时红色；种子扁圆形。

用途：地上部分入中药。

青杞 *Solanum septemlobum* Bunge

天仙子属 *Hyoscyamus* L.

天仙子 *Hyoscyamus niger* L.

别名：山烟子、薰牙子。

鉴别特征：一、二年生中生草本，高 30～80 厘米。具纺锤状粗壮肉质根，全株密生粘性腺毛及柔毛，有臭气。叶在茎基部丛生呈莲座状，茎生叶互生，长卵形或三角状卵形，无柄而半抱茎，边缘羽状深裂或浅裂，或为疏牙齿，裂片呈三角状。花在茎顶聚集成蝎尾式总状花序，偏于一侧；花萼筒状钟形，密被细腺毛及长柔毛，果时增大成壶状，基部圆形与果贴近；花冠钟状，土黄色，有紫色网纹，先端 5 浅裂；子房近球形。蒴果卵球状，中部稍上处盖裂，藏于宿萼内。

用途：种子入中药和蒙药；叶可作提制莨菪碱的原料；种子油供制肥皂、油漆。

天仙子 *Hyoscyamus niger* L.

曼陀罗属 *Datura* L.

曼陀罗 *Datura stramonium* L.

别名：耗子阎王。

鉴别特征：多年生中生草本。茎粗壮，平滑。单叶互生，宽卵形，长边缘有不规则波状浅裂，两面脉上及边缘均有疏生短柔毛。花单生于茎枝分叉处或叶腋，直立；花萼筒状，有5棱角；花冠漏斗状，花冠管具5棱，下部淡绿色，上部白色或紫色，5裂，裂片先端具短尖头；雄蕊不伸出花冠管外，花丝呈丝状，下部贴生于花冠管上，雌蕊与雄蕊等长或稍长，子房卵形，不完全4室，花柱丝状，柱头头状而扁。蒴果直立，卵形，成熟时由顶端向下作规则的4瓣裂，通常果实上部的刺较长，下部者较短。种子近卵圆形而稍扁。

用途：花入中药。

曼陀罗 *Datura stramonium* L.

玄参科
Scrophulariaceae

柳穿鱼属 *Linaria* Mill.

柳穿鱼 *Linaria vulgaris* Mill. subsp. *sinensis*（Bunge ex Debeaux）D. Y. Hong

鉴别特征：多年生旱中生草本。主根细长，黄白色。茎直立，单一或有分枝。叶条形至披针状条形，具 1 条脉，极少 3 脉。花萼裂片 5，披针形，少卵状披针形。总状花序顶生，花多数，花序轴、花梗、花萼有少量短腺毛；苞片披针形，花萼裂片 5，披针形，少卵状披针形；花冠黄色，距向外方略上弯呈弧曲状，末端细尖。蒴果卵球形。种子黑色，圆盘状，具膜质翅，中央具瘤状凸起。

用途：全草入中药和蒙药；花美丽，可供观赏。

柳穿鱼 *Linaria vulgaris* Mill. subsp. *sinensis*（Bunge ex Debeaux）D. Y. Hong

地黄属 *Rehmannia* Libosch. ex Fisch. et C. A. Mey.

地黄 *Rehmannia glutinosa*（Gaert.）Libosch. ex Fisch. et C. A. Mey.

鉴别特征：多年生旱中生草本，全株密被白色或淡紫褐色长柔毛及腺毛。叶通常基生，呈莲座状，倒卵形至长椭圆形，边缘具不整齐的钝齿至牙齿，叶面多皱，上面绿色，下面通常淡

地黄 *Rehmannia glutinosa*（Gaert.）Libosch. ex Fisch. et C. A. Mey.

紫色，被白色长柔毛和腺毛。总状花序顶生；花萼钟状或坛状，花冠筒状而微弯。蒴果卵形，表面具蜂窝状膜质网眼。

用途：根状茎入中药。

野胡麻属 *Dodartia* L.

野胡麻 *Dodartia orientalis* L.

别名：多德草、紫花草、紫花秧。

鉴别特征：多年生旱生草本，高 15～40 厘米，整株呈扫帚状，近基部被黄色膜质鳞片，幼嫩时疏被柔毛。叶疏生，茎下部叶对生或近对生，上部常互生，条形或宽条形，全缘或有疏齿，无柄。总状花序，花数朵疏离，着生于分枝顶端；花萼宿存，萼齿 5，花冠暗紫色或暗紫红色，2 唇形，雄蕊 4，二强，柱头 2 裂。蒴果圆球形。

用途：全草入中药。

野胡麻 *Dodartia orientalis* L.

脐草属 *Omphalothrix* Maxim.

脐草 *Omphalothrix longipes* Maxim.

鉴别特征：一年生中生草本，茎紫黑色，高 20～50 厘米，被贴伏而倒生的白色柔毛。叶对生，条状椭圆形至披针形，边缘胼胝质增厚，具疏齿，无柄。圆锥花序顶生；苞叶与叶同形，比叶小；花梗纤细，被倒生贴伏白色柔毛；花萼筒状钟形，果期稍增大，不等 4 裂，裂片卵状三角形，边缘有糙毛；花冠白色，上唇 2 浅裂，下唇 3 裂，雄蕊 4，二强。蒴果矩圆形，侧扁，室背开裂。

脐草 *Omphalotrix longipes* Maxim.

疗齿草属 *Odontites* Ludwig

疗齿草 *Odontites vulgaris* Moench

别名： 齿叶草。

鉴别特征： 一年生中生草本，高 10～40 厘米，全株被贴伏而倒生的白色细硬毛。茎上部四棱形，常在中上部分枝。叶有时上部的互生，无柄，披针形至条状披针形，边缘疏生锯齿。总状花序顶生，苞叶叶状；花梗极短，花萼钟状，4 等裂，裂片狭三角形，被细硬毛；花冠紫红色，外面被白色柔毛，上唇直立，略呈盔状，先端微凹或 2 浅裂，下唇开展，3 裂，裂片倒卵形，中裂片先端微凹，两侧裂片全缘；雄蕊与上唇略等长。蒴果矩圆形略扁，顶端微凹，扁侧面各有 1 条纵沟，被细硬毛，背室开裂；种子多数，卵形，褐色，有数条纵的狭翅。

用途： 地上部分入蒙药；中等饲用植物。

疗齿草 *Odontites vulgaris* Moench

马先蒿属 *Pedicularis* L.

红纹马先蒿 *Pedicularis striata* Pall.

别名： 细叶马先蒿。

鉴别特征： 多年生中生草本。叶片轮廓披针形，羽状全裂或深裂，边缘具胼胝质浅齿，上面疏被柔毛或近无毛，下面无毛。花序穗状，轴密被短毛；萼齿 5，侧生者两两结合成端有 2 裂的大齿，缘具卷毛；花冠黄色，具绛红色脉纹，盔镰状弯曲。蒴果卵圆形，具短凸尖。种子矩圆形，灰黑褐色。

用途： 全草入蒙药。

红纹马先蒿 *Pedicularis striata* Pall.

返顾马先蒿 *Pedicularis resupinata* L.

鉴别特征：多年生中生草本，高 30～70 厘米。须根多数，纤维状。茎中空，具 4 棱。叶具短柄，互生，叶片披针形至狭卵形，边缘具缺刻状的重齿，齿上白色胼胝明显，两面无毛或疏被毛。总状花序，苞片叶状，花具短梗；花萼长卵圆形，萼齿 2；花冠管状，淡紫红色，先端成短喙，下唇稍长于盔，3 裂；花丝前面 1 对有毛；柱头伸出于喙端。蒴果矩圆状披针形。

用途：全草入蒙药。

返顾马先蒿 *Pedicularis resupinata* L.

芯芭属 *Cymbaria* L.

达乌里芯芭 *Cymbaria dahurica* L.

别名：芯芭、大黄花、白蒿茶。

鉴别特征：多年生旱生草本，高4～20厘米，全株密被白色棉毛而呈银灰白色。根茎垂直或稍倾斜向下。叶披针形至条形，先端具1小刺尖头，白色棉毛尤以下面更密。萼筒通常有脉11条，萼齿5，钻形或条形；花药长倒卵形，纵裂，顶端钝圆，被长柔毛、子房卵形。蒴果革质，长卵圆形。种子卵形。

用途：全草入中药和蒙药。

达乌里芯芭 *Cymbaria dahurica* L.

蒙古芯芭 *Cymbaria mongolica* Maxim.

蒙古芯芭 *Cymbaria mongolica* Maxim.

别名：光药大黄花。

鉴别特征：多年生旱生草本，高5～8厘米，全株密被短柔毛，有时毛稍长，带绿色，根茎垂直向下，顶端常多头。叶矩圆状披针形至条状披针形。萼筒有脉棱11条，萼齿5，条形或钻状条形；花冠黄色，倒卵形；花药外露，通常顶部无毛或偶有少量长柔毛，倒卵形。蒴果革质，长卵圆形。种子长卵形，有密的小网眼。

用途：全草入中药和蒙药。

穗花属 *Pseudolysimachion* (W. D. J. Koch) Opiz

细叶穗花
Pseudolysimachion linariifolium
（ Pall. ex. Link ）Holub

鉴别特征：多年生草本，高 30～80 厘米。下部叶常对生，中、上部叶互生，条形或倒披针状条形。总状花序细长尾状，先端细尖；花梗短，长 2～4 毫米，被短毛；苞片细条形，短于花，被短毛；花萼筒长 1.5～2 毫米，4 深裂，裂片卵状披针形，有睫毛；花冠蓝色，4 裂，喉部有毛，花柱细长，柱头头状。蒴果卵球形，花柱与花萼宿存；种子卵形，棕褐色。

用途：全草入中药。

细叶穗花 *Pseudolysimachion linariifolium* （ Pall. ex. Link ）Holub

婆婆纳属 *Veronica* L.

婆婆纳 *Veronica polita* Fries

鉴别特征：一年生中生小草本。茎铺散，多分枝，高 10～25 厘米，多少被长柔毛。叶对生，心形至卵形，先端钝圆，基部浅心形或截形，边缘具钝齿，两面被白色长柔毛。总状花序长；苞片互生；叶状，有时下部的对生；花梗比苞片略短，果期伸长，常下垂；花萼 4 深裂，往往两侧不裂到底，裂片卵形，顶端急尖，果期稍增大，三出脉，微被短硬毛；花冠淡紫色、蓝色或粉色，裂片圆形至卵形；雄蕊比花冠短。蒴果强烈侧扁，近于肾形，密被腺毛，略短于花萼。

用途：全草入中药；茎叶可食。

婆婆纳 *Veronica polita* Fries

北水苦荬 *Veronica anagallis-aquatica* L.

别名：水苦荬、珍珠草、秋麻子。

鉴别特征：多年生湿生草本，稀一年生，全株常无毛，稀在花序轴、花梗、花萼、蒴果上有疏腺毛。根状茎斜走，节上有须根。茎直立或基部倾斜，高 10~80 厘米，单一或有分枝。叶椭圆形或长卵形，全缘或有疏而小的锯齿，两面无毛。总状花序腋生；苞片狭披针形，比花梗略短；花萼 4 深裂，裂片卵状披针形，锐尖；花冠浅蓝色、淡紫色或白色，花药为紫色；子房无毛。蒴果近圆形或卵圆形，顶端微凹。

用途：果实带虫瘿的全草入中药和蒙药。

北水苦荬 *Veronica anagallis-aquatica* L.

水苦荬 *Veronica undulata* Wall. ex Jack

鉴别特征：多年生或一年生湿生草本，通常在茎、花序轴、花梗、花萼和蒴果上多少被大头针状腺毛。根状茎斜走，节上生须根。茎直立或基部倾斜，高 10～30 厘米，单一。叶对生，无柄，狭椭圆形或条状披针形。总状花序腋生；花冠浅蓝色或淡紫色。蒴果近圆球形。

用途：果实带虫瘿的全草入中药和蒙药。

水苦荬 *Veronica undulata* Wall. ex Jack

紫葳科
Bignoniaceae

角蒿属 *Incarvillea* Juss.

角蒿 *Incarvillea sinensis* Lam.

别名：透骨草。

鉴别特征：一年生中生草本，高 30～80 厘米。茎直立，具黄色细条纹，被微毛。叶互生轮廓为菱形或长椭圆形，2～3 回羽状深裂或至全裂。花红色或紫红色，由 4～18 朵花组成的顶生总状花序，花梗短，密被短毛，苞片 1 和小苞片 2，密被短毛，丝状；花萼钟状，5 裂，裂片条状锥形，基部膨大，被毛，萼筒被毛；花冠筒状漏斗形，先端 5 裂，裂片矩圆形，里面有黄色斑点；雄蕊 4，着生于花冠中部以下，花丝无毛，花药 2 室，室水平叉开，被短毛，近药基部及室的两侧，各具 1 硬毛；雌蕊着生于扁平的花盘上，密被腺毛，花柱无毛，柱头扁圆形。蒴果长角状弯曲，熟时瓣裂。种子褐色，具翅，白色膜质。

用途：地上部分入中药，种子和全草入蒙药。

角蒿 *Incarvillea sinensis* Lam.

角蒿 *Incarvillea sinensis* Lam.

黄花角蒿 *Incarvillea sinensis* Lam.
var. *przewalskii* (Batal.) C. Y. Wu et W. C. Yin

鉴别特征：一年生中生草本，高 30～80 厘米。茎直立，具黄色细条纹，被微毛。叶互生轮廓为菱形或长椭圆形，2～3 回羽状深裂或至全裂。花乳黄白色，由 4～18 朵花组成的顶生总状花序。蒴果长角状弯曲，熟时瓣裂。种子褐色，具翅，白色膜质。

黄花角蒿 *Incarvillea sinensis* Lam. var. *przewalskii* (Batal.) C. Y. Wu et W. C. Yin

列当科
Orobanchaceae

列当属 *Orobanche* L.

列当 *Orobanche coerulescens* Steph.

别名：兔子拐棍、独根草。

狸藻科

Lentibulariaceae

狸藻属 *Utricularia* L.

弯距狸藻 *Utricularia vulgaris* L. subsp. *macrorhiza*（Le Conte）R. T. Clausen

鉴别特征： 多年生食虫水生草本，无根；茎柔软，多分枝，成较粗的绳索状，长40～厘米，横生于水中。叶互生，紧密，叶片轮廓卵形、矩圆形或卵状椭圆形，具许多捕虫花两性，两侧对称，在花葶上部有5～11朵花形成疏生总状花序；花冠唇形，黄色，假面花丝宽，花药卵形，1室；几无花柱，柱头2裂，不相等，圆形，膜质。蒴果球形，成熟瓣裂，外有宿存花萼包被，下垂。种子小，多数，椭圆形或圆柱形，有皱纹状角棱。

弯距狸藻 *Utricularia vulgaris* L. subsp. *macrorhiza*（Le Conte）R. T. Clausen

主要特征：二年生或多年生根寄生草本，高 10～35 厘米，全株被蛛丝□
卵状披针形，黄褐色。穗状花序顶生；花冠 2 唇形，蓝紫色或淡紫色，稀□
弯曲，上唇宽阔，顶部微凹，下唇 3 裂，中裂片较大；雄蕊着生于花冠管的□
用途：全草入中药和蒙药。

列当 *Orobanche coerulescens* Steph.

黄花列当 *Orobanche pycnostachya Hanc*

别名：独根草。
主要特征：二年生或多年生根寄生草本，高 12～34 厘米，全株密被□
披针形或条状披针形，长 10～20 毫米，黄褐色，先端尾尖。穗状花序顶□
唇形，黄色，花冠筒中部稍弯曲，密被腺毛；雄蕊二强，花药被柔毛，花□
用途：全草入中药和蒙药。

黄花列当 *Orobanche pycnostachya* Hance

主要特征： 二年生或多年生根寄生草本，高 10～35 厘米，全株被蛛丝状绵毛。叶鳞片状，卵状披针形，黄褐色。穗状花序顶生；花冠 2 唇形，蓝紫色或淡紫色，稀淡黄色；管部稍向前弯曲，上唇宽阔，顶部微凹，下唇 3 裂，中裂片较大；雄蕊着生于花冠管的中部，花药无毛。

用途： 全草入中药和蒙药。

列当 *Orobanche coerulescens* Steph.

黄花列当 *Orobanche pycnostachya* Hance

别名： 独根草。

主要特征： 二年生或多年生根寄生草本，高 12～34 厘米，全株密被腺毛。叶鳞片状，卵状披针形或条状披针形，长 10～20 毫米，黄褐色，先端尾尖。穗状花序顶生，具多数花；花冠 2 唇形，黄色，花冠筒中部稍弯曲，密被腺毛；雄蕊二强，花药被柔毛，花丝基部稍被腺毛。

用途： 全草入中药和蒙药。

黄花列当 *Orobanche pycnostachya* Hance

狸藻科
Lentibulariaceae

狸藻属 *Utricularia* L.

弯距狸藻 *Utricularia vulgaris* L. subsp. *macrorhiza*（Le Conte）R. T. Clausen

鉴别特征：多年生食虫水生草本，无根；茎柔软，多分枝，成较粗的绳索状，长 40～60 厘米，横生于水中。叶互生，紧密，叶片轮廓卵形、矩圆形或卵状椭圆形，具许多捕虫囊；花两性，两侧对称，在花葶上部有 5～11 朵花形成疏生总状花序；花冠唇形，黄色，假面状，花丝宽，花药卵形，1 室；几无花柱，柱头 2 裂，不相等，圆形，膜质。蒴果球形，成熟时 2 瓣裂，外有宿存花萼包被，下垂。种子小，多数，椭圆形或圆柱形，有皱纹状角棱。

弯距狸藻 *Utricularia vulgaris* L. subsp. *macrorhiza*（Le Conte）R. T. Clausen

车前科
Plantaginaceae

车前属 *Plantago* L.

条叶车前 *Plantago minuta* Pall.

别名：来森车前、细叶车前。

鉴别特征：一年生旱生草本，高 4～19 厘米，全株密被长柔毛。叶无柄；叶片条形或狭条形。穗状花序卵形或椭圆形，长 6～15 毫米，花密生，苞片宽卵形或三角形，被长柔毛，先端尖，短于萼片，中央龙骨状凸起较宽，黑棕色；花萼裂片宽卵形或椭圆形，被长柔毛，龙骨状凸起显著；花冠裂片狭卵形，边缘有细锯齿。蒴果卵圆形或近球形，果皮膜质，盖裂；种子 2，椭圆形或矩圆形，黑棕色。

条叶车前 *Plantago minuta* Pall.

盐生车前 *Plantago maritima* L. subsp. *ciliata* Printz.

鉴别特征：多年生耐盐中生草本。根粗壮，根茎处通常有分枝，并有残余叶片和叶鞘。叶基生，多数，直立或平铺地面，条形或狭条形，全缘，无毛，基部具宽三角形叶鞘，无叶柄。花葶少数，直立或斜升，密被短伏毛；穗状花序圆柱形，有多数花，上部较密，下部较疏；苞片卵形或三角形，边缘有疏短睫毛，具龙骨状凸起；花萼裂片椭圆形，被短柔毛，边缘膜质，有睫毛，龙骨状凸起较宽；花冠裂片卵形或矩圆形，边缘膜质，白色，有睫毛；花药淡黄色。蒴果圆锥形，在中下部盖裂；种子 2，矩圆形。

盐生车前 *Plantago maritima* L. subsp. *ciliata* Printz.

盐生车前 *Plantago maritima* L. subsp. *ciliata* Printz

平车前 *Plantago depressa* Willd.

别名：车前草、车轱辘菜、车串串。

鉴别特征：一、二年生中生草本；叶基生，直立或平铺，椭圆形至披针形，基部狭楔形且下延，弧形纵脉5～7条；叶柄基部具较长且宽的叶鞘。穗状花序圆柱形，苞片和萼裂片三角状卵形，背部具绿色龙骨状凸起，边缘膜质；花冠裂片卵形或三角形。蒴果圆锥形，褐黄色，成熟时在中下部盖裂；种子矩圆形，黑棕色，光滑。

用途：种子及全草入中药。

平车前 *Plantago depressa* Willd.

大车前 *Plantago major* L.

鉴别特征：多年生中生草本。根状茎短粗，具多数棕褐色或灰褐色须根。叶基生，宽卵形或宽椭圆形，边缘全缘或具微波状钝齿，两面近无毛或被疏短柔毛，具3～7条弧形脉。穗状花序圆柱形，花无梗，苞片卵形，较萼片短或近于等长，花萼无柄，裂片宽椭圆形或椭圆形，先端钝，边缘白色膜质，背部龙骨状凸起宽而呈绿色；花冠裂片椭圆形或卵形，先端通常略钝，反卷，淡绿色。蒴果圆锥形或卵形，成熟时在中下部盖裂。种子矩圆形或椭圆形。

用途：全草和种子入中药。

大车前 *Plantago major* L.

车前 *Plantago asiatica* L.

别名：大车前、车轱辘菜、车串串。

鉴别特征：多年生中生草本，具须根。叶基生，椭圆形至宽卵形，边缘近全缘、波状或有疏齿至弯缺，两面无毛或被疏短柔毛，有5～7条弧形脉；叶柄被疏短毛，基部扩大成鞘。花葶少数，直立或斜升，被疏短柔毛；穗状花序圆柱形，具多花，上部较密集；苞片宽三角形，较花萼短，背部龙骨状凸起宽而呈暗绿色；花萼具短柄，裂片倒卵状椭圆形或椭圆形，边缘白色膜质；花冠裂片披针形或长三角形，反卷，淡绿色。蒴果椭圆形或卵形。种子矩圆形。

用途：种子及全草入中药和蒙药。

车前 *Plantago asiatica* L.

茜草科
Rubiaceae

拉拉藤属 *Galium* L.

蓬子菜 *Galium verum* L.

别名：松叶草。

鉴别特征：多年生中生草本，近直立，基部稍木质。地下茎横走，暗棕色。茎具 4 纵棱，被短柔毛。叶 6～8（～10）片轮生，条形或狭条形，先端尖，基部稍狭，上面深绿色，下面灰绿色，两面均无毛，中脉 1 条，背面凸起，边缘反卷，无毛；无柄。聚伞圆锥花序顶生或上部叶腋生；花小，黄色，具短梗，被疏短柔毛；萼筒无毛；花冠裂片 4，卵形，雄蕊 4，花柱 2 裂至中部，柱头头状。果小，近球形，无毛。

用途：全草入中药；茎可提取绛红色染料；植株上部分含硬性橡胶可作工业原料。

蓬子菜 *Galium verum* L.

茜草属 *Rubia* L.

茜草 *Rubia cordifolia* L.

别名：红丝线、粘粘草。

鉴别特征：多年生中生攀援草本。根紫红色或橙红色。茎粗糙，基部稍木质化；小枝四棱形，棱上具倒生小刺。叶4～6（～8）片轮生，纸质，卵状披针形或卵形，全缘，边缘具倒生小刺，上面粗糙或疏被短硬毛，下面疏被刺状糙毛，脉上有倒生小刺，基出脉3～5条；叶柄沿棱具倒生小刺。聚伞花序顶生或腋生，通常组成大而疏松的圆锥花序；小苞片披针形；花小，黄白色，具短梗；花萼筒近球形，无毛；花冠辐状，筒部极短，裂片5，长圆状披针形；雄蕊5，花丝极短，花药椭圆形；花柱2深裂，柱头头状。果实近球形，橙红色，熟时不变黑。

用途：根入中药和蒙药；根含茜根酸、紫色精和茜素，可作染料。

茜草　*Rubia cordifolia* L.

黑果茜草 *Rubia cordifolia* L. var. *pratensis* Maxim.

别名：红丝线、粘粘草。

鉴别特征：多年生中生攀援草本。茎粗糙，基部稍木质化；小枝四棱形，棱上具倒生小刺。叶纸质，卵状披针形或

黑果茜草　*Rubia cordifolia* L. var. *pratensis* Maxim.

卵形。聚伞花序顶生或腋生，通常组成大而疏松的圆锥花序。花小，黄白色，具短梗；花萼筒近球形，无毛；花冠辐状。果实近球形。果熟时为黑色或黑紫色。

野丁香属 *Leptodermis* Wall.

内蒙古野丁香 *Leptodermis ordosica* H. C. Fu et E. W. Ma

鉴别特征：旱生小灌木，多分枝，密被乳头状微毛。叶对生或假轮生，椭圆形至狭长椭圆形，全缘，常反卷，近无毛；叶柄短，密被乳头状微毛；托叶三角状卵形，边缘具缘毛，较叶柄稍长。花近无梗，1～3 朵簇生于叶腋或枝顶；小苞片 2 枚，通常在中部合生，先端尾状渐尖，边缘疏生睫毛，外面散生白色短条纹；花萼裂片比萼筒稍短，矩圆状披针形，有睫毛；花冠长漏斗状，紫红色，外面密被乳头状微毛，里面被疏柔毛，裂片 4～5，卵状披针形；雄蕊 4～5；柱头 3，条形。蒴果椭圆形，黑褐色。种子矩圆状倒卵形，黑色。

内蒙古野丁香 *Leptodermis ordosica* H. C. Fu et E. W. Ma

忍冬科
Caprifoliaceae

忍冬属 *Lonicera* L.

小叶忍冬 *Lonicera microphylla* Willd. ex Schult.

别名：麻配。

鉴别特征：旱中生阳性灌木。叶小，倒卵形至矩圆形。总花梗单生叶腋，被疏毛，下垂；相邻两花的萼筒几乎全部合生，光滑无毛，萼具不明显 5 齿牙，萼檐呈杯状；花黄白色，外被疏毛或光滑，内被柔毛，花冠 2 唇形，4 浅裂，裂片矩圆形，边缘具毛，外被疏柔毛，下唇 1 裂，长椭圆形，边缘具毛，花冠筒基部具浅囊；雄蕊 5，着生花冠筒中部，花药长椭圆形，花丝基部被疏柔毛，稍伸出花冠，花柱中部以下被长毛。浆果橙红色，球形。

用途：可作水土保持及园林绿化树种。

小叶忍冬 *Lonicera microphylla* Willd. ex Schult.

葱皮忍冬 *Lonicera ferdinandii* Franch.

别名：秦岭金银花。

鉴别特征：中生灌木。冬芽细长，具2枚舟形外鳞片。茎基部具鳞片状残留物。叶卵形至卵状披针形，边缘具睫毛，全缘或具浅波状，两面疏生刚毛和粗硬毛。总花梗短，与叶柄几等长，具密腺状粗硬毛；苞片披针形至卵形，边缘具长纤毛；小苞片合生成坛状壳斗，包围全部子房。花冠黄色，被柔毛和腺毛，灰黄色，上唇4裂，裂片圆形，下唇矩圆形，后反卷；萼齿直立，卵状三角形，具密纤毛；雄蕊伸出花冠，花丝光滑或散生柔毛；花柱上部具长柔毛，花托密被毡毛状长柔毛。浆果红色，被细柔毛，卵形；种子卵形，被密蜂窝状小点。

用途：可作庭园绿化及水土保持树种。

葱皮忍冬 *Lonicera ferdinandi* Franch.

猬实属 *Kolkwitzia* Graebn.

猬实 *Kolkwitzia amabilis* Graebn.

鉴别特征：直立中生灌木，高可达3米。叶椭圆形至卵状椭圆形，叶片上面深绿色，两面散生短毛，花梗几不存在；苞片披针形，花冠淡红色，花药宽椭圆形；花柱有软毛，果实黄色。

用途：可作庭园绿化及水土保持树种。

猬实 *Kolkwitzia amabilis* Graebn.

败酱科
Valerianaceae

败酱属 *Patrinia* Juss.

糙叶败酱 *Patrinia scabra* Bunge

鉴别特征：多年生中旱生草本，植株高 30～60 厘米。茎生叶裂片窄，中央裂片较长大，倒披针形，两侧裂片镰状条形；花较大，直径约 6 毫米。花序最下分枝处总苞条形，不裂或仅具 1（2）对条形侧裂片；瘦果倒卵圆球形，长 5.5 毫米以上，背部贴生卵圆形或圆形膜质苞片，网脉常具 2 条主脉。

糙叶败酱 *Patrinia scabra* Bunge

墓头回 *Patrinia heterophylla* Bunge

别名：异叶败酱。

鉴别特征：多年生中旱生草本，具地下横走根状茎。茎直立，被微糙伏毛。基生叶丛生，具柄，不裂至羽状深裂或全裂，具2～4（5）对侧裂片，裂片矩圆形至披针形，顶端裂片常较大；茎生叶对生，羽状全裂，侧裂片（2）3～5对，顶生叶片卵形至条状披针形，两面疏被粗糙毛。花黄色，顶生伞房状聚伞花序，被糙毛，总花梗下苞叶条形至条状狭披针形，不裂，萼齿5，圆波状；花冠筒状钟形，先端5裂，基部一侧具浅囊；雄蕊4；柱头圆盾状。瘦果矩圆形或倒卵形，顶端平截；翅状果苞干膜质，倒卵形至倒卵状椭圆形，网状脉常具2主脉。

用途：根或全草入中药。

墓头回 *Patrinia heterophylla* Bunge

缬草属　*Valeriana* L.

西北缬草　*Valeriana tangutica* Batal.

别名：小缬草。

鉴别特征：多年生中生草本，全株无毛，高8～30厘米。叶小形，基生叶丛生，羽状全裂，顶端叶裂片大，心状卵形或近于圆形，两侧裂片1～3对，显著小于顶生裂片，近圆形，具长柄；茎生叶2对，对生，3～7深裂，裂片条形，先端尖。伞房状聚伞花序，苞片条形，全缘；花冠白色，细筒状漏斗形，先端5裂，裂片倒卵圆形；雄蕊长于裂片；子房狭椭圆形，无毛。果实平滑，顶端有羽毛状宿萼。

用途：根及根状茎入蒙药。

西北缬草　*Valeriana tangutica* Batal.

川续断科
Dipsacaceae

川续断属　*Dipsacus* L.

日本续断　*Dipsacus japonicus* Miq.

鉴别特征：多年生中生草本。茎高65厘米至1米以上，中空，具4～6棱，棱上具稀疏钩刺。茎生叶对生，常 3～5 羽裂，长椭圆形。头状花序顶生，圆球形；总苞片条形，具白色刺毛；花萼被白色柔毛；花冠管长 5～8 毫米，外被白色柔毛；雄蕊 4，稍伸出花冠外；子房包于囊状小总苞内，小总苞具 4 棱，长 5～6 毫米，被白色短毛，顶端具 8 齿。

日本续断 *Dipsacus japonicus* Miq.

桔梗科
Campanulaceae

沙参属 *Adenophora* Fisch.

狭叶沙参 *Adenophora gmelinii*（Beihler）Fisch.

鉴别特征：多年生旱中生草本。茎直立，高 40～60 厘米，单一或自基部抽出数条，无毛或被短硬毛。茎生叶互生，集中于中部，狭条形或条形。花序总状或单生；花萼裂片 5；花冠蓝

狭叶沙参 *Adenophora gmelinii*（Beihler）Fisch.

紫色，花盘短筒状，长 2～3 毫米，被疏毛或无毛；花柱内藏，短于花冠。蒴果椭圆；种子椭圆形，黄棕色，有 1 条翅状棱。

多歧沙参 *Adenophora wawreana* A. Zahlbr.

别名： 瓦氏沙参。

鉴别特征： 多年生旱中生草本。茎直立，高 50～100 厘米，被向下的短硬毛或近无毛。茎生叶互生，卵形、菱状卵形或狭卵形。圆锥花序大，多分枝，花多数；花萼无毛，裂片 5，条状钻形，平展或稍反卷，常具 1～2 对狭长齿，少为疣状齿；花冠蓝紫色或浅蓝紫色，钟状，5 浅裂，无毛；雄蕊 5，花药黄色，条形，花丝下部加宽，边缘密被柔毛；花盘短筒状；花柱伸出或与花冠近等长。

多歧沙参 *Adenophora wawreana* A. Zahlbr.

宁夏沙参 *Adenophora ningxianica* D. Y. Hong ex S. Ge et D. Y. Hong

鉴别特征： 多年生旱中生草本，高 13～30 厘米。茎自根状茎上生出数条，丛生，不分枝，无毛或被短硬毛。茎生叶互生，常披针形。花序无分枝，顶生或腋生，数朵花集成假总状花序；花梗纤细；花萼无毛，萼筒倒卵形；花冠钟状，蓝色或蓝紫色；花盘短筒状，无毛；花柱稍长于花冠。蒴果长椭圆状；种子黄色，椭圆状，稍扁，有 1 条翅状棱。

宁夏沙参 *Adenophora ningxianica* D. Y. Hong ex S. Ge et D. Y. Hong

长柱沙参 *Adenophora stenanthina*（Ledeb.）Kitag.

鉴别特征：多年生旱中生草本。茎直立，有时数条丛生，高30～80厘米，密生极短糙毛。基生叶早落；茎生叶互生，条形，全缘。圆锥花序顶生，多分枝，无毛；花下垂；花萼无毛，裂片5，钻形；花冠蓝紫色，筒状坛形，5浅裂，裂片下部略收缢；雄蕊与花冠近等长；花盘长筒状，无毛或具柔毛，花柱明显超出花冠约1倍。

长柱沙参 *Adenophora stenanthina*（Ledeb.）Kitag.

皱叶沙参 *Adenophora stenanthina*（Ledeb.）Kitag. var. *crispata*（Korsh.）Y. Z. Zhao

鉴别特征：多年生旱中生草本。茎直立，有时数条丛生，高30～80厘米，密生极短糙毛。叶披针形至卵形，长1.2～4厘米，宽5～15毫米，边缘具深刻而尖锐的皱波状齿。圆锥花序顶生，多分枝，无毛；花下垂；花萼无毛，裂片5，钻形；花冠蓝紫色，筒状坛形，5浅裂，裂片下部略收缢；雄蕊与花冠近等长；花盘长筒状；花柱明显超出花冠。

皱叶沙参 *Adenophora stenanthina*（Ledeb.）Kitag. var. *crispata*（Korsh.）Y. Z. Zhao

菊 科
Asteraceae

狗娃花属 *Heteropappus* Less.

阿尔泰狗娃花 *Heteropappus altaicus*（Willd.）Novopokr.

别名： 阿尔泰紫菀。

鉴别特征： 多年生中旱生草本，高 20～40 厘米，全株被弯曲短硬毛和腺点。根多分歧，黄色或黄褐色。茎多由基部分枝，斜升，也有茎单一而不分枝或由上部分枝者。叶疏生或密生。条形、条状矩圆形、披针形、倒披针形或近匙形，先端钝或锐尖，基部渐狭，无叶柄，全缘；上部叶渐小。头状花序直径 2～3 厘米；总苞片草质，边缘膜质；舌状花淡蓝紫色。瘦果倒卵形，被绢毛，冠毛污白色或红褐色，为不等长的糙毛状。

用途： 全草及根入中药，花入蒙药；中等饲用植物。

阿尔泰狗娃花 *Heteropappus altaicus*（Willd.）Novopokr.

紫菀属 *Aster* L.

紫菀 *Aster tataricus* L.

别名： 青菀。

鉴别特征： 多年生中生草本，植株高达 1 米，根茎短。茎直立，粗壮，单一，常带紫红色，具纵沟棱，疏生硬毛，基部被深褐色纤维状残片。基生叶大型，椭圆状或矩圆状匙形，基部延长成具翅的叶柄，边缘具小凸尖的牙齿，两面疏生短硬毛；下部叶及中部叶椭圆状匙形至倒披针形，先端常具小尖头，边缘有锯齿或近全缘，两面有短硬毛；上部叶狭小，披针形至条形，两端尖，无柄，全缘，两面被短硬毛。头状花序，多数在茎顶排列成复伞房状，总花梗密被硬毛，舌状花蓝紫色，管状花紫褐色。瘦果紫褐色，冠毛污白色或带红色，与管状花等长。

用途：根及根茎入中药，花入蒙药。

紫菀 *Aster tataricus* L.

紫菀木属 *Asterothamnus* Novopokr.

中亚紫菀木 *Asterothamnus centraliasiaticus* Novopokr.

鉴别特征：超旱生半灌木，植株高 20～40 厘米。下部多分枝，腋芽卵圆形。叶近直立或稍开展，矩圆状条形或近条形，边缘反卷，两面密被蛛丝状绵毛。头状花序在枝顶排列成疏伞房状，总花梗细长；总苞宽倒卵形，总苞片外层者卵形或卵状披针形，先端锐尖，内层者矩圆形，先端稍尖或钝，上端通常紫红色，背部被密或疏的蛛丝状短绵毛；舌状花淡蓝紫色，7～10 朵，管状花 11～16 朵。瘦果倒披针形。冠毛白色，与管状花冠等长。

用途：优等饲用植物。

中亚紫菀木 *Asterothamnus centraliasiaticus* Novopokr.

碱菀属 *Tripolium* Nees

碱菀 *Tripolium pannonicum*（Jacq.）Dobr.

别名：金盏菜、铁杆蒿、灯笼花。

鉴别特征：一年生中生草本，高 10～60 厘米。茎直立，具纵条棱，下部带红紫色，单一或上部分枝。叶多少肉质，下部叶矩圆形或披针形，有柄；中部叶条形或条状披针形，基部渐狭，无柄；上部叶渐变狭小，条形或条状披针形。头状花序，总苞倒卵形，总苞片 2～3 层，肉质，外层边缘红紫色，有微毛，内层有缘毛；舌状花雌性，蓝紫色，管状花两性，药顶端无附片，基部钝；花柱分枝宽厚或伸长。瘦果狭矩圆形，有厚边肋，两面各有 1 细肋，无毛或被疏毛。冠毛多层，白色或浅红色，微粗糙，花时比管状花短。瘦果狭矩圆形，有厚边肋。

碱菀 *Tripolium pannonicum*（ **Jacq.** ）**Dobr.**

短星菊 *Brachyactis ciliata* Ledeb.

短星菊属 *Brachyactis* Ledeb.

短星菊 *Brachyactis ciliata* Ledeb.

鉴别特征：一年生中生草本，高 10～50 厘米。茎红紫色，具纵条棱，疏被弯曲柔毛。叶条状披针形或条形，基部半抱茎，边缘有软骨质缘毛，粗糙，两面无毛，有时具疏齿。头状花序排列成具叶的圆锥状花序；总苞片 3 层；条状倒披针形，外层者稍短，内层者较长，先端锐尖，背部无毛，边缘有睫毛；舌状花淡紫红色，管状花黄色。瘦果圆柱形，冠毛糙毛状。

白酒草属 *Conyza* Less.

小蓬草 *Conyza canadensis*（L.）Cronq.

别名：小飞蓬、加拿大飞蓬、小白酒。

鉴别特征：一年生中生草本，高 50～100 厘米。根圆锥形。茎直立，具纵条棱，淡绿色，疏被硬毛，上部多分枝。叶条状披针形或矩圆状条形，全缘或具微锯齿，两面及边缘疏被硬毛，无明显叶柄。头状花序直径 3～8 毫米，有短梗，在茎顶密集成长形的圆锥状或伞房式圆锥状，总苞片条状披针形，外层者短，内层者较长，先端渐尖，背部近无毛或疏生硬毛；舌片条形，先端不裂，淡紫色。瘦果矩圆形，有短伏毛。

用途：全草入中药。

小蓬草 *Conyza canadensis*（L.）Cronq.

花花柴属 *Karelinia* Less.

花花柴 *Karelinia caspia*（Pall.）Less.

别名：胖姑娘。

花花柴 *Karelinia caspia*（Pall.）Less.

鉴别特征：多年生肉质旱中生草本，高50～100厘米。茎直立，粗壮，中空，多分枝，小枝有沟或多角形，密被糙硬毛，老枝无毛，有疣状凸起。叶质厚，卵形、矩圆状卵形、矩圆形或长椭圆形，有圆形或戟形小耳，抱茎，全缘或具不规则的短齿。两面被糙硬毛或无毛。头状花序，3～7个在茎顶排列成伞房式聚伞状；花序托平，有托毛；有异形小花，紫红色或黄色；两性花花冠细管状，上端有5裂片，花药顶端钝，基部有小尖头；花柱分枝短，顶端尖。瘦果圆柱形，具4～5棱，深褐色，无毛。

火绒草属 *Leontopodium* R. Br.

长叶火绒草 *Leontopodium junpeianum* Kitam.

别名：兔耳子草。

鉴别特征：多年生旱中生草本，植株高10～45厘米。根状茎分枝短，有顶生的莲座状叶丛，或分枝长，有叶鞘和多数近丛生的花茎。花茎被白色疏柔毛或密绵毛，细弱或粗壮。基生叶莲座状叶狭匙形，中部叶直立，条形至舌状条形，先端锐尖或近圆形，有小尖头，两面被密或疏的白色长柔毛或绵毛。苞叶多数，卵状披针形或条状披针形，上面或两面被白色长柔毛状绵毛。头状花序3至10余个密集；总苞被长柔毛，总苞片约3层，椭圆状披针形；雄花花冠管形漏斗状，雌花花冠丝形管状。瘦果椭圆形被短粗毛或无毛。

用途：全草入蒙药。

长叶火绒草 *Leontopodium junpeianum* Kitam.

火绒草 *Leontopodium leontopodioides*（Willd.）Beauv.

别名：火绒蒿、老头草、老头艾、薄雪草。

鉴别特征：多年生旱生草本，高10～40厘米。根状茎粗壮，为枯萎的短叶鞘所包裹，有多数簇生的花茎和根出条。茎直立或稍弯曲，较细，不分枝，被灰白色长柔毛或白色近绢状毛。叶条形或条状披针形，下面被白色或灰白色密绵毛，无柄。苞叶少数，矩圆形或条形，雄株多少开展成苞叶群，雌株散生不排列成苞叶群。头状花序密集或排列成伞房状；总苞片4层；雄花花冠漏斗状，雌花花冠丝状。瘦果矩圆形，有乳头状突起或微毛；冠毛白色，基部稍黄色，雄花冠毛上端不粗厚，有毛状齿。

用途：地上部分入中药，全草入蒙药。

火绒草 *Leontopodium leontopodioides*（Willd.）Beauv.

旋覆花属 *Inula* L.

欧亚旋覆花 *Inula britannica* L.

别名：旋覆花、大花旋覆花、金沸草。

鉴别特征：多年生中生草本，高 20～70 厘米。根状茎短，横走或斜升。茎直立，单生或 2～3 个簇生，具纵沟棱，被长柔毛，上部有分枝，稀不分枝。基生叶和下部叶在花期常枯萎，长椭圆形或披针形，下部渐狭成短柄或

欧亚旋覆花 *Inula britannica* L.

长柄；中部叶长椭圆形，先端锐尖或渐尖，基部宽大，无柄，心形或有耳，半抱茎，边缘有具小尖头的疏浅齿或近全缘，上面无毛或被疏伏毛，下面密被伏柔毛和腺点，中脉与侧脉被较密的长柔毛；上部叶渐小。头状花序 1～5 个生于茎顶或枝端，苞叶条状披针形；总苞半球形；舌状花黄色，舌片条形，与管状花冠等长。瘦果有浅沟，被短毛冠毛1层，白色。

用途： 花序入中药和蒙药。

旋覆花 *Inula japonica* Thunb.

鉴别特征： 多年生中生草本，高 20～70 厘米。茎中部叶为披针形或矩圆状披针形，基部多少狭窄，有半抱茎的小耳，下面和总苞片被疏伏毛或短柔毛；头状花序 4～10 余个，直径 3～4 厘米。瘦果具细沟。

旋覆花 *Inula japonica* Thunb.

蓼子朴 *Inula salsoloides*（Turcz.）Ostenf.

别名： 绞蛆爬、秃女子草、黄喇嘛、沙地旋覆花。

鉴别特征： 多年生旱生草本，高 15～45 厘米。根状茎横走，木质化，具膜质鳞片状叶。茎直立、斜升或平卧；圆柱形，基部稍木质，有纵条棱，由基部向上多分枝，枝细，常弯曲，被糙硬毛混生长柔毛和腺点。叶披针形或矩圆状条形，基部心形或有小耳，半抱茎，全缘，边缘平展或稍反卷，稍肉质，上面无毛，下面被长柔毛和腺点，有时两面均被或疏或密的长柔毛和腺点。头状花序，总苞倒卵形，总苞片 4～5 层；舌状花舌片浅黄色，椭圆状条形。瘦果具多数细沟，被腺体；冠毛白色，约与花冠等长。

用途： 花及全草入中药；兽医用作除虫剂；固沙植物。

蓼子朴 *Inula salsoloides*（Turcz.）Ostenf.

苍耳属 *Xanthium* L.

苍耳 *Xanthium strumarium* L.

别名：菓耳、苍耳子、老苍子、刺儿苗。

鉴别特征：一年生中生田间杂草，植株高 20～60 厘米。茎直立，粗壮，下部圆柱形，上部有纵沟棱，被白色硬伏毛，不分枝或少分枝。叶三角状卵形或心形，边缘有缺刻及不规则的粗锯齿，具三基出脉，上面绿色，下面苍绿色，两面均被硬状毛及腺点。雄花花冠钟状，近无梗，总苞片矩圆状披针形，雌花头状花序椭圆形，外层总苞片披针形，被短柔毛，内层总苞片宽卵形或椭圆形，成熟的具瘦果的总苞变坚硬，绿色、淡黄绿色或带红褐色。瘦果灰绿色。

用途：带总苞的果实入中药；种子可榨油，可掺和桐油制油漆；可作油墨、肥皂、油毡的原料；可制硬化油及润滑油。

苍耳 *Xanthium strumarium* L.

鬼针草属 *Bidens* L.

柳叶鬼针草 *Bidens cernua* L.

鉴别特征： 一年生湿中生草本，高 20～60 厘米。茎直立，近圆柱形，无毛或嫩枝上有疏毛，中上部分枝。叶对生，披针形或条状披针形，先端长渐尖，基部渐狭，半抱茎，无柄，边缘有疏锐锯齿，两面无毛，稍粗糙。头状花序单生于茎顶或枝端；开花时下垂，花序梗较长；总苞盘状，总苞片 2 层，条状披针形或叶状，被疏短毛；内层者膜质，椭圆形或倒卵形，先端锐尖或钝，背部有黑褐色纵条纹，具黄色薄膜质边缘，无毛；托片条状披针形，约与瘦果等长，膜质，先端带黄色，背部有数条褐色纵条纹，舌状花无性，舌片黄色，卵状椭圆形。瘦果狭楔形，棱上有倒刺毛。

柳叶鬼针草 *Bidens cernua* L.

狼杷草 *Bidens tripartita* L.

别名： 鬼针、小鬼叉。

鉴别特征： 一年生湿中生草本，高 20～50 厘米。茎直立或斜升，圆柱状或具钝棱而稍呈四方形。叶对生，通常 3～5 深裂，侧裂片披针形至狭披针形，两端渐尖，两者裂片均具不整齐疏锯齿，两面无毛或下面有极稀的短硬毛，有具窄翅的叶柄；中部叶极少有不分裂者，为长椭圆状披针形，或近基部浅裂成 1 对小裂片；上部叶较小，3 深裂或不分裂，披针形。头状花序单生，花序梗较长；总苞盘状，外层总苞片狭披针形或匙状倒披针形；内层者长椭圆形或卵状披针形，膜质，背部有褐色或黑灰色纵条纹，具透明而淡黄色的边缘；无舌状花，管状花顶端 4 裂。瘦果扁，倒卵状楔形，两侧有倒刺毛。

用途： 全草入中药。

狼杷草 *Bidens tripartita* L.

小花鬼针草 *Bidens parviflora* Willd.

别名： 一包针。

鉴别特征： 一年生中生草本，高 20～70 厘米。茎直立，通常暗紫色或红紫色，下部圆柱形，中上部钝四方形，具纵条纹。叶对生，2～3 回羽状全裂，小裂片具 1～2 个粗齿或再作第 3 回羽裂，最终裂片条形或条状披针形。头状花序单生茎顶和枝端，具长梗；无舌状花，管状花花冠 4 裂，总苞筒状，基部被短柔毛，外层总苞片 4～5，草质，条状披针形，先端渐尖；内层者常仅 1 枚，托片状。瘦果条形，稍具 4 棱，黑灰色，有短刚毛。顶端有芒刺 2，有倒刺毛。

用途： 全草入中药。

小花鬼针草 *Bidens parviflora* Willd.

春黄菊属 *Anthemis* L.

臭春黄菊 *Anthemis cotula* L.

鉴别特征： 一年生中生草本，高 10～30 厘米。茎直立，疏被伏贴或开展的柔毛或近无毛，上部呈伞房状分枝。叶卵形或卵状矩圆形，不规则 2 回羽状全裂，具软骨质小尖头，两面疏生长柔毛或短柔毛及腺点。头状花序总苞半球形；总苞片 3 层，边缘干膜质，淡褐色，背部疏被长柔毛及腺点，外层者披针形或近矩圆形，先端稍尖，内层者矩圆形，先端钝或尖；花序托圆锥形，上部具条状钻形的托片，比管状花短或与之等长；

臭春黄菊 *Anthemis cotula* L.

舌状花冠白色，舌片矩圆状椭圆形，管状花檐部及狭管部的基部稍膨大。瘦果陀螺形，黄白色，有钝瘤，无冠毛。

菊属 *Chrysanthemum* L.

甘菊
Chrysanthemum lavandulifolium（Fisch. ex Trautv.）Makino

别名： 岩香菊、少花野菊。

鉴别特征： 多年生中生草本，高 20～80 厘米，有横走的短或长的匍匐枝。茎直立，单一或少数簇生，挺直或稍呈"之"字形屈曲；疏或密被白色分叉短柔毛，多分枝。叶宽卵形至三角形，1～2 回羽状深裂，全缘或具缺刻状锯齿，叶具短柄，有狭翅，基部具羽裂状托叶。头状花序小，多数在茎枝顶端排列成复伞房状；总苞无毛或疏被微毛；舌状花冠鲜黄色，舌片长椭圆形。瘦果倒卵形，无冠毛。

甘菊 *Chrysanthemum lavandulifolium*（Fisch. ex Trautv.）Makino

女蒿属 *Hippolytia* Poljak.

女蒿 *Hippolytia trifida*（Turcz.）Poljak.

别名： 三裂艾菊。

鉴别特征： 强旱生小半灌木。根粗壮，木质，暗褐色。茎短缩，扭曲，树皮黑褐色，呈不规则条状剥裂或劈裂，老枝灰色或褐色，木质，枝皮干裂，由老枝上生出多数短缩的营养枝和细长的生殖枝；生殖枝细长，常弯曲，斜升，略具纵棱，灰棕色或灰褐色，全部枝密被银白色短绢毛。叶灰绿色，楔形或匙形，3 深裂或 3 浅裂，叶中部以下长渐狭；裂片短条形或矩圆状条形，先端钝，全缘，叶两面密被白色短绢毛，有腺点，下面主脉明显而隆起；最上部叶条状倒披针形，全缘。头状花序钟状或狭钟状，具短梗，4～8 个在茎顶排列成紧缩的伞房状；总苞片疏被长柔毛与腺点，先端钝圆，边缘宽膜质，外层者卵圆形，内层者矩圆形；管状花冠黄色。瘦果近圆柱形，黄褐色，无毛。

用途： 中等饲用植物。

女蒿 *Hippolytia trifida*（Turcz.）Poljak.

百花蒿属 *Stilpnolepis* Krasch.

百花蒿 *Stilpnolepis centiflora*（Maxim.）Krasch.

鉴别特征：一年生强旱生草本，有强烈的臭味。根粗壮，褐色。茎粗壮，被丁字毛，多分枝。叶稍肉质，狭条形，先端渐尖，两面被丁字毛或近无毛，下部或基部边缘有 2～3 对稀疏的、托叶状的羽状小裂片。头状花序半球形；下垂，单生于枝端，多数排列成疏散的复伞房状；总苞片 4～5 层，宽倒卵形，内外层近等长或外层稍短于内层，先端圆形，淡黄色，具光泽，全部膜质或边缘宽膜质，疏被长柔毛；花极多数，全部为结实的两性花，花冠高脚杯状，淡黄色，有棕色或褐色腺体；瘦果长棒状，肋纹不明显，密被棕褐色腺体。

百花蒿 *Stilpnolepis centiflora*（Maxim.）Krasch.

百花蒿 *Stilpnolepis centiflora*（Maxim.）Krasch.

亚菊属 *Ajania* Poljak.

蓍状亚菊 *Ajania achilloides*（Turcz.）Poljak. ex Grub.

别名：蓍状艾菊。

鉴别特征：强旱生小半灌木。根粗壮，木质，多弯曲。茎基部细长，木质，灰褐色或灰色，斜升或横走，沿地面茎部发出多数或少数垂直或倾斜的花枝和当年不育枝，不育枝短，顶端有密集的叶。叶灰绿色，基生叶花期枯萎脱落，2 回羽状全裂，小裂片狭条形或狭匙形，叶无柄或具短柄，基部常有狭条形假托叶；枝上部叶羽状全裂或不分裂；全部叶两面被绢状短柔毛及腺点。头状花序 5～10 个在枝端排列成束状伞房状，花冠细管状；两性花花冠管状，全部花冠黄色，外面有腺点。瘦果矩圆形，褐色。

用途：优等饲用植物。

蓍状亚菊 *Ajania achilloides*（Turcz.）Poljak. ex Grub.

灌木亚菊 *Ajania fruticulosa*（Ledeb.）Poljak.

别名： 灌木艾菊。

鉴别特征： 强旱生小半灌木。根粗长，木质，上部发出多数或少数直立或倾斜的花枝和当年不育枝。枝细长，灰绿色或绿色，基部木质，常发褐色、黄褐色至红色，具条棱，密被灰色贴伏的短柔毛或分叉短毛，上部多少作伞房状分枝。叶灰绿色，2 回掌状或掌式羽状 3～5 全裂，小裂片狭条形或条状矩圆形，先端钝或尖，叶无柄或具短柄，基部常有狭条形假托叶；枝上部叶 3～5 全裂或不分裂；全部叶两面被短柔毛或分叉短毛以及腺点。头状花序 3～25 个在枝端排列成伞房状；总苞钟状或宽钟形；花冠细管状，通常稍扁；两性花花冠管状，全部花冠黄色，外面有腺点。瘦果矩圆形，褐色。

用途： 优等饲用植物。

灌木亚菊 *Ajania fruticulosa*（Ledeb.）Poljak.

铺散亚菊 *Ajania khartensis*（Dunn）C. Shih

鉴别特征： 多年生旱生草本，高 10～30 厘米，全体密被灰白色绢毛。由基部发出单一不分枝或分枝的花枝或不育枝，枝细，常弯曲，密被灰色绢毛。叶沿枝密集排列，扇形或半圆形，2 回掌状或近掌状 3～5 全裂，小裂片椭圆形，先端锐尖，两面密被灰白色短柔毛，叶基部渐狭成短柄，柄基常有 1 对短的条形假托叶。头状花序少数，在枝端排列成复伞房状，总苞钟状，总苞片 4 层，外层者卵形或卵状披针形，内层者矩圆形，全部总苞片边缘棕褐色膜质，背部密被绢质长柔毛；边缘雌花 7 枚，花冠细管状，中央两性花 40 余枚，花冠管状，全部花冠黄色。

铺散亚菊 *Ajania khartensis*（Dunn）C. Shih

线叶菊属 *Filifolium* Kitam.

线叶菊 *Filifolium sibiricum*（L.）Kitam.

鉴别特征：多年生中旱生草本。主根粗壮，斜伸，暗褐色。茎单生或数个，直立，具纵沟棱，无毛，基部密被褐色纤维鞘，不分枝或上部分枝。叶深绿色。无毛；基生叶轮廓倒卵形或矩圆状椭圆形，全部叶2～3回羽状全裂。头状花序在枝端或茎顶排列成复伞房状；花序托凸起，圆锥形，无毛；有多数异形小花，外围有1层雌花；中央有多数两性花，花冠管状，黄色。瘦果倒卵形，压扁，腹面具2条纹，无冠毛。

线叶菊 *Filifolium sibiricum*（L.）Kitam.

蒿属 *Artemisia* L.

大籽蒿 *Artemisia sieversiana* Ehrhart ex Willd.

别名：白蒿。

鉴别特征：一、二年生中生草本。主根狭纺锤形。茎单生，直立，具纵条棱，多分枝；茎枝被灰白色短柔毛。基生叶在花期枯萎；茎下部与中部叶宽卵形或宽三角形，2～3回羽状全裂，侧裂片2～3对，小裂片条形或条状披针形，两面被短柔毛和腺点；叶柄基部有小型假托叶；上部叶及苞叶羽状全裂或不分裂，条形或条状披针形，无柄。头状花序半球形或近球形，具短梗，下垂，有条形小苞叶，在茎上排列成圆锥状；总苞片3～4层，近等长；边缘雌花2～3层，花冠狭圆锥状，花冠管状；花序托密被白色托毛。瘦果矩圆形，褐色。

用途：全草入中药。

大籽蒿 *Artemisia sieversiana* Ehrhart ex Willd.

碱蒿 *Artemisia anethifolia* Web. ex Stechm.

别名：大莳萝蒿、糜糜蒿。

鉴别特征：一、二年生中生草本，有浓烈的香味。茎单生，直立，具纵条棱，常带红褐色，多分枝。基生叶椭圆形或长卵形，2～3回羽状全裂，小裂片狭条形，有柄，花期渐枯萎；中部叶卵形、宽卵形或椭圆状卵形，1～2回羽状全裂；上部叶和苞叶无柄，5或3全裂或不裂，狭条形。头状花序半球形或宽卵形；具短梗，下垂或倾斜，有小苞叶，在茎上排列成疏散而开展的圆锥状；总苞片3～4层，外、中层的椭圆形或披针形，有绿色中肋，边缘膜质，内层的卵形，近膜质，背部无毛；边缘雌花3～6枚，花冠狭管状，中央为两性花，花冠管状。花序托凸起，半球形，有白色托毛。瘦果椭圆形或倒卵形。

用途：全草入中药。

碱蒿 *Artemisia anethifolia* Web. ex Stechm.

冷蒿 *Artemisia frigida* Willd.

别名：小白蒿、兔毛蒿。

鉴别特征：多年生旱生草本。根木质化，侧根多。根状茎有多数营养枝；茎少数或多条常与营养枝形成疏松或密集的株丛，基部多少木质化，茎下部叶与营养枝叶矩圆形或倒卵状矩圆形，中部叶矩圆形或倒卵状矩圆形，1～2 回羽状全裂，小裂片披针形或条状披针形。头状花序半球形、球形或卵球形，在茎上排列成总状或狭窄的总状花序式的圆锥状，总苞片 3～4 层，外、中层的卵形或长卵形，背部有绿色中肋，边缘膜质，内层的长卵形或椭圆形，背部近无毛，膜质；花序托有白色托毛。瘦果矩圆形或椭圆状倒卵形。

用途：全草入中药和蒙药；优良饲用植物。

冷蒿 *Artemisia frigida* Willd.

白莲蒿 *Artemisia gmelinii* Web. ex Stechm.

别名：铁秆蒿。

鉴别特征：旱生半灌木。根稍粗大，木质；根状茎粗壮，茎多数，常成小丛，紫褐色或灰褐色，具纵条棱，下部木质，皮常剥裂或脱落，多分枝。茎下部叶与中部叶长卵形至长椭圆状卵形，第一回全裂，2～3回栉齿状羽状分裂，侧裂片3～5对，椭圆形或长椭圆形，小裂片栉齿状披针形或条状披针形，具三角形栉齿或全缘，叶中轴两侧有栉齿；叶柄扁平，基部有小型栉齿状分裂的假托叶；上部叶较小，1～2回栉齿状羽状分裂，具短柄或无柄，苞叶栉齿状羽状分裂或不分裂，条形或条状披针形。头状花序近球形，具短梗，下垂，花序托凸起。瘦果狭椭圆状卵形或狭圆锥形。

白莲蒿　*Artemisia gmelinii* Web. ex Stechm.

密毛白莲蒿 *Artemisia gmelinii* Web. ex Stechm. var. *messerschmidiana*〔Bess.〕Poljak.

别名：白万年蒿。

鉴别特征：本变种与白莲蒿区别在于叶两面密被灰白色或灰黄色短柔毛。

密毛白莲蒿 *Artemisia gmelinii* Web. ex Stechm. var. *messerschmidiana*〔Bess.〕Poljak.

黄花蒿 *Artemisia annua* L.

　　别名： 臭黄蒿、青蒿。

　　鉴别特征： 一年生中生草本，高达 1 米余，全株有浓烈的香味。根单生，垂直。茎单生，粗壮，直立，具纵沟棱，多分枝。茎、枝无毛或疏被短柔毛。茎下部叶宽卵形或三角状卵形，3～4 回栉齿状羽状深裂，小裂片具多数栉齿状深裂齿，具腺点及小凹点，有柄；中、上部叶渐小而简化，短柄至近无柄。头状花序球形，在茎上排列成开展而呈金字塔形的圆锥状；总苞片 3～4 层，无毛，外层的长卵形或长椭圆形边缘膜质，中、内层的宽卵形或卵形，边缘宽膜质；边缘雌花 10～20 枚，花冠狭管状，外面有腺点，中央的两性花 10～30 枚；花冠管状，花黄色，花序托无托毛。瘦果椭圆状卵形，红褐色。

　　用途： 全草入中药，地上部分入蒙药。

黄花蒿　*Artemisia annua* L.

山蒿 *Artemisia brachyloba* Franch.

　　鉴别特征： 旱生半灌木，高 20～40 厘米。主根粗壮，常扭曲，有纤维状的根皮。根状茎粗壮，有营养枝。茎多数，自基部分枝常形成球状株丛。基生叶卵形或宽卵形，2～3 回羽状全裂，花期枯萎；茎下部与中部叶宽卵形或卵形，2 回羽状全裂，侧裂片 3～4 对，小裂片先端有小尖头，边缘反卷，叶两面被毛；上部叶羽状全裂，裂片 2～4，苞叶条形。头状花序卵球形或卵状钟形，常排成短总状或穗状花序；总苞片 3 层，外层的卵形或长卵形，背部被毛，边缘狭膜质，中、内层的长椭圆形，边缘宽膜质或全膜质，背部几无毛；边缘雌花花冠狭管状，疏布腺点，中央两性花花冠管状，有腺点。花序托微凸。瘦果卵圆形，黑褐色。

　　用途： 全草入中药。

山蒿 *Artemisia brachyloba* Franch.

黑蒿 *Artemisia palustris* L.

别名：沼泽蒿。

鉴别特征：一年生中生草本，高 10～40 厘米。茎单生，直立，绿色，有时带紫褐色，上部有细分枝。叶薄纸质，下部与中部叶卵形或长卵形，1～2 回羽状全裂，侧裂片再次羽状全裂或 3 裂，小裂片狭条形，有柄至无柄；上部叶和苞叶小，1 回羽状全裂。头状花序近球形，每 2～10 个密集成簇，并排列成短穗状，在茎上排列成稍开展或狭窄的圆锥状；总苞 3～4 层，近等长，外层卵形，边缘膜质，中、内层的卵形或匙形，半膜质或膜质；边缘雌花 9～13 枚，花冠狭管状或狭圆锥状，中央两性花 20～25 枚，花冠管状，外面有腺点。花序托凸起，圆锥形，无托毛。瘦果长卵形，稍扁，褐色。

黑蒿 *Artemisia palustris* L.

艾 *Artemisia argyi* H. Lévl. et Van.

别名：艾蒿、家艾。

鉴别特征：多年生中生草本，植株有浓烈香气。主根粗长，侧根多；根状茎横卧，有营养枝。茎单生或少数，具纵条棱，褐色或灰黄褐色，基部稍木质化，有少数分枝；茎、枝密被灰白色蛛丝状毛。叶厚纸质，基生叶花期枯萎；茎下部叶近圆形或宽卵形，羽状深裂，裂片2～3对，椭圆形或倒卵状长椭圆形，中部叶卵形至近菱形。头状花序椭圆形，花后下倾，多数在茎上排列成狭窄、尖塔形圆锥状；总苞片3～4层，外、中层的卵形或狭卵形，背部密被蛛丝状绵毛，边缘膜质，内层的质薄，背部近无毛；花序托小。瘦果矩圆形或长卵形。

用途：叶可入中药和蒙药。

艾 *Artemisia argyi* H. Lévl. et Van.

野艾 *Artemisia argyi* H. Lév. et Van. var. *gracilis* Pamp.

别名：朝鲜艾。

鉴别特征：本变种与艾的区别在于茎中部叶为羽状深裂。

野艾 *Artemisia argyi* H. Lév. et Van. var. *gracilis* Pamp.

蒙古蒿 *Artemisia mongolica* (Fisch. ex Bess.) Nakai

鉴别特征：多年生中生草本。根细，侧根多；根状茎短，半木质化，有少数营养枝。茎直立，少数或单生，具纵条棱，多分枝，初时密被灰白色蛛丝状柔毛，后稍稀疏。叶纸质或薄纸质，下部叶卵形或宽卵形，2回羽状全裂或深裂，中部叶卵形、椭圆状卵形，1回全裂，侧裂片2～3对，椭圆形或矩圆形，再次羽状深裂或为浅裂齿，叶柄长，两侧常有小裂齿，花期枯萎；中部叶卵形、近圆形或椭圆状卵形，1～2回羽状分裂。头状花序椭圆形，无梗。花冠管状，檐部紫红色。花序托凸起。瘦果短圆状倒卵形。

用途：全草入中药。

蒙古蒿　*Artemisia mongolica* (Fisch. ex Bess.) Nakai

龙蒿 *Artemisia dracunculus* L.

别名：狭叶青蒿。

鉴别特征：多年生半灌木状中生草本。根木质、垂直。根状茎粗长，木质，常有短的地下茎；茎常多数成丛，具纵条棱，下部木质，多分枝。叶无柄，下部叶在花期枯萎；中部叶条状披

龙蒿　*Artemisia dracunculus* L.

针形或条形，先端渐尖，基部渐狭，全缘，两面初时疏被短柔毛，后无毛；上部叶与苞叶稍小，条形或条状披针形。头状花序近球形；具短梗或近无梗，斜展或稍下垂，具条形小苞叶，总苞片3层，外层的稍狭小，卵形，背部绿色，无毛，中、内层的卵圆形或长卵形，边缘宽膜质或全为膜质；多数在茎上排列成开展或稍狭窄的圆锥状；花序托小，凸起。瘦果倒卵形或椭圆状倒卵形。

白沙蒿 *Artemisia sphaerocephala* Krasch.

别名：籽蒿、圆头蒿。

鉴别特征：半灌木，高达1米余。主根粗长，木质，垂直，侧根长而多平展；根状茎粗大，木质，具营养枝。茎外皮灰白色，后呈黄褐色、灰褐色或灰黄色；基部常有条形假托叶；茎下部叶与中部叶宽卵形或卵形，1～2回羽状全裂，侧裂片2～3对，小裂片狭条形，先端有小硬尖头，边缘平展或卷曲，初时两面密被灰白色短柔毛，后脱落；叶柄基部常有条形假托叶；上部叶羽状分裂或3全裂，苞叶不分裂，条形，稀3全裂。头状花序球形，多数在茎上排列成大型、开展的圆锥状；花序托半球形。瘦果卵形、长卵形或椭圆状卵形，黄褐色或暗黄绿色。

用途：瘦果入中药；优良固沙植物和饲用植物。

白沙蒿 *Artemisia sphaerocephala* Krasch.

黑沙蒿 *Artemisia ordosica* Krasch.

别名：沙蒿、油蒿、鄂尔多斯蒿。

鉴别特征：沙生旱生半灌木。主根粗而长，木质，侧根多。根状茎粗壮，具多数营养枝；茎多数，多分枝，老枝暗灰褐色，当年生枝褐色至黑紫色，具纵条棱，茎、枝与营养枝常组成大的密丛。叶稍肉质，茎下部叶宽卵形或卵形，1～2回羽状全裂，侧裂片3～4对，基部裂片最

黑沙蒿 *Artemisia ordosica* Krasch.

长，有时再 2～3 全裂，小裂片丝状条形，叶柄短；中部叶卵形或宽卵形，1 回羽状全裂，侧裂片 2～3 对，丝状条形，上部叶 3～5 全裂，丝状条形，无柄；苞叶 3 全裂或不分裂，丝状条形。头状花序卵形，多数在茎上排列成开展的圆锥状；边缘雌花 5～7 枚，花冠狭圆锥状，中央两性花 10～14 枚，花冠管状；花序托半球形。瘦果倒卵形。

用途： 根、茎、叶、种子均可入中药；冬季优良饲用植物；优良的固沙植物。

猪毛蒿 *Artemisia scoparia* Waldst. et Kit.

别名： 黄蒿、米蒿、臭蒿、东北茵陈蒿。

鉴别特征： 一、二年生中旱生草本，高达 1 米余，植株有浓烈的香气。主根单一，狭纺锤形，垂直，半木质化。根状茎粗短，常有细的营养枝；茎直立，单生，稀 2～3 条，红褐色或褐色，具纵沟棱，常自下部或中部开始分枝。基生叶与营养枝被灰白色绢状柔毛，2～3 回羽状全裂，具长柄；下部叶 2～3 回羽状全裂，小裂片狭条形，具柄；中部叶 1～2 回羽状全裂，侧裂片 2～3 对，小裂片丝状条形或毛发状；上部叶 3～5 全裂或不裂。头状花序球形或卵球形，在茎上排列成大型、开展的圆锥状；总苞片背部无毛。瘦果矩圆形或倒卵形，褐色。

用途： 幼苗入中药，根入藏药；中等牧草。

猪毛蒿 *Artemisia scoparia* Waldst. et Kit.

糜蒿 *Artemisia blepharolepis* Bunge

别名： 白莎蒿、白里蒿。

鉴别特征： 一年生沙生旱中生草本，植株有臭味。根较细，垂直。茎单生，直立，多分枝，下部枝长，近平展，上部枝较短，斜向上；茎、枝密被灰白色短柔毛。叶两面密被灰白色柔毛，茎下部叶与中部叶长卵形或矩圆形，第一回全裂，2 回栉齿状羽状分裂，侧裂片 5～8 对，第二回为栉齿状深裂，裂片每侧有 5～8 个栉齿，基部有栉齿状分裂的假托叶；上部叶与苞叶栉齿状羽状深裂或浅裂或不分裂，椭圆状披针形或披针形，边缘具若干栉齿。头状花序椭圆形或长椭圆形。雌花花冠狭圆锥状，中央两性花冠钟状管形或矩圆形。花序托凸起。瘦果椭圆形。

糜蒿 *Artemisia blepharolepis* Bunge

牛尾蒿 *Artemisia dubia* Wall. ex Bess.

别名： 指叶蒿。

鉴别特征： 多年生半灌木状中生草本，高 80～100 厘米。主根较粗长，木质化，侧根多。根状茎粗壮，有营养枝；茎多数或数个丛生，基部木质，具纵条棱，紫褐色，多分枝，开展，常呈屈曲延伸。叶厚纸质，基生叶与茎下部叶大，中部叶卵形，羽状 5 深裂，裂片椭圆状披针形或披针形，全缘，基部渐狭成短柄，常有小型假托叶，叶上面近无毛，下面密被短柔毛；上部叶与苞叶指状 3 深裂或不分裂，椭圆状披针形或披针形。头状花序球形或宽卵形，基部有条形小苞叶，总苞片 3～4 层，边缘雌花花冠狭小，近圆锥形，中央两性花花冠管状；花序托凸起。瘦果小，矩圆形或倒卵形。

用途： 地上部分作藏药。

牛尾蒿 *Artemisia dubia* Wall. ex Bess.

栉叶蒿属 *Neopallasia* Poljak.

栉叶蒿 *Neopallasia pectinata*（Pall.）Poljak.

别名： 篦齿蒿。

鉴别特征： 一、二年生旱中生草本，高 15～50 厘米。茎单一或自基部以上分枝，被白色长或短的绢毛。茎生叶无柄，矩圆状椭圆形，1～2回栉齿状的羽状全裂，小裂片刺芒状。头状花序3至数枚在分枝或茎端排列成稀疏的穗状，或在茎上组成狭窄的圆锥状；总苞片3～4层，雌花花冠狭管状，无明显裂齿；中央两性小花花冠管状钟形；有4～8枚着生于花序托下部，结实，其余着生于花序托顶部的不结实，全部两性花花冠管状钟形，5裂；花序托圆锥形，裸露。瘦果椭圆形。

　　用途：地上部分入蒙药。

栉叶蒿 *Neopallasia pectinata*（Pall.）Poljak.

狗舌草属 *Tephroseris*（Reichenb.）Reichenb.

狗舌草 *Tephroseris kirilowii*（Turcz. ex DC.）Holub

　　鉴别特征：多年生旱中生草本，高15～50厘米，全株被蛛丝状毛，呈灰白色。根茎短，着生多数不定根；茎直立，单一。基生叶及茎下部叶较密集，呈莲座状，开花时部分枯萎，宽卵形或卵形，边缘有锯齿或全缘，基部半抱茎；茎上部叶狭条形，全缘。舌状花橙黄色，

狗舌草 *Tephroseris kirilowii*（Turcz. ex DC.）Holub

茎顶排列成伞房状，具长短不等的花序梗，苞叶 3～8，狭条形；总苞钟形，总苞片条形或披针形，背面被蛛丝状毛，边缘膜质，子房具微毛；子房具毛。瘦果圆柱形，具纵肋，被毛；冠毛白色。

千里光属 *Senecio* L.

额河千里光 *Senecio argunensis* Turcz.

别名：羽叶千里光。

鉴别特征：多年生中生草本，高 30～100 厘米。根状茎斜生升，有多数细的不定根；茎直立，单一，具纵条棱，常被蛛丝状毛。茎下部叶花期枯萎；中部叶卵形或椭圆形，羽状半裂、深裂，有的近 2 回羽裂，裂片条形或狭条形，先端钝或微尖，全缘或具疏齿，两面被蛛丝状毛或近光滑，叶下延成柄或无柄；上部叶较小，裂片较少。头状花序多数，在茎顶排列成复伞房状，花序梗被蛛丝状毛；小苞片条形或狭条形；总苞钟形，总苞片约 10，披针形，边缘宽膜质，背部常被蛛丝状毛，外层小总苞片狭条形，比总苞片略短；舌状花黄色，舌片条形或狭条形，管状花，子房无毛。瘦果圆柱形，黄棕色；冠毛白色。

额河千里光 *Senecio argunensis* Turcz.

橐吾属 *Ligularia* Cass.

箭叶橐吾 *Ligularia sagitta*（Maxim.）Mattf. ex Rehder et Kobuski

鉴别特征：多年生湿中生草本。茎直立，单一，具明显的纵沟棱，被蛛丝状丛卷毛及短柔毛。基生叶 2～3，三角状卵形，先端钝或有小尖头，基部近心形或戟形，边缘有细齿。上面绿色，无毛，下面淡绿色，初被蛛丝状毛，后无毛，有羽状脉，侧脉 7～8 对，具有狭翅并基部扩大而抱茎的叶柄，中部叶渐小，有扩大而抱茎的短柄；上部叶渐变为条形或披针状条形的苞叶。头状花序在茎顶排列成总状，总苞钟状或筒状，总苞片披针状条形或矩圆状披针形，先端尖，有微毛；舌状花黄色，舌片矩圆状条形，先端有 3 齿。瘦果褐色，冠毛白色。

箭叶橐吾 *Ligularia sagitta*（ Maxim.）**Mattf. ex Rehder et Kobuski**

蓝刺头属 *Echinops* L.

砂蓝刺头 *Echinops gmelinii* Turcz.

别名：刺头、火绒草。

鉴别特征：一年生旱生草本，高 15～40 厘米。茎直立，稍具纵沟棱，白色或淡黄色，无毛或疏被腺毛或腺点，不分枝或有分枝。叶条形或条状披针形，先端锐尖或渐尖，基部半抱茎，无柄，边缘有具白色硬刺的牙齿，两面均为淡黄绿色，有腺点，或被极疏的蛛丝状毛、短柔毛，或无毛无腺点，上部叶有腺毛，下部叶密被绵毛。复头状花序单生于枝端，直径 1～3 厘米，白色或淡蓝色；头状花序长约 15 毫米，基毛多数，污白色，不等长，糙毛状，内层苞片背部被蛛丝状长毛；花冠管白色，有毛和腺点。瘦果倒圆锥形。

用途：根入中药。

砂蓝刺头 *Echinops gmelinii* Turcz.

火烙草 *Echinops przewalskii* Iljin

鉴别特征：多年生强旱生草本，高 30～40 厘米。根粗壮，木质。茎直立，具纵沟棱，密被白色绵毛，不分枝或有分枝。叶革质，茎下部及中部叶长椭圆形、长椭圆状披针形或长倒披针形。2回羽状深裂，1回裂片卵形，常呈皱波状扭曲，全部具不规则缺刻状小裂片及具短刺的小齿，在裂片边缘尚有小刺，刺黄色，粗硬。头状花序长约25毫米，基毛多数，白色，扁毛状，比头状花序短2倍或更较短。花冠白色，花冠裂片条形，蓝色。瘦果圆柱形，密被黄褐色柔毛；冠毛宽鳞片状，黄色。

火烙草 *Echinops przewalskii* Iljin

驴欺口 *Echinops davuricus* Fisch. ex Hormemann

别名：单州漏芦、火绒草、蓝刺头。

鉴别特征：多年生中旱生草本，高30～70厘米。根粗壮，褐色。茎直立，密被白色蛛丝状绵毛。茎下部与中部叶2回羽状深裂，1回裂片卵形或披针形，先端锐尖或渐尖，具刺尖头，有缺刻状小裂片，全部边缘具不规则刺齿或三角形刺齿，上面绿色，无毛或疏被蛛丝状毛，并有腺点，下面密被白色绵毛，有长柄或短柄；茎上部叶渐小；长椭圆形至卵形，羽状分裂，基部抱茎。复头状花序单生于茎顶端，蓝色；基毛多数，白色，扁毛状；花冠管白色，有腺点，花冠裂片条形，淡蓝色。瘦果圆柱形，密被黄褐色柔毛。

用途：根入中药，花序入蒙药。

驴欺口 *Echinops davuricus* Fisch. ex Hormemann

革苞菊属 *Tugarinovia* Iljin

卵叶革苞菊 *Tugarinovia ovatifolia*（Y. Ling et Y. C. Ma）Y. Z. Zhao

鉴别特征：多年生强旱生草本。根粗壮，根颈部包被多数棉毛状叶柄残余纤维，常呈簇团状。茎基被污白色厚棉毛，上端有少数稀多数簇生或单生的花茎。叶片卵圆形或卵形，边缘不分裂，仅具不规则浅齿，离基3～5出掌状叶脉。花茎长2～4厘米，不分枝，柔弱，径约2毫米，具纵沟棱，密被白色绵毛，无叶。瘦果矩圆形，密被绢质长柔毛。

卵叶革苞菊　*Tugarinovia ovatifolia*（Y. Ling et Y. C. Ma）Y. Z. Zhao

苓菊属　*Jurinea* Cass.

蒙新苓菊　*Jurinea mongolica* Maxim.

别名：蒙疆苓菊、地棉花、鸡毛狗。

蒙新苓菊　*Jurinea mongolica* Maxim.

鉴别特征：多年生强旱生草本，高 6～20 厘米。根粗壮，暗褐色，颈部被残存的枯叶柄，有极厚的白色团状绵毛。茎丛生，具纵条棱，有分枝，被疏或密的蛛丝状绵毛。基生叶与茎下部叶羽状深裂或浅裂，有时不分裂而具疏牙齿或近全缘，边缘常皱曲而反卷，两面被或疏或密的蛛丝状绵毛，下面密生腺点，主脉隆起而呈白黄色，均具叶柄，中、上部叶渐变小而简化。头状花序单生于枝端；花冠红紫色。瘦果倒圆锥形，冠毛污黄色。

用途：植株颈部的白色棉毛入中药。

风毛菊属 *Saussurea* DC.

碱地风毛菊 *Saussurea runcinata* DC.

别名：倒羽叶风毛菊。

鉴别特征：多年生中生草本。根粗壮，颈部被褐色纤维状残叶鞘。茎直立，单一或数个丛生，具纵沟棱，无毛，无翅或有狭的具齿或全缘的翅，上部或基部有分枝。叶椭圆形至条状倒披针形，羽状全裂或深裂；顶裂片条形至长三角形，全缘或疏具牙齿，侧裂片披针形至矩圆形，先端有软骨质小尖头，全缘或疏具牙齿；两面无毛或疏被柔毛，有腺点；叶具长柄，基部扩大成鞘；中部及上部叶较小，条形或条状披针形，全缘或具疏齿，无柄。头状花序在茎顶与枝端排列成复伞房状或伞房状圆锥形，苞叶条形，外层总苞片常与内层总苞片等长或超出；花冠紫红色，有腺点。瘦果圆柱形，黑褐色；冠毛 2 层，外层短，糙毛状，内层长，羽毛状。

碱地风毛菊 *Saussurea runcinata* DC.

草地风毛菊
Saussurea amara（ L. ）DC.

别名：驴耳风毛菊、羊耳朵。

鉴别特征：多年生中生草本。高 20～50 厘米。根粗壮。茎直立，具纵沟棱，被短柔毛或近无毛，分枝或不分枝。基生叶与下部叶椭圆形至矩圆状椭圆形，全缘或有波状齿至浅裂，密布腺点，边缘反卷。上部叶渐变小，披针形或条状披针形，全缘。头状花序多数，在茎顶和枝端排列成伞房状，总苞钟形或狭钟形，总苞片 4 层，疏被蛛丝状毛和短柔毛，外层者披针形或卵状，中层和内层者矩圆形或条形，顶端有近圆形膜质，粉红色而有齿的附片；花冠粉红色，有腺点。瘦果矩圆形，冠毛 2 层，外层者白色，内层淡褐色。

草地风毛菊 *Saussurea amara*（ L. ）DC.

风毛菊 *Saussurea japonica*（ Thunb. ）DC.

别名：日本风毛菊。

鉴别特征：二年生中生草本，高 50～150 厘米。根纺锤状，黑褐色。茎直立，有纵沟棱，疏被短柔毛和腺体，上部多分枝。基生叶与下部叶具长柄，矩圆形或椭圆形，羽状半裂或深裂，叶基部不沿茎下延成翅。头状花序在茎顶成密集的伞房状；总苞筒状钟形，疏被蛛丝状毛，总苞片先端有膜质、圆形而具小齿的附片，带紫红色；花冠紫色。瘦果圆柱形，冠毛 2 层。

风毛菊 *Saussurea japonica*（ Thunb. ）DC.

翼茎风毛菊 *Saussurea japonica*（ Thunb. ）DC.
var. *pteroclada*（ Nakai et Kitag ）Raab-Straube

鉴别特征：二年生中生草本，高 50～150 厘米。根纺锤状，黑褐色。茎直立，有纵沟棱，疏被短柔毛和腺体，上部多分枝。叶基部矩圆形或椭圆形，沿茎下延成翅，具牙齿或全缘。头状花序在茎顶成密集的伞房状；总苞筒状钟形，疏被蛛丝状毛，总苞片先端有膜质、圆形而具小齿的附片，带紫红色；花冠紫色。瘦果圆柱形。

翼茎风毛菊 *Saussurea japonica*（Thunb.）DC. var. *pteroclada*（Nakai et Kitag）Raab-Straube

盐地风毛菊 *Saussurea salsa*（Pall.）Spreng.

鉴别特征：多年生中生草本。根粗壮，颈部有褐色残叶柄。茎单一或数个，具纵沟棱，具由叶柄下延而成的窄翅，上部或中部分枝。叶肉质，基生叶与下部叶卵形或宽椭圆形，羽状深裂或全裂，顶裂片大，箭头状，具波状浅齿、缺刻状裂片或全缘，侧裂片较小，三角形至卵形，全缘或具小齿及小裂片，上面疏被短糙毛，下面有腺点，叶柄长，基部扩大成鞘；茎生叶向上渐变小，无柄，矩圆形至条状披针形，全缘或有疏齿。头状花序在茎顶排列成伞房状或复伞房状；总苞片顶端钝或稍尖；粉紫色，无毛或有疏蛛丝状毛，外层者卵形，内层者矩圆状条形；花冠粉紫色。瘦果圆柱形，冠毛2层，白色。

盐地风毛菊 *Saussurea salsa*（Pall.）Spreng.

西北风毛菊 *Saussurea petrovii* Lipsch.

鉴别特征：多年生强旱生草本，高 15～25 厘米。根木质，外皮纵裂成纤维状。茎丛生，直立，纤细，有纵沟棱，不分枝或上部有分枝，密被柔毛，基部被多数褐色鳞片状残叶柄。叶条形，先端渐尖，基部渐狭，边缘疏具小牙齿，齿端具软骨质小尖头，上部叶常全缘，上面绿色，中脉明显，黄色，下面被白色毡毛。头状花序少数在茎顶排列成复伞房状，总苞筒形或筒状钟形，总苞片 4～5 层，被蛛丝状短柔毛，边缘带紫色；外层和中层者卵形，顶端具小短尖，内层者披针状条形；花冠粉红色。瘦果圆柱形，褐色，有斑点；冠毛 2 层，白色。

西北风毛菊 *Saussurea petrovii* Lipsch.

牛蒡属 *Arctium* L.

牛蒡 *Arctium lappa* L.

别名：恶实、鼠粘草。

鉴别特征：二年生中生草本，植株高达 1 米。根肉质，呈纺锤状。茎直立，粗壮，具纵沟棱，带紫色，被微毛，上部多分枝。基生叶大形，丛生，宽卵形或心形，先端钝，具小尖头，基部心形，全缘、波状或有小牙齿，上面绿色，疏被短毛，下面密被灰白色绵毛，叶柄长，粗壮，具纵沟，被疏绵毛；茎生叶互生，宽卵形，具短柄；上部叶渐变小。头状花序单生于枝端，或多数排列成伞房状，总苞球形，总苞片条状披针形或披针形，边缘有短刺状缘毛，先端钩刺状；外层者条状披针形，内层者披针形；管状花冠红紫色，花冠裂片狭长。瘦果椭圆形或倒卵形，灰褐色，冠毛白色。

用途：瘦果入中药和蒙药。

牛蒡 *Arctium lappa* L.

顶羽菊属 *Acroptilon* Cass.

顶羽菊 *Acroptilon repens*（L.）DC.

别名：苦蒿、灰叫驴。

鉴别特征：多年生强旱生草本，高 40～60 厘米。根粗壮，侧根发达，横走或斜伸。茎单一或 2～3，丛生，直立，具纵沟棱，密被蛛丝状毛和腺体，由基部多分枝。叶披针形至条形，全缘或疏具锯齿至羽状深裂，两面被短硬毛或蛛丝状毛和腺点无柄；上部叶短小。头状花序单生于枝端，总苞卵形或矩圆状卵形；总苞片 4～5 层，外层者宽卵形，上半部透明膜质，被长柔毛，下半部绿色，质厚；内层者披针形或宽披针形，先端渐尖，密被长柔毛，花冠紫红色，狭管部与檐部近等长。瘦果矩圆形。

顶羽菊 *Acroptilon repens*（L.）DC.

蝟菊属 *Olgaea* Iljin

鳍蓟 *Olgaea leucophylla*（Turcz.）Iljin

别名：白山蓟、白背、火媒草。

鉴别特征：多年生沙生旱生植物。植株高 15～70 厘米。茎粗壮。叶长椭圆形或椭圆状披针形，具长针刺，基部沿茎下延成或宽或窄的翅，边缘具不规则的疏牙齿。头状花序较大；总苞钟状或卵状钟形；总苞片多层，条状披针形，先端具长刺尖，背部无毛或被微毛，管状花粉红色，花冠裂片长约 5 毫米，无毛，花药无毛。瘦果矩圆形，稍扁，具隆起的纵纹与褐斑；冠毛黄褐色。

鳍蓟 *Olgaea leucophylla*（Turcz.）Iljin

青海鳍蓟 *Olgaea tangutica* Iljin

别名：刺疙瘩。

鉴别特征：多年生旱生草本，植株高 50～90 厘米。茎直立，较细。叶革质，基生叶与下部叶宽条状披针形，较宽大，具长针刺，基部沿茎下延成翅，羽状浅裂，裂片宽三角形，上面绿色光泽，下面密被灰白色毡毛。头状花序较大，单生于枝端；总苞钟状，总苞片先端具长刺尖；管状花蓝紫色，有腺点；花药疏被柔毛。瘦果矩圆形，稍扁，具纵纹与褐斑；冠毛污黄色。

青海鳍蓟 *Olgaea tangutica* Iljin

蓟属 *Cirsium* Mill.

烟管蓟 *Cirsium pendulum* Fisch. ex DC.

鉴别特征：二年生或多年生中生草本，高1米左右。茎直立，具纵沟棱，疏被蛛丝状毛，上部有分枝。基生叶与茎下部叶花期凋萎，宽椭圆形至宽披针形，先端尾状渐尖，基部渐狭成具翅的短柄，2回羽状深裂；茎中部叶椭圆形，无柄，稍抱茎或不抱茎，上部叶渐小，裂片条形。头状花序下垂，在茎上部排列成总状，总苞卵形，先端具刺尖，常向外反曲，中肋暗紫色，背部多少有蛛丝状毛，边缘有短睫毛，外层者较短，内层者较长；花冠紫色，狭管部丝状，2～3倍长于檐部。瘦果矩圆形，稍扁，灰褐色，冠毛淡褐色。

用途：全草入中药。

烟管蓟 *Cirsium pendulum* Fisch. ex DC.

刺儿菜 *Cirsium segetum* Bunge

鉴别特征：多年生中生草本，高20～60厘米。具长的根状茎。茎直立，具纵沟棱，无毛或疏被蛛丝状毛，不分枝或上部有分枝。基生叶花期枯萎；下部叶及中部叶椭圆形或长椭圆状披针形，先端钝或尖，基部稍狭或钝圆，无柄，全缘或疏具波状齿裂，边缘及齿端有刺，两面被疏或密的蛛丝状毛；上部叶变小。雌雄异株，头状花序通常单生或数个生于茎顶或枝端，直立，总苞钟形，总苞片8层，外层者较短，长椭圆状披针形，先端有刺尖，内层者较长，披针状条形，先端长渐尖，干膜质，两者边缘及上部有蛛丝状毛；雄株头状花序较小，雄花花冠紫红色；雌株头状花序较大，雌花花冠紫红色。瘦果椭圆形或长卵形，略扁平，无毛。

用途：全草入中药；嫩枝叶可作养猪饲料。

刺儿菜 *Cirsium segetum* Bunge

大刺儿菜 *Cirsium setosum*（Willd.）M. Bieb.

鉴别特征： 多年生中生草本。具长的根状茎。茎直立，具纵沟棱，上部有分枝。基生叶花

大刺儿菜 *Cirsium setosum*（Willd.）M. Bieb.

期枯萎；下部叶及中部叶矩圆形或长椭圆状披针形，先端具刺尖，基部渐狭，边缘有缺刻状粗锯齿或羽状浅裂，无柄或有短柄；上部渐变小，矩圆形或披针形，全缘或有齿。雌雄异株，头状花序多数集生于茎的上部，排列成疏松的伞房状；总苞钟形，总苞片8层，外层者较短，卵状披针形，先端有刺尖，内层者较长，条状披针形，先端略扩大而外曲，干膜质，边缘常细裂并具尖头，两者均为暗紫色，背部被微毛，边缘有睫毛；雄株头状花序较小，雌株头状花序较大，雌花花冠紫红色，花冠裂片深裂至檐部的基部。瘦果倒卵形或矩圆形；冠毛白色或基部带褐色。

用途： 全草入中药。

飞廉属 *Carduus* L.

节毛飞廉 *Carduus acanthoides* L.

别名： 飞廉。

鉴别特征： 二年生中生草本，高70～90厘米。下部叶椭圆状披针形，羽状半裂或深裂，边缘具缺刻状牙齿，齿端叶缘有不等长的细刺，被皱缩长柔毛；中部叶与上部叶渐变小，矩圆形或披针形，羽状深裂，边缘具刺齿。头状花序常2～3个聚生于枝端；总苞钟形。管状花冠紫红色，稀白色，花冠裂片条形。瘦果长椭圆形，冠毛白色。

节毛飞廉 *Carduus acanthoides* L.

麻花头属 *Klasea* Cass.

麻花头 *Klasea centauroides*（L.）Cassini ex Kitag.

别名： 花儿柴。

鉴别特征： 多年生中旱生草本，植株高30～60厘米。根状茎短，黑褐色，具多数褐色须状根。茎直立，具纵沟棱，被皱曲柔毛，基部常带紫红色，有褐色枯叶柄纤维，不分枝或上部有分枝。基生叶与茎下部叶椭圆形，羽状深裂或羽状全裂，稀羽状浅裂，裂片矩圆形至条形，先端具小尖头，全缘或有疏齿，两面无毛或仅下面脉及边缘被疏皱曲柔毛，具长柄或短柄；中、上部叶渐变小，无柄，裂片狭窄。总苞卵形或长卵形，黄绿色，无毛或被微毛，顶部暗绿色，具刺尖头，并被蛛丝状毛；管状花淡紫色或白色。瘦果矩圆形，褐色，冠毛淡黄色。

麻花头 *Klasea centauroides*（L.）Cassini ex Kitag.

伪泥胡菜属 *Serratula* L.

伪泥胡菜 *Serratula coronata* L.

鉴别特征： 多年生中生草本，植株高 50～100 厘米。根状茎粗大，木质，平伸，具多数细绳状不定根。茎直立，具纵沟棱，无毛或下部被短毛，绿色或红紫色，不分枝或上部有分枝。叶卵形或椭圆形，羽状深裂或羽状全裂，裂片 3～8 对，披针形具刺尖头，基部渐狭，边缘有不规则缺刻状疏齿及糙硬毛，有时具披针形尖裂片，两面无毛或沿叶脉有短毛；下部叶有长柄；上部叶无柄，最上部叶小。头状花序单生于枝端，具短梗；总苞片 6～7 层，紫褐色，密被褐色贴伏短毛；管状花紫红色。瘦果矩圆形，冠毛淡褐色。

伪泥胡菜 *Serratula coronata* L.

漏芦属 *Rhaponticum* Ludw.

漏芦 *Rhaponticum uniflorum* (L.) DC.

别名： 祁州漏芦、和尚头、大口袋花、牛馒头。

鉴别特征： 多年生中旱生草本。主根粗大，圆柱形，黑褐色。茎直立，单一，具纵沟棱，被白色绵毛或短柔毛，基部密被褐色残留的枯叶柄。基生叶与下部叶叶片长椭圆形，羽状深裂至全裂，裂片矩圆形至条状披针形，边缘具不规则牙齿，或再分出少数深裂或浅裂片，裂片及齿端具短尖头，两面被蛛丝状毛与粗糙的短毛，叶柄较长，密被绵毛；中部叶及上部叶较小，有短柄或无柄。头状花序直径3～6厘米；总苞宽钟状，基部凹入；总苞片上部干膜质，外层与中层者卵形或宽卵形，成掌状撕裂，内层者披针形或条形；管状花花冠淡紫红色。瘦果，棕褐色；冠毛淡褐色，不等长，具羽状短毛。

用途： 根入中药，花入蒙药。

漏芦 *Rhaponticum uniflorum* (L.) DC.

大丁草属 *Leibnitzia* Cass.

大丁草 *Leibnitzia anandria* (L.) Turcz.

鉴别特征： 多年生中生草本，有春秋二型。春型者植株较矮小，高5～15厘米，秋型者植株高达30厘米。花葶纤细，直立，初被白色蛛丝状绵毛。基生叶具柄，呈莲座状，卵形或椭圆状卵形，提琴状羽状分裂，顶裂片宽卵形，先端钝，基部心形，边缘具不规则圆齿，齿端有小凸尖，侧裂片小，卵形或三角状卵形，上面绿色，下面密被白色绵毛。春型的头状花序较小，舌状花冠白色；秋型者较大，总苞钟状，外层总苞片较短，条形，内层者条状披针形，先端钝尖，边缘带紫红色，多少被蛛丝状毛或短柔毛，舌状花冠紫红色；管状花花冠二唇形。瘦果纺锤形，冠毛淡棕色。

用途： 全草入中药。

大丁草 *Leibnitzia anandria*（ L. ）Turcz.

鸦葱属 *Scorzonera* L.

拐轴鸦葱 *Scorzonera divaricata* Turcz.

别名：苦葵鸦葱、女苦奶。

鉴别特征：多年生旱生草本，灰绿色，有白粉。通常由根颈上部发出多数铺散的茎，自基部多分枝，形成半球形株丛，枝细，有微毛及腺点。叶条形或丝状条形，先端长渐尖，常反卷弯曲成钩状，或平展，上部叶短小。总苞圆筒状，总苞片3～4层，被疏或密的霉状蛛丝状毛，外层者卵形，先端尖，内层者矩圆状披针形，先端钝；舌状花黄色，干后蓝紫色。瘦果圆柱形，具10条纵肋，淡褐黄色；冠毛基部不连合成环，非整体脱落，淡黄褐色。

拐轴鸦葱 *Scorzonera divaricata* Turcz.

帚状鸦葱 *Scorzonera pseudodivaricata* Lipsch.

别名：假叉枝鸦葱。

鉴别特征：多年生强旱生草本，高10～40厘米，灰绿色或黄绿色。通常由根颈发出多数直立或铺散的茎，茎自中部呈帚状分枝，细长，具纵条棱，无毛或被短柔毛，生长后期常变硬。基生叶条形，基部扩大成鞘；茎生叶条形或狭条形，有时反卷弯曲，上部叶短小，鳞片状。头状花序单生于枝端，具7～12小花；总苞圆筒形，总苞片5层，无毛或被蛛丝状毛，外层者小，三角形，先端稍尖，中层者卵形，内层者矩圆状披针形；舌状花黄色。瘦果圆柱形，淡褐色，无毛或仅在顶端被疏柔毛，肋上常有棘瘤状突起物；冠毛污白色或淡黄褐色。

帚状鸦葱 *Scorzonera pseudodivaricata* Lipsch.

笔管草 *Scorzonera albicaulis* Bunge

别名：华北鸦葱、白茎鸦葱、细叶鸦葱。

鉴别特征：多年生中生草本，高20～90厘米。根圆柱状，暗褐色，根颈部有少数上年枯叶

笔管草 *Scorzonera albicaulis* Bunge

柄。茎直立，中空，具沟纹，被蛛丝状毛或绵毛，单一，多不分枝。叶条形或宽条形，先端渐尖，基部渐狭成有翅的长柄，柄基稍扩大，具5～7脉，无毛或疏被蛛丝状毛，茎生叶与基生叶类似，上部叶渐小。头状花序数个，在茎顶和侧生花梗顶端排成伞房状；总苞钟状筒形；总苞片5层，先端锐尖，边缘膜质，被蛛丝状毛或近无毛，外层者小，三角状卵形，中层者卵状披针形，内层者甚长，条状披针形；舌状花黄色，干后变红紫色，冠毛黄褐色。瘦果圆柱形，黄褐色，稍弯，上部狭窄成喙，具多数纵肋；冠毛黄褐色。

用途：根入中药。

蒙古鸦葱 *Scorzonera mongolica* Maxim.

别名：羊角菜。

鉴别特征：多年生旱中生草本。根直伸，圆柱状，黄褐色；根颈部被鞘状残叶，褐色或乳黄色，里面被薄或厚的绵毛。茎直立或自基部斜升，不分枝或上部有分枝。叶肉质，基生叶披针形或条状披针形，具短尖头，基部渐狭成短柄，柄基扩大成鞘状；茎生叶互生，条状披针形或条形，无柄。头状花序单生于茎顶或枝端，总苞圆筒形，总苞片3～4层，无毛或被微毛及蛛丝状毛，外层卵形，内层长椭圆状条形；舌状花黄色。瘦果圆柱状，顶端被疏柔毛，无喙。

用途：全草入中药。

蒙古鸦葱 *Scorzonera mongolica* Maxim.

头序鸦葱 *Scorzonera capito* Maxim.

别名：绵毛鸦葱。

鉴别特征：多年生旱生草本。根状茎粗壮，圆锥形，木质，根颈部粗厚而被有枯叶鞘，里面有薄或厚的白色绵毛；茎斜升，具纵条棱，疏被皱曲长柔毛。叶革质，灰绿色，具3～5脉，边缘呈波状皱曲，常呈镰状弯卷，被蛛丝状短柔毛，基生叶卵形至披针形，先端尾状渐尖，基部渐狭成短柄，柄基扩大成鞘状；茎生叶1～3，较小，卵形至条状披针形，基部无柄，半抱茎。头状花序单生于茎顶，具多花；总苞钟状或筒状，总苞片4～5层，常带红紫色，边缘膜质呈白色或淡黄色，背部密被蛛丝状短柔毛，舌状花黄色。瘦果圆柱形，稍弯，具纵肋，肋棱有尖的瘤状突起；冠毛白色。

头序鸦葱 *Scorzonera capito* Maxim.

桃叶鸦葱 *Scorzonera sinensis*（Lipsch. et Krasch）Nakai

别名： 老虎嘴。

鉴别特征： 多年生中旱生草本。根粗壮，圆柱形，深褐色，根颈部被稠密而厚实的纤维状残叶，黑褐色。茎单生，具纵沟棱，有白粉。基生叶灰绿色，常呈镰状弯曲，披针形或宽披针形，边缘显著呈波状皱曲，两面无毛，有白粉，具弧状脉，中脉隆起，白色；茎生叶小，长椭圆状披针形，鳞片状，近无柄，半抱茎。头状花序单生于茎顶，总苞筒形，总苞片4～5层，先端钝，缘膜质，无毛或被微毛，外层者短，三角形或宽卵形，最内层者长披针形或条状披针形。舌状花黄色。瘦果圆柱状，冠毛白色。

用途： 根入中药。

桃叶鸦葱 *Scorzonera sinensis*（Lipsch. et Krasch）Nakai

鸦葱 *Scorzonera austriaca* Willd.

鉴别特征： 多年生中旱生草本，高5～35厘米。根粗壮，圆柱形，深褐色。根颈部被稠密而厚实的纤维状残叶，黑褐色。茎直立，具纵沟棱，无毛。基生叶灰绿色，条形至长椭圆状卵形，先端渐尖，基部渐狭成有翅的柄，柄基扩大成鞘状，边缘平展或稍呈波状皱曲，基部边缘常有蛛丝状柔毛；茎生叶 2～4，较小，条形或披针形，无柄，基部扩大而抱茎。头状花序单生于茎顶，总苞宽圆柱形，总苞片 4～5层，无毛或顶端被微毛及缘毛，边缘膜质，外层者卵形或三角状卵形，内层者长椭圆形或披针形；舌状花黄色，干后紫红色。瘦果圆柱形，稍弯曲，无毛或仅在顶端被疏柔毛，具纵肋，肋棱有瘤状突起或光滑，冠毛污白色至淡褐色。

鸦葱 *Scorzonera austriaca* Willd.

毛连菜属 *Picris* L.

毛连菜 *Picris japonica* Thunb.

别名：枪刀菜。

鉴别特征：二年生中生草本，高 30～80 厘米。茎直立，具纵沟棱，有钩状分叉的硬毛，基部稍带紫红色，上部有分枝。基生叶花期凋萎；中部叶披针形，无叶柄，稍抱茎；上部叶小，

毛连菜 *Picris japonica* Thunb.

条状披针形；下部叶矩圆状披针形或矩圆状倒披针形，先端钝尖，基部渐狭成具窄翅的叶柄，边缘有微牙齿，两面被具钩状分叉的硬毛。头状花序多数在茎顶排列成伞房圆锥状；总苞筒状钟形，总苞片 3 层，黑绿色，先端渐尖，背面被硬毛和短柔毛，舌状花淡黄色，舌片基部疏生柔毛，冠毛污白色。

用途： 全草入蒙药。

蒲公英属　*Taraxacum* F. H. Wigg.

蒲公英　*Taraxacum mongolicum* Hand.-Mazz.

别名： 蒙古蒲公英、婆婆丁、姑姑英。

鉴别特征： 多年生中生草本。叶倒卵形、倒披针形，近全缘。花葶单生，花期长于叶，通常红紫色，上端常被蛛丝状毛；总苞钟状，先端具角状突起；舌状花冠黄色。瘦果褐色，果体上部具刺状突起，中部以下具小瘤状突起，冠毛白色。

用途： 全草入中药和蒙药。

蒲公英　*Taraxacum mongolicum* Hand.-Mazz.

亚洲蒲公英　*Taraxacum asiaticum* Dahlst.

鉴别特征： 多年生中生草本。根粗壮，圆柱形。叶羽状深裂至全裂，叶裂片间夹生小裂片或齿。外层总苞片反卷，总苞片先端具角状突起。花黄色，瘦果果体上部具刺状突起，下部近光滑。

亚洲蒲公英 *Taraxacum asiaticum* Dahlst.

华蒲公英 *Taraxacum sinicum* Kitag.

别名：碱地蒲公英、扑灯儿。

鉴别特征：多年生中生草本，高5～20厘米。叶基生，里面的叶常倒向羽状深裂或浅裂，外面的叶羽状浅裂或具波状牙齿，有时近全缘。花葶数个，长于叶；总苞片先端无角状突起；舌状花黄色。瘦果中部以下具小瘤状突起，喙长4～5毫米；冠毛白色。

华蒲公英 *Taraxacum sinicum* Kitag.

多裂蒲公英 *Taraxacum dissectum* (Ledeb.)Ledeb.

鉴别特征：多年生中生草本，叶倒卵形、倒披针形、披针形至条形，倒向羽状分裂，披针形至条形，全缘。花葶数个，花期长于叶或与叶等长；总苞钟状或宽钟状，外层总苞片紧贴，宽卵形或卵状披针形，边缘膜质，内层总苞片矩圆状条形或条状披针形，两者先端无角状突起。舌状花冠黄色或白色。瘦果淡褐色或红色。

多裂蒲公英 *Taraxacum dissectum* (Ledeb.)Ledeb.

苦苣菜属 *Sonchus* L.

苣荬菜 *Sonchus brachyotus* DC.

别名：取麻菜、甜苣、苦菜。

鉴别特征：多年生中生草本，高20～80厘米。茎直立，具纵沟棱，无毛，下部常带紫红色，通常不分枝。叶灰绿色，基生叶与茎下部叶宽披针形、矩圆状披针形或长椭圆形，先端钝或锐尖，具小尖头，基部渐狭成柄状，柄基稍扩大，半抱茎，具稀疏的波状牙齿或羽状浅裂，裂片三角形，边缘有小刺尖齿，两面无毛；中部叶与基生叶相似，但无柄，基部多少呈耳状，抱茎；最上部叶小，披针形或条状披针形。头状花序多数或少数在茎顶排列成伞房状，有时单生；总苞钟状，总苞片3层，先端钝，背部被短柔毛或微毛，外层者较短，长卵形，内层者较长，披针形；舌状花黄色。瘦果矩圆形，两面各有3～5条纵肋，微粗糙；冠毛白色。

用途：全草入中药；其嫩茎、叶可供食用，春季挖采可调凉菜。

苣荬菜 *Sonchus brachyotus* DC.

莴苣属 *Lactuca* L.

乳苣 *Lactuca tatarica*（L.）C. A. Mey.

别名：紫花山莴苣、苦菜、蒙山莴苣。

鉴别特征：多年生中生草本，高10～70厘米。具垂直或稍弯曲的长根状茎。茎直立，具纵沟棱，无毛。茎下部叶稍肉质，灰绿色，长椭圆形至披针形，先端有小尖头，基部渐狭成具狭翅的短柄，柄基扩大而半抱茎，羽状或倒向羽状深裂或浅裂，侧裂片三角形或披针形，边缘具浅刺状小齿，无毛；中部叶与下部叶同形，少分裂或全缘，边缘具刺状小齿；上部叶小，披针形或条状披针形；有时叶全部全缘而不分裂。头状花序多数，在茎顶排列成开展的圆锥状，梗不等长；总苞紫红色，外层者卵形，内层者条状披针形，边缘膜质；舌状花蓝紫色或淡紫色。瘦果矩圆形或长椭圆形，稍压扁，无边缘或具不明显的狭窄边缘；冠毛白色。

乳苣 *Lactuca tatarica*（L.）C. A. Mey.

黄鹌菜属 *Youngia* Cass.

细茎黄鹌菜 *Youngia akagii*（Kitag.）Kitag.

鉴别特征：多年生旱中生草本，高10～40厘米。根粗壮而伸长，木质，暗褐色，根茎部被覆多数褐色枯叶柄。茎多数，由基部强烈分枝，二叉状，开展。基生叶多数，羽状全裂，柄基扩大；先端渐尖或锐尖，全缘或具1～2小裂片，两面无毛，具长柄，柄基扩大；下部叶及中部叶与基生叶相似，上部叶或有的中部叶不分裂，狭条形或条状丝形，全缘，无柄。头状花序具10～12小花，多数在茎枝顶端排列成聚伞圆锥状，梗纤细；总苞片无毛，顶端鸡冠状，背面近顶端有角状突起。瘦果纺锤形，黑色，具10～11条粗细不等的纵肋，有向上的小刺毛，向上收缩成喙状；冠毛白色。

细茎黄鹌菜 *Youngia akagii*（Kitag.）Kitag.

鄂尔多斯黄鹌菜 *Youngia ordosica* Y. Z. Zhao et L. Ma

　　鉴别特征：多年生中旱生草本。茎少数簇生或单一，部分枝或中上分枝，不呈二叉状。基生叶多数，倒向大头羽状分裂，裂片三角形，全缘。头状花序伞房状，总苞圆筒形，苞片边缘膜质；舌状花淡黄色，长约8毫米。瘦果圆柱状纺锤形，顶端无喙；冠毛白色。

鄂尔多斯黄鹌菜 *Youngia ordosica* Y. Z. Zhao et L. Ma

细叶黄鹌菜 *Youngia tenuifolia*（Willd.）Babc. et Stebb.

　　鉴别特征：多年生中生草本，高10～45厘米。根粗壮而伸长，颈部被覆枯叶柄及褐色绵毛。茎簇生或单一，直立较粗壮，基部具纵沟棱，上部有分枝。基生叶多数，丛生，羽状全裂或羽状

细叶黄鹌菜 *Youngia tenuifolia*（Willd.）Babc. et Stebb.

深裂，侧裂片条状披针形或条形，全缘，具疏锯齿或条状尖裂片，两面无毛或被微毛，具长柄，柄基稍扩大；下部叶及中部叶与基生叶相似，但较小；上部叶不分裂或羽状分裂，裂片条形或条状丝形，无柄。头状花序，多数在茎上排列成聚伞圆锥状；总苞圆柱形，总苞片被皱曲柔毛或无毛，顶端鸡冠状，背面近顶端有角状突起，外层卵形或披针形，内层矩圆状条形。瘦果纺锤形，黑色，具 10～12 条纵肋，有向上的小刺毛；冠毛白色。

还阳参属　*Crepis* L.

还阳参　*Crepis crocea*（Lam.）Babc.

别名：屠还阳参、驴打滚儿、还羊参。

鉴别特征：多年生中旱生草本，高 5～30 厘米。根木质化，颈部被覆多数褐色枯叶柄。茎直立，疏被腺毛，混生短柔毛。基生叶丛生，倒披针形，先端锐尖或尾状渐尖，基部渐狭成具窄翅的长柄或短柄，边缘具波状齿，或倒向锯齿至羽状半裂，裂片条形或三角形，全缘或有小尖齿，有时边缘疏被硬毛；茎上部叶披针形或条形，全缘或羽状分裂，无柄；最上部叶小，苞叶状。头状花序单生于枝端，在茎顶排列成疏伞房状；总苞钟状，外层总苞片 6～8，不等长，条状披针形，内层 13，较长，矩圆状披针形，边缘膜质，舌状花黄色。瘦果纺锤形；冠毛白色。

用途：全草入中药。

还阳参　*Crepis crocea*（Lam.）Babc.

苦荬菜属 *Ixeris* Cass.

中华苦荬菜 *Ixeris chinensis*（Thunb.）Nakai

别名：苦菜、燕儿尾。

鉴别特征：多年生中旱生草本，高 10～30 厘米，全体无毛。基生叶莲座状，条状披针形、倒披针形或条形；茎生叶 1～3，无柄，基部稍抱茎。头状花序多数，排列成稀疏的伞房状，梗细；总苞圆筒状或长卵形，舌状花 20～25，花冠黄色、白色或变淡紫色。

用途：全草入中药。

中华苦荬菜 *Ixeris chinensis*（Thunb.）Nakai

抱茎苦荬菜 *Ixeris sonchifolia*（Maxim.）Hance

抱茎苦荬菜 *Ixeris sonchifolia*（Maxim.）Hance

别名：苦荬菜、苦碟子。

鉴别特征：多年生中生草本，高 30～50 厘米，无毛。根圆锥形，伸长，褐色。茎直立，具纵条纹，上部多少分枝。基生叶多数，铺散，矩圆形，先端锐尖或钝圆，基部渐狭成具窄翅的柄，边缘有锯齿或缺刻状牙齿，或为不规则的羽状深裂，上面有微毛；茎生叶较狭小，卵状矩圆形或矩圆形，先端锐尖或渐尖，基部扩大成耳形或戟形而抱茎，羽状浅裂或深裂或具不规则缺刻状牙齿。头状花序多数，排列成密集伞房状，具细梗，总苞圆筒形，总苞片无毛；舌状花黄色。瘦果纺锤形，黑褐色，喙短，冠毛白色。

抱茎苦荬菜 *Ixeris sonchifolia*（Maxim.）Hance

山柳菊属 *Hieracium* L.

山柳菊 *Hieracium umbellatum* L.

别名： 伞花山柳菊。

鉴别特征： 多年生中生草本，植株高 40～100 厘米。茎直立，具纵沟棱，基部红紫色，无毛或被短柔毛，不分枝。基生叶花期枯萎；茎生叶披针形至条形，具疏锯齿，稀全缘，上面有短糙硬毛，下面沿脉亦被糙硬毛，无柄；上部叶变小，披针形至狭条形，全缘或有齿。头状花序多数，在茎顶排列成伞房状，梗长纤细，密被短柔毛，混生短糙硬毛；总苞宽钟状或倒圆锥形，总苞片先端钝或稍尖，有微毛，外层较短，披针形，内层矩圆状披针形；舌状花黄色，下部有长柔毛。瘦果五棱圆柱状体，黑紫色，具光泽，有 10 条棱，无毛；冠毛浅棕色。

山柳菊 *Hieracium umbellatum* L.

B. 单子叶植物纲 Monocotyledoneae

香蒲科
Typhaceae

香蒲属　*Typha* L.

小香蒲　*Typha minima* Funck.

鉴别特征： 多年生湿生草本。根状茎横走泥中，褐色。茎直立，高 20～50 厘米。叶条形，基部具褐色宽叶鞘，边缘膜质，花茎下部只有膜质叶鞘。穗状花序，长 6～10 厘米，雌雄花序不连接，远离；雄花序圆柱形，长 3～5 厘米，雄花具 1 雄蕊，基部无毛，花药长矩圆形，花粉为四合体，花丝丝状；雌花序长椭圆形，子房长椭圆形，具细长的柄，柱头条形稍长于白色长毛，毛先端稍膨大，小苞片与毛近等长。果实褐色，椭圆形，具长柄。

用途： 花粉及全草或根状茎入中药；叶供编织用，蒲绒可做枕芯。

小香蒲　*Typha minima* Funk.

无苞香蒲　*Typha laxmannii* Lepech.

鉴别特征： 多年生水生草本，高 80～100 厘米。根状茎褐色，横走泥中，须根多数，纤细，圆柱形，土黄色。茎直立。叶狭条形，基部具长宽的鞘，两边稍膜质。穗状花序长约 20 厘米，雌雄花序通常不连接，远离；雄花序长圆柱形，长 7～10 厘米，雄花具 2～3 雄蕊，花药矩圆形，长约 1.5 毫米，花丝丝状，下部合生，花粉单粒，花序轴具毛，雌花序圆柱形，长 5～9 厘米，成熟后直径 14～17 毫米，雌花无小苞片。不育雌蕊倒卵形，先端圆形，褐色，比毛短，子房条形，花柱很细，柱头菱状披针形，棕色，向一侧弯曲，基部具乳白色的长毛，比柱头短。果实狭椭圆形，褐色，具细长的柄。

用途： 花粉及全草或根状茎入中药；叶供编织用，蒲绒可做枕芯。

无苞香蒲 *Typha laxmannii* Lepech.

水烛 *Typha angustifolia* L.

鉴别特征： 多年生水生草本，高 1.5～2 米。根茎短粗，须根多数，褐色，圆柱形。茎直立，具白色的髓部。叶狭条形，下部具圆筒形叶鞘，边缘膜质，白色。穗状花序，雌雄花序不连接；雄花序狭圆柱形，基部具毛，较雄蕊长，花粉单粒；雌花具匙形小苞片，先端淡褐色，比柱头短，子房长椭圆形，具细长的柄，基部具多数乳白色分枝的毛，与小苞片约等长，柱头条形，褐色。小坚果褐色。

用途： 花粉及全草或根状茎入中药；叶供编织用，蒲绒可做枕芯。

水烛 *Typha angustifolia* L.

眼子菜科

Potamogetonaceae

眼子菜属 *Potamogeton* L.

小眼子菜 *Potamogeton pusillus* L.

别名： 线叶眼子菜、丝藻。

鉴别特征： 多年生沉水水生草本。根状茎纤细，伸长，淡黄白色。茎丝状，多分枝。叶互生，花序梗下的叶对生，狭条形，先端渐尖，全缘，通常具 3 脉，少具 1 脉，中脉常在下面凸起，托叶白色膜质，披针形至条形。花序梗纤细，不增粗，基部具 2 膜质总苞，早落；穗状花序。小坚果斜卵形，稍扁，背部具龙骨状突起，腹部外凸，顶端具短喙。

用途： 全草可作绿肥及鱼和鸭的饲料。

小眼子菜 *Potamogeton pusillus* L.

眼子菜 *Potamogeton distinctus* A. Benn.

鉴别特征： 多年生浮水水生草本。根状茎淡黄白色，横生，伸长。茎少分枝，有时不分枝。浮水叶稍革质，互生，花序梗基部叶对生，宽披针形或卵状椭圆形，先端钝圆或钝，全缘而微皱，沉水叶披针形或条状披针形，较浮水叶小，叶柄亦较短；托叶膜质，条形或条状披针形，锐尖。花序梗自茎顶部浮水叶的叶腋生出，直立；穗状花序圆柱形，密生多花。小坚果斜宽卵形，背部具半圆形的 3 条脊，其中脊近锐尖，侧脊稍钝，常具小突起，顶端具短喙。

用途： 全草可作鱼和鸭的饲料。

眼子菜 *Potamogeton distinctus* A. Benn.

篦齿眼子菜属 *Stuckenia* Borner

龙须眼子菜 *Stuckenia pectinata*（L.）Borner

别名： 篦齿眼子菜。

鉴别特征： 多年生沉水水生草本。根状茎纤细，伸长，淡黄白色。茎丝状，长 10～80 厘米，淡黄色，多分枝。叶互生，淡绿色，狭条形，长 3～10 厘米，宽 0.3～1 毫米，先端渐尖，全

缘；鞘状托叶绿色，与叶基部合生，呈叶舌状。花序梗淡黄色，与茎等粗；穗状花序长约
3厘米，疏松或间断。果实棕褐色，斜宽倒卵形，背部外凸具脊，腹部直，顶端具短喙。

用途：全草入中药和蒙药；全草可作鱼和鸭的饲料；又可作绿肥。

龙须眼子菜 *Stuckenia pectinata*（L.）Borner

水麦冬科
Juncaginaceae

水麦冬属 *Triglochin* L.

海韭菜 *Triglochin maritimum* L.

别名：圆果水麦冬。

鉴别特征：多年生草本，高20～50厘米。根状茎粗壮，斜生或横生，被棕色残叶鞘，

海韭菜 *Triglochin maritimum* L.

有多数须根。叶基生,条形,横切面半圆形,长7～30厘米,宽1～2毫米,较花序短,稍肉质,光滑,生于花葶两侧,基部具宽叶鞘,叶舌长3～5毫米。花葶直立,圆柱形,光滑,中上部着生多数花,总状花序,花梗长约1毫米,果熟后可延长为2～4毫米。花小,直径约2毫米;花被6,两轮排列,卵形,内轮较狭,绿色;雄蕊6,心皮6,柱头毛刷状。蒴果椭圆形或卵形。

水麦冬 *Triglochin palustre* L.

鉴别特征:多年生湿生草本。根茎缩短,秋季增粗,有密而细的须根。叶基生,条形,一般较花葶短,基部具宽叶鞘,叶鞘边缘膜质,宿存叶鞘纤维状,叶舌膜质,叶片光滑。花葶直立,圆柱形光滑,总状花序顶生,花多数,排列疏散,花小,花被片6,鳞片状,宽卵形,绿色;雄蕊6,花药2室,花丝很短;心皮3,柱头毛刷状。果实棒状条形。

水麦冬 *Triglochin palustre* L.

泽泻科
Alismataceae

泽泻属 *Alisma* L.

泽泻 *Alisma plantago-aquatica* L.

鉴别特征： 多年生水生草本。根状茎缩短，呈块状增粗，须根多数，黄褐色。叶基生，叶片卵形或椭圆形，先端渐尖，基部圆形或心形。花茎中上部分枝，花序分枝轮生，每轮3至多数，组成圆锥状复伞形花序；花具长梗，萼片3，宽卵形，绿色；花瓣3，倒卵圆形，薄膜质，白色，易脱落；雄蕊6，花药淡黄色；心皮多数，离生，花柱侧生。瘦果多数，倒卵形，光滑，两侧压扁，紧密地排列于花托上。

泽泻 *Alisma plantago-aquatica* L.

草泽泻 *Alisma gramineum* Lejeune

鉴别特征： 多年生水生草本。根状茎缩短。须根多数，黄褐色，茎直立，一般自下半部分枝。叶基生。水生叶条形，全缘，无柄；陆生叶长圆状披针形、披针形或条状披针形，先端渐尖，基部楔形。花序分枝轮生，组成圆锥状复伞形花序；萼片3，宽卵形，淡红色；花瓣3，白色，质薄，果期脱落；雄蕊6，花药球形，花丝分离；心皮多数，离生，花柱侧生于腹缝线，比子房短，顶端钩状弯曲，果期宿存。瘦果多数，倒卵形，光滑，紧密地排列于花托上。

草泽泻 *Alisma gramineum* Lejeune

慈姑属 *Sagittaria* L.

野慈姑 *Sagittaria trifolia* L.

鉴别特征： 多年生水生草本。根状茎球状，须根多数，绳状。叶箭形，先端渐尖，基部具 2 裂片，两面光滑。花茎单一或分枝，花 3 朵轮生，形成总状花序，苞片卵形，宿存；花单一，萼片 3，卵形，宿存；花瓣 3，近圆形，明显大于萼片，白色，膜质，果期脱落；雄蕊多数，花药多数；心皮多数，聚成球形。瘦果扁平，斜倒卵形，具宽翅。

野慈姑 *Sagittaria trifolia* L.

花蔺科
Butomaceae

花蔺属 *Butomus* L.

花蔺 *Butomus umbellatus* L.

别名： 莕蕧。

鉴别特征： 多年生水生草本。根状茎匍匐，粗壮，须根多数，细绳状。叶基生，条形，基部三棱形，先端渐尖，基部具叶鞘，叶鞘边缘膜质。花葶直立，圆柱形，具纵条棱，伞形花序，花多数；苞片 3，卵形或三角形，先端锐尖；外轮花被片 3，卵形，淡红色，基部颜色较深，内轮花被片 3，较外轮花被片长，颜色较淡；雄蕊 9，花丝粉红色，基部稍宽；心皮 6，粉红色，柱头向外弯曲。蓇葖果具喙。种子多数。

花蔺 *Butomus umbellatus* L.

禾本科
Poaceae

芦苇属 *Phragmites* Adans.

芦苇 *Phragmites australis*（Cav.）Trin. ex Steudel.

别名：芦草、苇子。

鉴别特征： 多年生湿生草本植物。秆直立，坚硬，节下通常被白粉。叶鞘无毛或被微毛；叶舌短，密生短毛；叶片扁平，常下垂。圆锥花序稠密，开展，微下垂，分枝及小枝粗糙；小穗长 10～18 毫米，通常含 3～5 小花；两颖锐尖；外稃具 3 脉，第一小花常为雄花，其外稃狭长披针形；第二外稃先端长渐尖，基盘细长，有长 6～12 毫米的柔毛；内稃脊上粗糙。

用途： 叶及花序均可入中药；优等饲用禾草；固堤植物；茎秆纤维可造纸。

芦苇 *Phragmites australis*（Cav.）Trin. ex Steudel.

三芒草属 *Aristida* L.

三芒草 *Aristida adscensionis* L.

鉴别特征： 一年生旱中生草本植物，基部具分枝。秆直立或斜倾，常膝曲，高12～37厘米。叶鞘光滑；叶舌膜质，具长约0.5毫米之纤毛；叶片纵卷如针状，上面脉上密被微刺毛，下面粗糙或亦被微刺毛。圆锥花序通常较紧密，分枝单生，细弱，小穗灰绿色或带紫色；颖膜质，具1脉，脊上粗糙；外稃顶端生三芒，主芒长11～18毫米，侧芒较短，基盘长0.4～0.7毫米，被上向细毛；内稃透明膜质，微小，长1毫米左右，为外稃所包卷。

用途： 良等饲用禾草。

三芒草 *Aristida adscensionis* L.

臭草属 *Melica* L.

抱草 *Melica virgata* Turcz. ex Trin.

鉴别特征： 多年生旱中生草本。秆丛生，细而硬。叶鞘无毛；叶舌长约1毫米；叶片常内卷，上面被柔毛，下面微粗糙。圆锥花序细长，长10～20厘米，分枝直立或斜向上升；小穗柄先端稍膨大，被微毛；小穗含2～3枚能育小花，顶端不育外稃聚集成棒状，成熟后呈紫色；颖先端尖，第一颖卵形，具3～5条不明显的脉，第二颖宽披针形，具5条明显的脉；外稃披针形，顶端钝，具7脉，背部被长柔毛；内稃与外稃等长或略短。

用途： 劣等饲用禾草。

抱草 *Melica virgata* Turcz. ex Trin.

臭草 *Melica scabrosa* Trin.

别名：肥马草、枪草。

鉴别特征：多年生中生草本。秆密丛生直立或基部膝曲，高 30～60 厘米。叶鞘粗糙；叶舌膜质透明，顶端撕裂；叶片长 6～15 厘米，宽 2～7 毫米，上面被疏柔毛，下面粗糙。圆锥花序狭窄；小穗柄短而弯曲，上部被微毛；小穗含 2～4 枚能育小花，颖狭披针形，几相等，膜质，具 3～5 脉；第一外稃卵状矩圆形，背部颗粒状粗糙；内稃短于外稃或相等，倒卵形。

用途：全草入中药和蒙药。

臭草 *Melica scabrosa* Trin.

硬质早熟禾 *Poa sphondylodes* Trin.

硬质早熟禾 *Poa sphondylodes* Trin.

鉴别特征： 多年生旱生草本。须根纤细，根外常具沙套。秆直立，密丛生，近花序下稍粗糙。叶鞘长于节间，无毛，基部者常呈淡紫色；叶舌膜质，先端锐尖，易撕裂；叶片扁平，稍粗糙。圆锥花序紧缩，每节具2~5分枝，粗糙；小穗绿色，成熟后呈草黄色，含3~6小花；颖披针形，先端锐尖，稍粗糙；外稃披针形，先端狭膜质，脊下部2/3与边脉基部1/2具较长柔毛，基盘具中量的长绵毛；内稃稍短于外稃，或上部小花者可稍长于外稃，先端微凹，脊上粗糙，具极短纤毛。

用途： 良等饲用禾草。

渐狭早熟禾 *Poa attenuata* Trin.

鉴别特征： 多年生旱生草本。须根纤细；秆直立，坚硬，密丛生，高8~60厘米，近花序部分稍粗糙。叶鞘无毛，微粗糙，基部者常带紫色；叶舌膜质，微钝；叶片狭条形，内卷、扁平或对折，上面微粗糙，下面近于平滑。圆锥花序紧缩，分枝粗糙；小穗披针形至狭卵圆形，粉绿色，先端微带紫色，含2~5小花；颖狭披针形至狭卵圆形，先端尖，近相等，微粗糙；外稃披针形至卵圆形，先端狭膜质，脊下部1/2与边脉基部1/4被微柔毛，基盘具少量绵毛至具极稀疏绵毛或完全简化。

用途： 良等饲用禾草。

渐狭早熟禾 *Poa attenuata* Trin.

星星草 *Puccinellia tenuiflora*（Griseb.）Scribn. et Merr.

鉴别特征： 多年生盐生中生植物。秆丛生，直立或基部膝曲，灰绿色，高30~40厘米。叶鞘光滑无毛；叶舌干膜质；叶片通常内卷，上面微粗糙，下面光滑。圆锥花序开展，主轴平滑，分枝细弱，多平展，与小穗柄微粗糙；小穗含3~4小花，紫色，稀为绿色；第一颖长约0.6毫米，先端较尖，第二颖长约1.2毫米，先端钝；外稃先端钝，基部光滑或略被微毛；内稃平滑或脊上部微粗糙。

用途： 优良饲用禾草。

星星草 *Puccinellia tenuiflora*（Griseb.）Scribn. et Merr.

碱茅 *Puccinellia distans*（Jacq.）Parl.

鉴别特征：多年生耐盐中生草本。秆丛生，直立或基部膝曲，高 15～50 厘米，基部常膨大。叶鞘平滑无毛；叶舌干膜质，先端半圆形；叶片扁平或内卷，上面微粗糙，下面近于平滑。圆锥花序开展，长 10～15 厘米，分枝及小穗柄微粗糙；小穗长 3～5 毫米，含 3～6 小花；外稃先端钝或截平，其边缘及先端均具不整齐的细裂齿，具 5 脉，基部被短毛；内稃等长或稍长于外稃，脊上微粗糙。

用途：中等饲用植物。

碱茅 *Puccinellia distans*（Jacq.）Parl.

雀麦属 *Bromus* L.

无芒雀麦 *Bromus inermis* Leyss.

别名：禾萱草、无芒草。

鉴别特征：多年生中生草本，具短横走根状茎。秆直立，高 50～100 厘米，节无毛或稀于节下具倒毛。圆锥花序开展，每节具 2～5 分枝，分枝细长，微粗糙，着生 1～5 枚小穗；小穗含（5）7～10 小花，小穗轴节间长 2～3 毫米，具小刺毛；颖披针形，先端渐尖，边缘膜质；外稃宽披针形，具 5～7 脉，无毛或基部疏生短毛，通常无芒或稀具长 1～2 毫米的短芒；内稃稍短于外稃，膜质，脊具纤毛；花药长 3～4.5 毫米。

用途：优良饲用植物。

无芒雀麦 *Bromus inermis* Leyss.

鹅观草属 *Roegneria* C. Koch.

缘毛鹅观草 *Roegneria pendulina* Nevski

鉴别特征：多年生中生草本。秆高 60～80 厘米，节处平滑无毛。叶鞘无毛或基部叶鞘有时

缘毛鹅观草 *Roegneria pendulina* Nevski

具倒毛；叶舌极短，长约 0.5 毫米；叶片扁平，质薄，无毛或上面疏生柔毛。穗状花序直立或先端稍垂头，穗轴棱边具纤毛，长 9.5～20 厘米；小穗长 15～25 毫米（芒除外），含 4～8 小花，小穗轴密生短毛；颖长圆状披针形，先端锐尖至长渐尖；外稃边缘具长纤毛，背部粗糙或仅于近顶端处疏生短小硬毛，第一外稃长 9～11 毫米，芒长（10）20～28 毫米；内稃与外稃几等长，脊上部具小纤毛，脊间亦被短毛，内稃顶端截平或微凹。

直穗鹅观草 *Roegneria turczaninovii*（Drob.）Nevski

鉴别特征：多年生中生草本。植株具短根头；秆疏丛生，高 60～105 厘米，基部径 1.5～2 毫米。上部叶鞘平滑无毛，下部者常具倒毛；叶片质软而扁平，上面被细短微毛，下面无毛。穗状花序直立，长 8.5～13.5 厘米，含 7～13 小穗，常偏于一侧；小穗黄绿色或微带蓝紫色，含 5～7 小花；颖披针形，先端尖或渐尖；外稃披针形，全体遍生微小硬毛，先端芒长 1.6～4.5 厘米；内稃与外稃几等长或稍短，先端圆钝或微下凹，脊上部具短硬纤毛，脊间上部具短硬纤毛；花药深黄色。

用途：优良饲用植物。

直穗鹅观草 *Roegneria turczaninovii*（Drob.）Nevski

拟鹅观草属 *Pseudoroegneria* Á. Löve

阿拉善拟鹅观草 *Pseudoroegneria alashanica*（Keng）C. Yan et J. L. Yang

鉴别特征：多年生旱中生草本。疏丛生，有时具匍匐或斜升的根状茎，具硬质而横径约 1 毫米的纤维状根。秆高 40～60 厘米，直立或基部斜升，坚硬，且细，通常具 3 节。叶片平展或内卷成钻形。穗状花序较疏松，细瘦，具（3）4～7 枚小穗，小穗与穗轴贴上；穗轴节间长约 10 毫米，上部者可长达 15 毫米，除棱脊上微粗糙外，其余平滑无毛；小穗淡黄绿色，单生于穗轴节上，通常具 3～6（9）花；颖披针形或窄披针形，两颖不等长；外稃窄披针形，无毛，粗糙，无芒或具长 8～30 毫米的芒；内稃与外稃等长，两脊上具纤毛；花药乳白色，长约 3 毫米。

用途：良等饲用植物。

阿拉善拟鹅观草 *Pseudoroegneria alashanica*（Keng）C. Yan et J. L.Yang

冰草属 *Agropyron* Gaertn.

冰草 *Agropyron cristatum*（L.）Gaertn.

鉴别特征：多年生旱生草本，须根稠密，外具沙套。秆疏丛生或密丛，直立或基部节微膝曲，上部被短柔毛，高15～75厘米。叶鞘紧密裹茎，粗糙或边缘微具短毛；叶舌膜质，顶端截平而微有细齿；叶片质较硬而粗糙，边缘常内卷。穗状花序较粗壮，矩圆形或两端微窄，穗轴生短毛，节间短；小穗紧密平行排列成2行，整齐呈篦齿状，含（3）5～7小花；颖舟形，脊上或连同背部脉间被密或疏的长柔毛，具略短或稍长于颖体之芒；外稃舟形，被有稠密的长柔毛或显著地被有稀疏柔毛，边缘狭膜质，被短刺毛；内稃与外稃略等长，先端尖且2裂，脊具短小刺毛。

用途：根入蒙药；优良牧草。

冰草 *Agropyron cristatum*（L.）Gaertn.

沙生冰草 *Agropyron desertorum*（Fisch. ex Link.）Schult.

鉴别特征：多年生旱生草本，植株根外具沙套。秆细，成疏丛或密丛，基部节膝曲，光滑，有时在花序上被柔毛，高20～55厘米。叶鞘紧密裹茎，无毛；叶舌长约0.5毫米或极退化而缺；叶片多内卷成锥状。穗状花序瘦细，条状圆柱形或矩圆状条形，穗轴光滑或于棱边具微柔毛；小穗覆瓦状排列，紧密而向上斜升，不呈篦齿状，含5～7小花，小穗轴具微毛；颖舟形，光滑无毛，脊上粗糙或具稀疏的短纤毛，先端芒长约2毫米；外稃舟形，背部以及边脉上常多少具短柔毛；内稃与外稃等长或稍长，先端2裂，脊微糙涩。

用途：根入蒙药；优等饲用禾草。

沙生冰草 *Agropyron desertorum*（Fisch. ex Link.）Schult.

沙芦草 *Agropyron mongolicum* Keng

鉴别特征：多年生旱生草本。秆疏丛生，基部节常膝曲，高25～58厘米。叶鞘紧密裹茎，无毛；叶舌截平，具小纤毛；叶片常内卷成针状，光滑无毛。穗状花序长5.5～8厘米，宽4～6毫米，穗轴节间长3～5（10）毫米，光滑或生微毛；小穗疏松排列，向上斜升，含（2）3～8小花，小穗轴无毛或有微毛；颖两侧常不对称，具3～5脉；外稃无毛或具微毛，边缘膜质，先端具短芒尖；内稃略短于外稃或与之等长或略超出，脊具短纤毛，脊间无毛或先端具微毛。

用途：根入蒙药；优良牧草。

沙芦草 *Agropyron mongolicum* Keng

披碱草属 *Elymus* L.

老芒麦 *Elymus sibiricus* L.

鉴别特征： 多年生中生植物。秆疏丛生，通常直立或有时基部的节膝曲而稍倾斜，高 50～75 厘米，全株粉绿色；叶鞘光滑无毛；叶舌膜质；叶片扁平，长 9.5～23 厘米，宽 2～9 毫米，上面粗糙或疏被柔毛，下面平滑。穗状花序弯曲而下垂，疏散，长 12～18 厘米，穗轴边缘粗糙或具小纤毛；小穗灰绿色或带紫灰绿色，含 3～5 小花，小穗轴密生微毛；颖先端尖或具长 3～5 毫米的短芒；外稃顶端芒粗糙，反曲；内稃与外稃几等长，先端 2 裂，脊上部具有小纤毛，脊间被稀少而微小的短毛。

用途： 良等饲用禾草。

老芒麦 *Elymus sibiricus* L.

披碱草 *Elymus dahuricus* Turcz. ex Griseb.

别名： 直穗大麦草。

鉴别特征： 多年生草本。秆疏丛生，直立，基部常膝曲，高 40～140 厘米，具 2～4 节。叶鞘无毛，或基部密具柔毛；叶舌截平；叶片扁平或干后内卷，上面粗糙，下面光滑。穗状花序直立，穗轴边缘具小纤毛，中部各节具 2 小穗，而接近顶端和基部各节只具 1 小穗；小穗绿色或紫绿色，熟后变为草黄色，含 2～5 小花，小穗轴密生微毛；颖披针形或条状披针形，先端渐尖或具长 5 毫米的芒；外稃披针形，全部密生短小糙毛，顶端芒粗糙，熟后向外展开；内稃与外稃等长，先端截平。

用途： 中等饲用植物。

披碱草 *Elymus dahuricus* Turcz. ex Griseb.

圆柱披碱草 *Elymus cylindricus*（Franch.）Honda

鉴别特征：多年生中生禾草。秆丛生，纤弱，高 40～80 厘米，具 2～3 节。叶鞘无毛；叶舌先端圆钝，撕裂；叶片扁平，干后内卷，上面粗糙，边缘疏生长柔毛，下面无毛而平滑。穗状花序瘦细，直立，穗轴边缘具小纤毛；小穗绿色或带有紫色，含 2～3 小花，而仅 1～2 小花发育，小穗轴密生微毛；颖条状披针形，沿脉明显粗糙，先端具芒长 2～3（4）毫米；外稃披针形，全部被微小短毛，顶端芒粗糙，直立或第一外稃长 7～8 毫米，顶端芒长 6～13 毫米；内稃与外稃等长，脊上有纤毛，脊间被微小短毛。

用途：中等饲用植物。

圆柱披碱草 *Elymus cylindricus*（Franch.）Honda

赖草属 *Leymus* Hochst.

羊草 *Leymus chinensis*（Trin. ex Bunge）Tzvel.

别名：碱草。

鉴别特征：多年生旱生-中旱生根茎禾本。秆单生或成簇，直立，高45～100厘米，具2～5节，光滑无毛；叶鞘光滑，有叶耳；叶舌纸质，截平；叶片质厚而硬，扁平或干后内卷，上面粗糙或有长柔毛，下面光滑。穗状花序劲直，穗轴粗壮，边缘疏生长纤毛；小穗粉绿色，熟后呈黄色，通常在每节孪生或在花序上端及基部者为单生，含4～10小花，小穗轴节间光滑；颖锥状，质厚而硬，上部粗糙，边缘具微细纤毛，其余部分光滑；外稃披针形，光滑，边缘具狭膜质，顶端渐尖或形成芒状尖头，基盘光滑；内稃与外稃等长，先端微2裂，脊上半部具微细纤毛或近于无毛。

用途：优等饲用禾草。

羊草 *Leymus chinensis*（Trin. ex Bunge）Tzvel.

赖草 *Leymus secalinus*（Georgi）Tzvel.

鉴别特征：多年生旱中生根茎禾草。秆单生或成簇，直立，高45～100厘米，具2～5节，光滑无毛，穗状花序下密具柔毛；叶鞘大都光滑，或在幼嫩时上部边缘具纤毛。穗状花序直立，灰绿色，穗轴被短柔毛，每节着生小穗（1）2或3（4），具2～7（10）小花；颖片狭披针形至锥形，先端尖如芒状，边缘具纤毛；外稃披针形，背部被短柔毛，边缘的毛尤长且密，先端渐尖或具短芒，脉在中部以上明显，基盘具毛；内稃与外稃等长，先端微2裂，脊的上半部具纤毛；胖胝体具长柔毛。

用途：根茎及须根入中药；良等饲用禾草。

赖草 *Leymus secalinus*（Georgi）Tzvel.

大麦草属 *Hordeum* L.

短芒大麦草 *Hordeum brevisubulatum*（Trin.）Link

别名： 野黑麦。

鉴别特征： 多年生中生禾草，常具根状茎。秆成疏丛，直立或下部节常膝曲，高25～70厘米，光滑。叶鞘无毛或基部疏生短柔毛；叶舌膜质，截平；叶片绿色或灰绿色。穗状花序顶生，绿色或成熟后带紫褐色；三联小穗两侧者不育，具长约1毫米的柄，颖针状，外稃长约5毫米，无芒；中间小穗无柄，外稃平滑或具微刺毛，先端具长1～2毫米的短芒，内稃与外稃近等长。

用途： 优等饲用禾草；改良盐渍化和碱化草场的优良草种。

短芒大麦草 *Hordeum brevisubulatum*（Trin.）Link

紫大麦草 *Hordeum roshevitzii* Bowden

别名：小药大麦草。

鉴别特征：多年生中生禾草。具短根状茎。秆直，丛生，细弱，高30～60厘米。叶鞘光滑；叶舌膜质；叶片扁平；顶生穗状花序；三联小穗两侧者具长约1毫米的柄，不育，颖与外稃均为刺芒状；中间小穗无柄，可育，颖刺芒状，外稃披针形，背部光滑，先端芒长3～5毫米，内稃与外稃近等长。

紫大麦草 *Hordeum roshevitzii* Bowden

落草属 *Koeleria* Pers.

落草 *Koeleria macrantha*（Ledeb.）Schult.

落草 *Koeleria macrantha*（Ledeb.）Schult.

别名：郦氏落草。

鉴别特征：多年生旱生植物。秆直立，高20～60厘米，具2～3节，花序下密生短柔毛，基部密集枯叶鞘。叶鞘无毛或被短柔毛；叶舌膜质；叶片扁平或内卷，灰绿色，蘖生叶密集，被短柔毛或上面无毛，上部叶近于无毛。圆锥花序紧缩呈穗状，下部间断，有光泽，草黄色或黄褐色；小穗含2～3小花，小穗轴被微毛或近于无毛；颖长圆状披针形，边缘膜质，先端尖；外稃披针形，第一外稃背部微粗糙，无芒，先端尖或稀具短尖头；内稃稍短于外稃。

用途：优等饲用禾草；改良天然草场的优良草种。

落草　*Koeleria macrantha*（Ledeb.）Schult.

茅香属 *Anthoxanthum* L.

茅香
Anthoxanthum nitens
（Weber）Y. Schouten et Veldkamp

鉴别特征：多年生中生草本。植株具黄色细长根茎。秆直立，无毛，高（20）30～50厘米。叶鞘无毛，或鞘口边缘具柔毛至全部密生微毛；叶舌膜质，先端不规则齿裂，边缘有时疏生纤毛；叶片扁平，上面被微毛或无毛，下面无毛，有时在基部与叶鞘连接处密生微毛，边缘具微刺毛。圆锥花序分枝细弱，斜升或几平展，无毛，常2～3枝簇生；小穗淡黄褐色，有光泽；颖等长或第一颖略短；雄花外稃顶端明显具小尖头，背部被微毛，向下渐稀少；两性小花外稃先端锐尖，上部被短毛。

用途：花序及根茎入中药；香料植物。

茅香　*Anthoxanthum nitens*（Weber）Y. Schouten et Veldkamp

光稃茅香 *Anthoxanthum glabrum*（Trin.）Veldkamp

鉴别特征： 多年生中生草本植物。植株具细弱根茎，秆高 12～25 厘米。叶鞘密生微毛至平滑无毛；叶舌透明膜质，先端钝；叶片扁平，两面无毛或略粗糙，边缘具微小刺状纤毛。圆锥花序卵形至三角状卵形，分枝细，无毛；小穗黄褐色，有光泽；颖膜质，具 1 脉；雄花外稃长于颖或与第二颖等长，先端具膜质而钝，背部平滑至粗糙，向上渐被微毛，边缘具密生粗纤毛，孕花外稃披针形，先端渐尖，较密的被有纤毛，其余部分光滑无毛；内稃与外稃等长或较短，具 1 脉，脊的上部疏生微纤毛。

用途： 优良牧草；可喂家兔。

光稃茅香 *Anthoxanthum glabrum*（Trin.）Veldkamp

虉草属 *Phalaris* L.

虉草 *Phalaris arundinacea* L.

鉴别特征：多年生中生根茎禾草。秆单生或少数丛生，直立，高 70～150 厘米。叶鞘无毛；叶舌薄膜质；叶片扁平，灰绿色，两面粗糙或贴生细微毛。圆锥花序紧密狭窄，分枝向上斜升，密生小穗；小穗无毛或被极细小之微毛；颖脊上粗糙，上部具狭翼，孕花外稃宽披针形，上部具柔毛；内稃披针形，质薄，短于外稃，2 脉不明显，具 1 脊，脊两旁疏生柔毛；不孕外稃条形，具柔毛。

用途：中等饲用植物；可作为在草甸草原地带建立人工草地的优良草种。

虉草 *Phalaris arundinacea* L.

拂子茅属 *Calamagrostis* Adans.

拂子茅 *Calamagrostis epigeios*（L.）Roth

鉴别特征：多年生中生根茎禾草。秆直立，高 75～135 厘米，平滑无毛。叶鞘平滑无毛；

拂子茅 *Calamagrostis epigeios*（L.）Roth

叶舌膜质，先端尖或 2 裂；叶片扁平或内卷，上面及边缘糙涩，下面较平滑。圆锥花序直立，有间断，分枝直立或斜上，粗糙；小穗条状锥形，黄绿色或带紫色；2 颖近于相等或第二颖稍短，先端长渐尖；外稃透明膜质，长约为颖体的 1/2（或稍逾 1/2），先端齿裂，基盘之长柔毛几与颖等长或较之略短，背部中部附近伸出 1 细直芒；内稃透明膜质，长为外稃的 2/3，先端微齿裂。

用途：中等饲用植物；固沙植物。

假苇拂子茅 *Calamagrostis pseudophragmites*（A. Hall.）Koeler

鉴别特征：多年生中生根茎禾草。秆直立，高 30～60 厘米，平滑无毛。叶鞘平滑无毛；叶舌膜质，背部粗糙，先端 2 裂或多撕裂；叶片常内卷，上面及边缘点状粗糙，下面较粗糙。圆锥花序开展，主轴无毛，分枝簇生，细弱，斜升，稍粗糙；小穗熟后带紫色；颖条状锥形，粗糙，成熟后 2 颖张开；外稃透明膜质，先端微齿裂，基盘之长柔毛与小穗近等长或稍短，芒自近顶端处伸出，细直；内稃膜质透明，长为外稃的 2/5～2/3。

用途：中等饲用植物；固堤植物。

假苇拂子茅 *Calamagrostis pseudophragmites*（A. Hall.）Koeler

野青茅属 *Deyeuxia* Clarion ex P. Beauv.

野青茅 *Deyeuxia pyramidalis*（Host）Veldkamp

鉴别特征：多年生中生根茎禾草。秆直立或节微膝曲，基部具被鳞片之芽，高 60～120 厘米。叶鞘较疏松，被长柔毛或无毛，而仅于鞘口及边缘被长柔毛；叶舌干膜质，背面粗糙，先端撕裂；叶片扁平或向上渐内卷，上面无毛或疏被长柔毛，下面粗糙。圆锥花序较紧缩略开展，草黄色或带紫色，分枝簇生，直立，粗糙；颖披针形，先端尖，2 颖几等长或第二颖略短；外稃与颖等长或略有长短，粗糙，基盘两侧毛长可达稃体的 1/3，芒自近基部 1/5 处伸出；内稃与外稃等长或较短。

用途：中等饲用植物。

野青茅 *Deyeuxia pyramidalis*（Host）Veldkamp

剪股颖属 *Agrostis* L.

巨序剪股颖 *Agrostis gigantea* Roth

别名： 小糠草、红顶草。

鉴别特征： 多年生中生根茎禾草。植株具根头及匍匐根茎。秆丛生，直立或下部的节膝曲而斜升，高 60～115 厘米。叶鞘无毛；叶舌膜质，先端具缺刻状齿裂，背部微粗糙；叶片扁平，上面微粗糙，边缘及下面具微小刺毛。圆锥花序开展。每节具（3）4～6分枝，分枝微粗糙，基部可具小穗；小穗先端膨大；两颖近于等长，脊的上部及先端微粗糙；外稃无毛，不具芒；内稃具2脉，先端全缘或微有齿。

用途： 优等饲用植物。

巨序剪股颖 *Agrostis gigantea* Roth

菵草属 *Beckmannia* Host

菵草 *Beckmannia syzigachne*（Steud.）Fernald

鉴别特征： 一年生湿中生禾草。秆基部节微膝曲，高 45～65 厘米，平滑。叶鞘无毛；叶片扁平，两面无毛或粗糙或被微毛。圆锥花序狭窄，分枝直立或斜上；小穗压扁，倒卵圆形至圆形；颖背部较厚，灰绿色，边缘近膜质，绿白色，全体被微刺毛，近基部疏生微细纤毛；外稃略超出于颖体，质薄，全体疏被微毛，先端具芒尖；内稃等长于外稃或稍短。

用途： 中等饲用植物。

菵草 *Beckmannia syzigachne*（Steud.）Fernald

针茅属 *Stipa* L.

长芒草 *Stipa bungeana* Trin.

别名： 本氏针茅。

鉴别特征： 多年生旱生密丛型草本植物。秆直立或斜升，基部膝曲，高 30～60 厘米，具 2～5 节。叶鞘光滑，上部粗糙，边缘及鞘口具纤毛；叶舌白色膜质，披针形；秆生叶稀少，基生叶密集。圆锥花序长 12～20 厘米，基部被顶生叶鞘包裹，成熟后伸出鞘外；小穗稀疏，灰绿色或紫色；颖披针形，顶端延伸成芒状；外稃长 5～6 毫米，顶端关节处具短毛，基盘长约 1 毫米，密生向上的白色柔毛，芒早落，长 4～7 厘米，2 回膝曲，扭转，光滑或微粗糙，第一芒柱长 1～1.5 厘米，第二芒柱长 0.5～1 厘米，芒针细发状，长 3～5 厘米。

用途： 优良牧草。

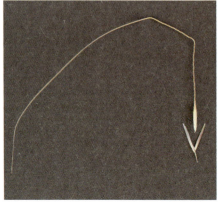

长芒草 *Stipa bungeana* Trin.

克氏针茅 *Stipa krylovii* Roshev.

别名：西北针茅。

鉴别特征：多年生密丛型旱生草本植物。秆直立，高 30～60 厘米。叶鞘光滑；基生叶长达 20 厘米。圆锥花序基部包于叶鞘内，分枝细弱，2～4 枝簇生；小穗稀疏；颖披针形，草绿色，成熟后淡紫色，光滑，先端白色膜质；外稃长 9～11.5 厘米，顶端关节处被短毛，基盘密生白色柔毛，芒 2 回膝曲，光滑，第一芒柱扭转，长 2～2.5 厘米，第二芒柱长约 1 厘米，芒针丝状弯曲，长 7～12 厘米。

用途：良等饲用植物。

克氏针茅　*Stipa krylovii* Roshev.

贝加尔针茅 *Stipa baicalensis* Roshev.

别名：狼针草。

鉴别特征：多年生密丛型中旱生草本植物。秆直立，高 50～80 厘米。叶鞘光滑或粗糙；叶

贝加尔针茅　*Stipa baicalensis* Roshev.

舌截形或 2 齿裂，具缘毛；叶片对折，基部叶长达 40 厘米。圆锥花序基部包于叶鞘内，分枝细弱，2～4 枝簇生；小穗稀疏，灰绿色或紫褐色；颖片狭披针形，先端线形；外稃长 12～14 毫米，顶端关节处被短毛，基盘密生白色柔毛，芒 2 回膝曲，粗糙，第一芒柱扭转，长 3～4 厘米，第二芒柱长 1.5～2 厘米，芒针丝状卷曲，长 8～13 厘米。

　　用途：良等饲用植物。

大针茅 *Stipa grandis* P. A. Smirn.

　　鉴别特征：多年生密丛型旱生草本植物。秆直立，高 50～100 厘米，具 3～4 节。叶鞘粗糙；叶舌长 2.5～10 毫米，披针形，白色膜质；秆生叶较短，基生叶可长达 50 厘米以上。圆锥花序基部包于叶鞘内，长 20～50 厘米，分枝细弱，2～4 枝簇生；小穗紫绿色；颖披针形，中上部白色膜质，顶端延伸成长尾尖；外稃长 15～17 毫米，芒 2 回膝曲，光滑或微粗糙，第一芒柱长 6～10 厘米，第二芒柱长 2～2.5 厘米，芒针丝状卷曲，早落，长 10～18 厘米。

　　用途：良等饲用植物。

大针茅 *Stipa grandis* P. A. Smirn.

短花针茅 *Stipa breviflora* Griseb.

　　鉴别特征：多年生旱生草本植物。秆丛生，直立，基部节处膝曲，高 30～60 厘米。叶鞘粗糙或具短柔毛，上部边缘具纤毛；叶舌披针形，白色膜质；秆生叶稀疏，基生叶密集。圆锥花

短花针茅 *Stipa breviflora* Griseb.

序下部被顶生叶鞘包裹；小穗稀疏；颖狭披针形，绿色或淡紫褐色，中上部白色膜质；外稃长约 5.5 毫米，芒 2 回膝曲，全芒着生短于 1 毫米的短柔毛，第一芒柱扭转，长 1～1.5 厘米，第二芒柱长 0.5～1 厘米，芒针弧状弯曲，长 3～6 厘米。

用途： 优等饲用植物。

戈壁针茅 *Stipa gobica* Roshev.

鉴别特征： 多年生密丛型旱生草本植物。秆斜升或直立，基部膝曲，高（10）20～50 厘米。叶鞘光滑或微粗糙；叶舌膜质，边缘具长纤毛；叶上面光滑，下面脉上被短刺毛。圆锥花序下部被顶生叶鞘包裹，分枝细弱，光滑，直伸，单生或孪生；小穗绿色或灰绿色；颖狭披针形，上部及边缘宽膜质，顶端延伸成丝状长尾尖，2 颖近等长；外稃长 7.5～8.5 毫米，顶端关节处光滑，基盘尖锐，密被柔毛，芒 1 回膝曲，芒柱扭转，光滑，长约 1.5 厘米，芒针急折弯曲近呈直角，非弧状弯曲，长 4～6 厘米，着生长 3～5 毫米的柔毛，柔毛向顶端渐短。

用途： 优等饲用植物。

戈壁针茅 *Stipa gobica* Roshev.

小针茅 *Stipa klemenzii* Roshev.

别名： 克里门茨针茅。

鉴别特征： 多年生密丛小型旱生草本植物。秆斜升或直立，基部节处膝曲，高（10）20～40

小针茅 *Stipa klemenzii* Roshev.

厘米。叶舌膜质，边缘具长纤毛；秆生叶长 2～4 厘米，基生叶长可达 20 厘米。圆锥花序被膨大的顶生叶鞘包裹，顶生叶鞘常超出圆锥花序，分枝细弱，粗糙，直伸，单生或孪生；小穗稀疏；颖狭披针形，绿色，上部及边缘宽膜质，顶端延伸成丝状尾尖，2 颖近等长；外稃长约 10 毫米，顶端关节处光滑或具稀疏短毛，基盘尖锐，密被柔毛，芒 1 回膝曲，芒柱扭转，光滑，长 2～2.5 厘米，芒针弧状弯曲，长 10～13 厘米，着生 3～6 毫米的柔毛，芒针顶端的柔毛较短。

小针茅 *Stipa klemenzii* Roshev.

用途： 优等饲用植物。

沙生针茅 *Stipa glareosa* P. A. Smirn.

鉴别特征： 多年生密丛小型旱生草本植物。秆斜升或直立，基部膝曲，高（10）20～50厘米。基部叶鞘粗糙或具短柔毛，叶鞘的上部边缘具纤毛，叶舌边缘具纤毛。秆生叶长2～4厘米，基生叶长可达20厘米。圆锥花序基部被顶生叶鞘包裹，分枝单生，短且直伸，被短刺毛；颖狭披针形，2颖近等长，顶端延伸成长尾尖；外稃长（7）8.5～10（11）毫米，基盘尖锐，密被白色柔毛，芒1回膝曲，全部着生长2～4毫米的白色柔毛，芒柱扭转，长约1.5厘米，芒针常弧形弯曲，长4～7厘米。

用途： 优等饲用植物。

沙生针茅 *Stipa glareosa* P. A. Smirn.

芨芨草属 *Achnatherum* Beauv.

芨芨草 *Achnatherum splendens*（Trin.）Nevski

别名： 积机草。

鉴别特征： 多年生旱中生耐盐草本植物。秆密丛生，直立或斜升，坚硬，高80～200厘米，通常光滑无毛。叶鞘无毛或微粗糙，边缘膜质；叶舌披针形，先端渐尖；叶片坚韧，纵向内卷或有时扁平，上面脉纹凸起，微粗糙，下面光滑无毛。圆锥花序开展，开花时呈金字塔形，分枝数枚簇生，细弱，基部裸露；小穗披针形，具短柄，灰绿色、紫褐色或草黄色；颖披针形或矩圆状披针形，膜质，顶端尖或锐尖；外稃长4～5毫米，芒长5～10毫米，自外稃齿间伸出，直立或微曲，但不膝曲扭转，微粗糙，易断落；内稃脉间有柔毛，成熟后背部多少露出外稃之外。

用途： 良等饲用植物。

芨芨草 *Achnatherum splendens*（Trin.）Nevski

醉马草
Achnatherum inebrians（Hance）Keng ex Tzvel.

别名： 药草。

鉴别特征： 多年生旱中生草本植物。秆少数丛生，直立，高60～120厘米，节下贴生微毛，其余部分平滑。叶鞘稍粗糙；叶舌膜质，较硬，顶端截平或具裂齿；叶片平展或边缘内卷，质地较硬，上面及边缘稍粗糙，脉纹在叶片两面均凸起。圆锥花序紧密呈穗状，下部可有间隔，直立或先端下倾，每节具6～7枚分枝，分枝基部着生小穗，穗轴及分枝均具细小刺毛，成熟时穗轴抽出甚长；小穗披针形或窄矩圆形，灰绿色，成熟后变褐铜色或带紫色，具较粗壮的柄，柄具细小刺毛；颖几等长，膜质，透明，先端尖，但常破裂；外稃顶端具2微齿，背部遍生短柔毛，基盘钝圆，密生短柔毛，芒长10～13毫米，1回膝曲，芒柱扭转且有短毛，芒针具细小刺毛；内稃脉间具短柔毛；花药条形，顶端具毫毛。

用途： 全草入中药和蒙药。

醉马草 *Achnatherum inebrians*（Hance）Keng ex Tzvel.

醉马草 *Achnatherum inebrians*（Hance）Keng ex Tzvel.

羽茅 *Achnatherum sibiricum*（L.）Keng ex Tzvel.

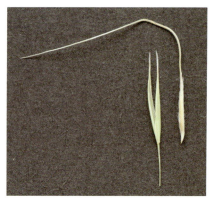

别名： 西伯利亚羽茅、光颖芨芨草。

鉴别特征： 多年生中旱生草本植物。秆直立，疏丛生，较坚硬，高 50～150 厘米。叶鞘松弛，边缘膜质；叶舌截平，顶端具不整齐裂齿；叶片通常卷折，有时扁平，质地较坚硬，直立或斜向上升。圆锥花序较紧缩，狭长，有时稍疏松，但从不形成开展状态，每节具（2）3～5 枚分枝，分枝直立或稍弯曲斜向升，基部着生小穗，有时基部裸露；小穗草绿色或灰绿色，成熟时变紫色；颖近等长或第

羽茅 *Achnatherum sibiricum*（L.）Keng ex Tzvel.

一颖稍短，矩圆状披针形，膜质，先端尖而透明，具3～4脉，光滑无毛或脉上疏生细小刺毛；外稃背部密生较长的柔毛，具3脉，脉于先端汇合；基盘锐尖，密生白色柔毛；芒长约2.5厘米，1回或不明显地2回膝曲，中部以下扭转，具较密的细小刺毛或微毛；内稃与外稃近等长或稍短于外稃；花药条形，顶端具毫毛。

用途：优良饲用植物；全草可作造纸原料。

远东芨芨草 *Achnatherum extremioroentale*（Hara）Keng

别名：展穗芨芨草。

鉴别特征：多年生中生草本植物。秆直立，疏丛生，高80～150厘米。叶鞘较松弛，边缘膜质；叶舌膜质，截平，顶端常具裂齿，长约1毫米；叶片质地较软，扁平或边缘稍内卷，先端渐尖，上面和边缘微粗糙，下面平滑。圆锥花序疏松开展，每节具（2）3～6枚分枝，分枝细长，直立，成熟后水平开展，微粗糙，常呈半环状簇生，下部裸露；小穗草绿色或灰绿色，成熟后变成紫色或浅黄色，矩圆状披针形，长7～9毫米，柄微粗糙；颖几等长或第一颖稍短，膜质，上部边缘透明；外稃长5～6.5毫米，顶端具不明显2微齿，背部密生白色柔毛；基盘钝圆，长约0.5毫米，密生短柔毛；芒长约2厘米，一回膝曲，芒柱扭转，具疏生极细小刺毛；内稃与外稃近等长，脉间具白色短柔毛。

用途：优良饲用植物。

远东芨芨草 *Achnatherum extremioroentale*（Hara）Keng

细柄茅属 *Ptilagrostis* Griseb.

细柄茅 *Ptilagrostis mongholica*（Turcz. ex Trin.）Griseb.

鉴别特征：多年生中生草本植物。秆密丛生，直立或基部稍倾斜，高20～60厘米，光滑或上部具纵行排列之微毛。叶鞘紧密抱茎，通常稍粗糙，后变光滑，具狭膜质边缘；叶舌膜质，长1～3毫米，先端钝或锐尖，微点状粗糙；叶片质地较软，脉及边缘微粗糙。圆锥花序开展，分枝细弱，呈毛细管状，常 2 枚孪生，有时单生，分枝腋间或小穗柄基部通常膨大；小穗卵形或矩圆形，带灰色或暗紫色；颖宽披针形或矩圆状披针形，基部紫黑色或暗灰色；外稃下部被柔毛，基盘稍钝圆，被短柔毛，长约 1 毫米，芒自外稃顶端裂齿间伸出，长 1.5～3 厘米，中部膝曲，下部扭转，被长短均一的短柔毛；内稃约与外稃等长，披针形，散生柔毛。

用途：良等饲用植物。

细柄茅 *Ptilagrostis mongholica*（Turcz. ex Trin.）Griseb.

沙鞭属 *Psammochloa* Hitchc.

沙鞭 *Psammochloa villosa*（Trin.）Bor

别名：沙竹。

鉴别特征：多年生旱生草本植物。根状茎长达 2～3 米。秆直立，光滑无毛，节多密集于秆基部。叶鞘光滑无毛或微粗糙，具狭窄的膜质边缘；叶舌膜质，顶端渐尖而通常撕裂状；叶片质地坚韧，扁平或边缘内卷，上面具较密生的细小短毛，下面光滑无毛。圆锥花序较紧缩，直立；小穗披针形，含 1 小花，白色、灰白色或草黄色，小穗柄短于小穗，被较密的细短毛；颖草质，近相等或第一颖较短，先端渐尖至稍钝，疏生白色微毛；外稃纸质，背部密生长柔毛，顶端具 2 微裂齿，基盘较钝圆，无毛或疏生细柔毛，芒自外稃顶端裂齿间伸出，直立，长 7～12 毫米，被较密的细小短毛，易脱落；内稃与外稃等长或近等长，密生柔毛。

用途：良等饲用植物；固沙植物；茎叶纤维可作造纸原料；颖果可作面粉食用。

沙鞭 *Psammochloa villosa*（Trin.）Bor

沙鞭 *Psammochloa villosa*（Trin.）Bor

钝基草属 *Timouria* Roshev.

钝基草 *Timouria saposhnikowii* Roshev.

别名：帖木儿草。

鉴别特征：多年生旱生草本植物。秆密丛生，直立或基部稍斜上升，高20～60厘米，具2～3节。叶鞘平滑无毛，紧密抱茎，边缘膜质透明；叶舌薄膜质，顶端不整齐裂齿状；叶片质地较坚硬，直立，纵卷呈针状。圆锥花序顶生，紧密狭窄呈穗形；小穗披针形，草黄色，含1小花；颖狭披针形或披针形，膜质；外稃质地厚于颖片，矩圆状披针形，背部遍生短毛，顶端具

钝基草 *Timouria saposhnikowii* Roshev.

2短裂齿，边脉于近顶端裂口处与中脉汇合，并向上延伸成短而细的芒，芒自外稃顶端裂齿间伸出，具细小刺毛，直立或中下部稍弯曲，有时基部稍呈不明显的扭曲，长2～4.5毫米，易脱落；基盘短而钝圆，具须毛；内稃与外稃等长或略短于外稃；鳞被3枚，矩圆形。

用途： 优等饲用植物。

冠芒草属 *Enneapogon* Desv. ex P. Beauv.

冠芒草 *Enneapogon desvauxii* P. Beauv.

鉴别特征： 一年生中生喜暖草本植物。植株基部鞘内常具隐藏小穗。秆节常膝曲，高5～25厘米，被柔毛。叶鞘密被短柔毛，鞘内常有分枝；叶舌极短，顶端具纤毛；叶片多内卷，密生短柔毛，基生叶呈刺毛状。圆锥花序短穗状，紧缩呈圆柱形，铅灰色或熟后呈草黄色；小穗通常含2～3小花，顶端小花明显退化，小穗轴节间无毛；颖披针形，质薄，边缘膜质，先端尖，背部被短柔毛，具3～5脉，中脉形成脊，第一外稃被柔毛，尤以边缘更显，基盘亦被柔毛，顶端具9条直立羽毛状芒，芒不等长；内稃与外稃等长或稍长，脊上具纤毛。

用途： 优等饲用植物。

冠芒草 *Enneapogon desvauxii* P. Beauv.

獐毛属 *Aeluropus* Trin.

獐毛 *Aeluropus sinensis*（Debeaux）Tzvel.

鉴别特征： 多年生耐盐旱中生植物。植株基部密生鳞片状叶。秆直立或倾斜，基部常膝曲，高20～35厘米，花序以下被微细毛，节上被柔毛。叶鞘无毛或被毛，鞘口常密生长柔毛；叶舌为1圈纤毛；叶片狭条形，尖硬，扁平或先端内卷如针状，两面粗糙，疏被细纤毛。圆锥花序穗状，分枝单生，且短，紧贴主轴；小穗卵形至宽卵形，含4～7小花；颖宽卵形，边缘膜质，脊上粗糙，被微细毛；外稃具9脉，先端中脉成脊，粗糙并延伸成小芒尖，边缘膜质，无毛或先端粗糙至被微细毛；内稃先端具缺刻，脊上具微纤毛。

用途： 优良饲用植物；固沙植物。

獐毛 *Aeluropus sinensis*（Debeaux）Tzvel.

画眉草属 *Eragrostis* Beauv.

画眉草 *Eragrostis pilosa*（L.）Beauv.

鉴别特征：一年生中生草本。秆较细弱，直立、斜升或基部铺散，节常膝曲，高 10～30（45）厘米。叶鞘疏松裹茎，多少压扁，具脊，鞘口常具长柔毛，其余部分光滑；叶舌短，为一圈细纤毛；叶片扁平或内卷，两面平滑无毛。圆锥花序开展，分枝平展或斜上，基部分枝近于轮生，枝腋具长柔毛；小穗熟后带紫色，含 4～8 小花；颖膜质，先端钝或尖，第一颖常无脉，第二颖具 1 脉；外稃先端尖或钝；内稃弓形弯曲，短于外稃，常宿存，脊上粗糙。

用途：全草入中药。

画眉草 *Eragrostis pilosa*（L.）Beauv.

小画眉草 *Eragrostis minor* Host

鉴别特征：一年生中生草本。秆直立或自基部向四周扩展而斜升，节常膝曲，高 10～20（35）厘米。叶鞘脉上具腺点，鞘口具长柔毛，脉间亦疏被长柔毛；叶舌为一圈细纤毛；叶片扁平，上面粗糙，背面平滑，脉上及边缘具腺体。圆锥花序疏松而开展，分枝单生，腋间无毛，1

小穗卵状披针形至条状矩圆形，绿色或带紫色，含4至多数小花，小穗柄具腺体；颖卵形或卵状披针形，先端尖，通常具一脉，脉上常具腺体，外稃宽卵圆形，先端钝；内稃稍短于外稃，宿存，脊上具极短的纤毛。

用途： 优等饲料植物。

小画眉草 *Eragrostis minor* Host

隐子草属 *Cleistogenes* Keng

无芒隐子草 *Cleistogenes songorica*（Roshev.）Ohwi

鉴别特征： 多年生旱生草本植物。秆丛生，直立或稍倾斜，高15～50厘米，基部具密集枯叶鞘。叶鞘无毛，仅鞘口有长柔毛；叶舌具短纤毛；叶片条形，上面粗糙，扁平或边缘稍内卷。圆锥花序开展，分枝平展或稍斜上，分枝腋间具柔毛；小穗含3～6小花，绿色或带紫褐色；颖卵状披针形，先端尖，具1脉，外稃卵状披针形，边缘膜质，第一外稃5脉，先端无芒或具短尖头；内稃短于外稃；花药黄色或紫色，长1.2～1.6毫米。

用途： 优等饲用植物。

无芒隐子草 *Cleistogenes songorica*（Roshev.）Ohwi

糙隐子草 *Cleistogenes squarrosa*（Trin.）Keng

鉴别特征： 多年生旱生草本植物。植株通常绿色，秋后常呈红褐色。秆密丛生，直立或铺散，纤细，高 10～30 厘米，干后常成蜿蜒状或螺旋状弯曲。叶鞘层层包裹，直达花序基部；叶舌具短纤毛；叶片狭条形扁平或内卷，粗糙。圆锥花序狭窄，小穗含 2～3 小花，绿色或带紫色；颖具 1 脉，边缘膜质；外稃披针形，5 脉，第一外稃长 5～6 毫米，先端常具较稃体为短的芒；内稃狭窄，与外稃近等长，花药长约 2 毫米。

用途： 优等饲用植物。

糙隐子草 *Cleistogenes squarrosa*（Trin.）Keng

薄鞘隐子草 *Cleistogenes festucacea* Honda

鉴别特征： 多年生中旱生植物。秆纤细，密丛生，直立，高 15～50 厘米，基部密生短小鳞芽，节间较长，干后亦稍左右弯曲。叶鞘无毛，鞘口有疏生长柔毛；叶舌为长约 2 毫米的纤毛；叶片条状披针形，扁平或稍内卷。圆锥花序疏展，斜上，具 3～5 分枝，具多数小穗，分枝斜上，平展或下垂；小穗灰绿色或紫褐色，含 1～5 小花；颖狭披针形，质薄，有光泽，外稃披针形，边缘疏生长柔毛；内稃稍短于外稃。

用途： 良等饲用植物。

薄鞘隐子草 *Cleistogenes festucacea* Honda

多叶隐子草 *Cleistogenes polyphylla* Keng ex P. C. Keng et L. Liu

鉴别特征：多年生中旱生草本植物。秆丛生，较粗壮，直立，高15～40厘米，具多节，节间较短，干后叶片常自叶鞘口处脱落，上部左右弯曲，与叶鞘近于叉状分离。叶鞘多少具疣毛，层层包裹直达花序基部；叶舌平截，短纤毛；叶片披针形至条状披针形，多直立上升，扁平或内卷，质厚，较硬。圆锥花序狭窄，基部常为叶鞘所包；小穗绿色或带紫色，含3～7小花；颖披针形或矩圆形，具1～3（5）脉，外稃披针形，5脉，第一外稃先端具长0.5～1.5毫米的短芒；内稃与外稃近等长。

用途：良等饲用植物。

多叶隐子草 *Cleistogenes polyphylla* Keng ex P. C. Keng et L. Liu

草沙蚕属 *Tripogon* Roem. et Schult.

中华草沙蚕 *Tripogon chinensis*（Fr.）Hack.

鉴别特征：多年生旱生密丛草本，须根纤细而稠密。秆直立，高10～30厘米，光滑无毛。叶鞘通常仅于鞘口处有白色长柔毛；叶舌膜质，具纤毛；叶片狭条形，常内卷成刺毛状，上面微粗糙且向基部疏生柔毛，下面平滑无毛。穗状花序细弱，穗轴三棱形，多平滑无毛；小穗条状披针形，浅绿色，含 3～5 小花；颖具宽而透明的膜质边缘；外稃质薄似膜质，先端 2 裂，具 3 脉，主脉延伸成短且直的芒，芒长 1～2 毫米，侧脉可延伸成芒状小尖头，第一外稃基盘被长约 1 毫米的柔毛；内稃膜质，等长或稍短于外稃，脊上粗糙，具微小纤毛。

用途：中等饲用植物。

中华草沙蚕 *Tripogon chinensis*（Fr.）Hack.

虎尾草属 *Chloris* Swartz

虎尾草 *Chloris virgata* Swartz

鉴别特征：一年生中生草本植物。秆无毛，斜升、铺散或直立，基部节处常膝曲。叶鞘背部具脊，上部叶鞘常膨大而包藏花序；叶舌膜质，顶端截平，具微齿；叶片平滑无毛或上面及边缘粗糙。穗状花序长 2～5 厘米，数枚簇生于秆顶；小穗灰白色或黄褐色；颖膜质，第二颖先端具长 0.5～2 毫米的芒；第一外稃具 3 脉，脊上微曲，边缘近顶处具长柔毛，背部主脉两侧及

虎尾草 *Chloris virgata* Swartz

边缘下部亦被柔毛，芒自顶端稍下处伸出，长5～12毫米；内稃稍短于外稃，脊上具微纤毛；不孕外稃狭窄，顶端截平，芒长4.5～9毫米。

用途： 全草入中药；良等饲用植物。

扎股草属 *Crypsis* Ait.

蔺状隐花草 *Crypsis schoenoides*（L.）Lam.

鉴别特征： 一年生耐盐中生草本植物。秆丛生，具分枝，直立至斜升，膝曲，高5～35厘米。叶鞘无毛，常松弛且多少膨大；叶舌短，顶端为一圈柔毛；叶片扁平，先端内卷、细弱呈针刺状。上面被微小硬毛并疏生长纤毛，下面平滑无毛或有时被毛。穗状圆锥花序多少呈矩圆形，下托以苞片状叶鞘；小穗披针形至狭矩圆形，淡白色或灰紫色；颖膜质，具1脉，脊变硬，上具微刺毛；外稃披针形，具1较硬的脊，被微刺毛；内稃短于外稃；雄蕊3。

蔺状隐花草 *Crypsis schoenoides*（L.）Lam.

锋芒草属 *Tragus* Hall.

锋芒草 *Tragus mongolorum* Ohwi

鉴别特征： 一年生中旱生草本植物。秆直立或铺散于地面，节常膝曲，高（6)10～30厘米。叶鞘无毛，鞘口常具细柔毛；叶舌为一圈长约1毫米的细柔毛；叶片宽条形，坚硬，两面无毛，边缘具刺毛。总状花序紧密呈穗状，圆柱形，长4～11厘米；具2个不等大的小穗，下部小穗长3.5～4毫米，上部小穗长3.2～3.7毫米；第一颖微小，薄膜质，第二颖革质，背部具5条带刺的纵肋，顶端尖头明显伸出刺外；外稃膜质，先端具尖头；内稃较外稃质薄且短，脉不明显。

用途： 劣等饲用植物。

锋芒草 *Tragus mongolorum* Ohwi

稗属 *Echinochloa* Beauv.

稗 *Echinochloa crusgalli*（L.）Beauv.

鉴别特征：一年生湿生植物。秆丛生，直立或基部倾斜，高50～150厘米。叶鞘疏松，上部具狭膜质边缘；叶片条形或宽条形。圆锥花序较疏松，常带紫色，呈不规则塔形，穗轴较粗壮，基部具硬刺疣毛，分枝柔软、斜上或贴生，具小分枝；小穗密集排列于穗轴的一侧，单生或成不规则簇生；第一颖长为小穗的1/3～1/2，基部包卷小穗，具较多的短硬毛或硬刺疣毛，第二颖与小穗等长，草质，先端渐尖成小尖头，脉上具硬刺状疣毛；第一外稃草质，先端延伸成一粗壮的芒，第一内稃与其外稃几等长，薄膜质；第二外稃外凸内平，革质，内稃先端外露。谷粒椭圆形，易脱落，白色、淡黄色或棕色，先端具粗糙的小尖头。

用途：根及幼苗入药；良等饲用植物；茎叶纤维可作造纸原料；谷粒供食用或酿酒；全草可作绿肥。

稗 *Echinochloa crusgalli*（L.）Beauv.

马唐属 *Digitaria* Hall.

止血马唐 *Digitaria ischaemum*（Schreb.）Schreb. ex Muhl.

鉴别特征： 一年生中生草本植物。秆直立或倾斜，基部常膝曲，高 15～45 厘米。叶鞘疏松裹茎，具脊，有时带紫色，无毛或疏生细软毛，鞘口常具长柔毛；叶舌干膜质，先端钝圆，不规则撕裂；叶片扁平，先端渐尖，基部圆形，两面均贴生微细毛，有时上面疏生细弱柔毛。总状花序 2～4 枚于秆顶彼此接近或最下 1 枚较远离，穗轴边缘稍呈波状，具微小刺毛；小穗灰绿色或带紫色，每节生 2～3 枚，小穗柄无毛，稀可被细微毛；第一颖微小或几乎不存在，透明膜质；第二颖稍短于小穗或约等长，具 3 脉，脉间及边缘密被柔毛；第一外稃具 5 脉，全部被柔毛；谷粒成熟后呈黑褐色。

用途： 中等饲用植物。

止血马唐 *Digitaria ischaemum*（Schreb.）Schreb. ex Muhl.

狗尾草属 *Setaria* Beauv.

金色狗尾草 *Setaria pumila*（Poirt）Roem. et Schult.

鉴别特征： 一年生，秆直立或基部膝曲，高 20～90 厘米。叶鞘下部扁压具脊；叶舌退化为一圈纤毛；叶片条形，长 3～17 厘米，上面粗糙或在基部有长柔毛，下面光滑无毛。圆锥花序密集成圆柱状，长 3～17 厘米，主轴具短柔毛，刚毛金黄色，粗糙；小穗椭圆形，长（2.2）2.5～3.5 毫米，先端尖，通常在一簇中仅有 1 枚发育；第一外稃与小穗等长，内稃膜质，短于小穗或与之几等长，并且与小穗几乎等宽；第二外稃骨质。

用途： 全草入蒙药；优良适用植物；种子可食或喂养家禽；还可蒸馏酒精。

金色狗尾草 *Setaria pumila*（Poirt）Roem. et Schult.

断穗狗尾草 *Setaria arenaria* Kitag.

鉴别特征： 一年生中生杂草。秆直立且细，丛生或近于丛生，高 15～45 厘米，光滑无毛。叶鞘口边缘具纤毛，基部叶鞘上常具瘤或瘤毛；叶舌由一圈长约 1 毫米的纤毛所组成；叶片狭条形，稍粗糙。圆锥花序紧密呈细圆柱形，直立，其下部常有疏隔间断现象，刚毛较短，且数目较少（与其他种相比），上举，粗糙；小穗狭卵形；第一颖卵形，长约为小穗的 1/3，先端稍尖，第二颖卵形，与小穗等长；第一外稃与小穗等长，其内稃膜质狭窄；第二外稃狭椭圆形，先端微尖，有轻微的横皱纹。

用途： 良等饲用植物。

断穗狗尾草 *Setaria arenaria* Kitag.

狗尾草 *Setaria viridis*（L.）Beauv.

别名：毛莠莠。

鉴别特征：一年生中生草本植物。秆高 20～70 厘米，直立或基部稍膝曲，单生或疏丛生。叶鞘较松弛，无毛或具柔毛；叶舌由一圈长 1～2 毫米的纤毛所组成；叶片扁平，条形至条状披针形。圆锥花序紧密成圆柱状，常向上渐狭，直立，有时下垂，刚毛长于小穗的 2～4 倍，粗糙，绿色、黄色或稍带紫色；小穗椭圆形，长 2～2.5 毫米；第一颖长为小穗的 1/4～1/3，常钝；第二颖与小穗几乎等长；第一外稃与小穗等长，具 5 脉，内稃狭窄；第二外稃具有细点皱纹。谷粒长圆形，顶端钝，成熟时稍肿胀。

用途：全草入中药和蒙药；优良饲用植物；种子可食用，喂养家禽以及蒸馏酒精。

狗尾草 *Setaria viridis*（L.）Beauv.

厚穗狗尾草 *Setaria viridis*（L.）Beauv. var. *pachystachys*（Franch. et Sav.）Makino et Nemoto

鉴别特征：一年生中生草本植物。本变种与狗尾草的主要区别在于：植株矮小；圆锥花序的长与宽之比小于 2∶1。

厚穗狗尾草 *Setaria viridis*（L.）Beauv. var. *pachystachys*（Franch. et Sav.）Makino et Nemoto

狼尾草属 *Pennisetum* Rich.

白草 *Pennisetum flaccidum* Griseb.

鉴别特征：多年生旱中生草本植物，具横走根茎。秆单生或丛生，直立或基部略倾斜，高35～55厘米，节处多少常具髭毛。叶鞘无毛或于鞘口及边缘具纤毛，有时基部叶鞘密被微细倒毛；叶舌膜质，顶端具纤毛；叶片条形，无毛或有柔毛。穗状圆锥花序呈圆柱形，直立或微弯曲，主轴具棱，无毛或有微毛，小穗簇总梗极短，最长不及 0.5 毫米，刚毛绿白色或紫色；小穗多数单生，有时 2～3 枚成簇，总梗不显著；第一颖先端尖或钝，第二颖先端尖；第一外稃与小穗等长，先端渐尖成芒状小尖头，内稃膜质而较短或退化，具 3 雄蕊或退化；第二外稃与小穗等长，先端亦具芒状小尖头，脉向下渐不明显，内稃较之略短。

用途：根茎入中药；良等饲用植物。

白草 *Pennisetum flaccidum* Griseb.

大油芒属 *Spodiopogon* Trin.

大油芒 *Spodiopogon sibiricus* Trin.

别名：大荻、山黄菅。

鉴别特征：多年生中旱生植物。植株具长根茎且密被覆瓦状鳞片。秆直立，高 60～100（150）厘米；叶片宽条形至披针形，无毛或密被微毛并疏生长柔毛。圆锥花序狭窄，主轴无毛或分枝腋处具髯毛；总状分枝近于轮生，小枝具 2～4 节，节具髯毛，每节小穗孪生，1 有柄，成熟后穗轴逐节断落，穗轴节间及小穗柄的两侧具较长的纤毛且先端膨大；小穗灰绿色或草黄色或略带紫色，基部具长 1～2.5 毫米的短毛；颖几等长，遍体被长柔毛；第一小花雄性，具 3 雄蕊，外稃卵状披针形，上部生微毛，与小穗几等长，内稃稍短；第二小花两性，外稃狭披针形，稍短于小穗，顶端深裂达稃体的 2/3，裂齿间芒长 9～12.5 毫米，中部膝曲，内稃稍短于外稃；子房光滑无毛，柱头紫色。

用途：全草入中药；中等饲用植物。

大油芒 *Spodiopogon sibiricus* Trin.

牛鞭草属 *Hemarthria* R. Br.

大牛鞭草 *Hemarthria altissima*（Poiret）Stapf et C. E. Hubbard

鉴别特征： 多年生中生草本植物，具长而横走根茎。秆直立，高 55～90 厘米。叶鞘无毛，有时鞘疏生长柔毛；叶舌短小，呈一圈纤毛；叶片扁平，条形，两面无毛。总状花序细直或多少弯曲，穗轴节间短于无柄小穗；第一颖先端以下多少有些紧缩，第二颖膜质，舟形，与穗轴凹穴贴生，第一外稃透明膜质；第二小花两性，第二内稃微小，膜质透明；有柄小穗长渐尖。

用途： 中等饲用植物。

大牛鞭草 *Hemarthria altissima*（Poiret）Stapf et C. E. Hubbard

荩草属 *Arthraxon* Beauv.

荩草 *Arthraxon hispidus*（Thunb.）Makino

鉴别特征：一年生中生草本植物。秆细弱，无毛，具多节，高 23～55 厘米。叶鞘具短硬疣毛；叶舌膜质，边缘具纤毛；叶片卵状披针形至披针形，基部心形抱茎，两面无毛或下面脉上疏生疣毛，至两面均被毛，边缘生有具疣基的纤毛。总状花序细弱，2～5 枚呈指状排列，穗轴节间无毛；有柄小穗退化，无柄小穗卵状披针形，灰绿色或带紫色；第一颖草质，边缘带膜质；第二颖较薄近于膜质，与第一颖等长，因背部具脊而呈舟形，脊上具短刺毛或粗糙，先端尖；第一外稃矩圆形，先端尖，长约为第一颖的 2/3，第二外稃与第一外稃等长，基部质较硬，膝曲，下部扭转，色较深，雄蕊 2，花药黄色或带紫色。

用途：全草入中药；良等饲用植物。

荩草 *Arthraxon hispidus*（Thunb.）Makino

孔颖草属 *Bothriochloa* Kuntze

白羊草 *Bothriochloa ischaemum*（L.）Keng

鉴别特征：多年生中旱生草本植物。植株有时具下伸短根茎。秆丛生，直立或基部膝曲，高 35～60 厘米，节无毛或有时具白色微毛。叶鞘无毛；叶片狭条形，上面密被微毛，下面无毛或粗糙；总状花序 3～6 枚于秆顶彼此接近再排列呈圆锥状，灰白而带紫色，穗轴节间与小穗柄两侧具白色丝状柔毛；无柄小穗，矩圆状披针形，基盘具髭毛；第一颖背部中央微凹，边缘内卷，上部成 2 脊，脊上粗糙，顶端膜质，钝或微齿裂，下部 1/3 常具丝状柔毛，第二颖背部具脊，脊上粗糙，先端尖，边缘、脉间均带膜质，中部以下疏生纤毛；第一外稃膜质透明，边缘上部疏生细纤毛，第二外稃退化成细条形，先端延伸成一膝曲的芒；有柄小穗雄性，无芒，第一颖背部无毛，先端粗糙或被微毛，脊上具细纤毛，第二颖边缘内折，膜质透明，疏被细纤毛。

用途：良等饲用植物。

白羊草 *Bothriochloa ischaemum*（L.）Keng

莎草科
Cyperaceae

三棱草属 *Bolboschoenus*（Ascherson）Palla

扁秆荆三棱 *Bolboschoenus planiculmis*（F. Schmidt）T. V. Egorova

别名：扁秆藨草。

鉴别特征：多年生湿生草本；根状茎匍匐，其顶端增粗成球形或倒卵形的块茎，黑褐色。秆单一，高 10～85 厘米，三棱形。基部叶鞘黄褐色，脉间具横隔；叶片长条形，扁平。苞片 1～3，叶状，比花序长 1 至数倍；长侧枝聚伞花序短缩成头状或有时具 1 至数枝短的辐射枝，辐射枝常具 1～4（6）小穗；小穗卵形或矩圆状卵形，黄褐色或深棕褐色，具多数花；鳞片卵状披针形或近椭圆形，先端微凹或撕裂，深棕色，背部绿色，具 1 脉，顶端延伸成 1～2 毫米的外反曲的短芒；下位刚毛 2～4 条，约小坚果的一半，具倒刺；雄蕊 3，花药长约 4 毫米，黄色。小坚果倒卵形，扁平或中部微凹，有光泽，柱头 2。

用途：块茎可入中药；中等饲用牧草；茎可作编织及造纸原料。

扁秆荆三棱 *Bolboschoenus planiculmis*（F. Schmidt）T. V. Egorova

水葱属 *Schoenoplectus*（Reichenback）Palla

水葱 *Schoenoplectus tabernaemontani*（C. C. Gmel.）Palla

鉴别特征：多年生湿生草本；根状茎粗壮，匍匐，褐色。秆高 30～130 厘米，圆柱形，中空，平滑。叶鞘疏松，淡褐色。苞片 1～2，短于花序，直立；长侧枝聚伞花序假侧生；小穗卵形或矩圆形，单生或 2～3 枚聚生，红棕色或红褐色；鳞片宽卵形或矩圆形，红棕色或红褐色，常具紫红色疣状突起。小坚果倒卵形，平凸状，灰褐色，平滑；柱头 2。

用途：中等饲用牧草；茎可作编织及造纸原料。

水葱 *Schoenoplectus tabernaemontani*（C. C. Gmel.）Palla

扁穗草属 *Blysmus* Panz. ex Schult.

华扁穗草 *Blysmus sinocompressus* Tang et F. T. Wang

鉴别特征： 多年生湿生草本，具细的匍匐根状茎。秆近圆柱形，通常簇生。基部叶鞘褐色或棕褐色，无叶片；秆生叶细线形，先端带褐色，且钝，短于茎；苞片鳞片状，先端具小尖头，绿色。穗状花序单一，顶生，卵状矩圆形或矩圆形，黑褐色或棕褐色；小穗矩圆状卵形，具2～3朵花；鳞片椭圆状卵形，先端钝；下位刚毛无或仅留有残迹；雄蕊3，花药先端具附属物。小坚果矩圆状卵形或椭圆形，平凸状，黄褐色；柱头2，与花柱近等长。

华扁穗草 *Blysmus sinocompressus* Tang et F. T. Wang

荸荠属 *Eleocharis* R. Br.

沼泽荸荠 *Eleocharis palustris*（L.）Roem. et Schult.

别名：中间型针蔺、中间型荸荠。

鉴别特征：多年生湿生草本，具匍匐根状茎。秆丛生，直立，高 20～40 厘米，直径 1～3 毫米，具纵沟。叶鞘长筒形，紧贴秆，长可达 7 厘米，基部红褐色，鞘口截平。小穗矩圆状卵形或卵状披针形，红褐色；花两性，多数；鳞片矩圆状卵形，先端急尖，长约 3.2 毫米，宽约 1 毫米，具红褐色纵条纹，中间黄绿色，边缘白色宽膜质，上部和基部膜质较宽；下位刚毛通常 4，长于小坚果，具细倒刺；雄蕊 3，小坚果倒卵形或宽倒卵形，长约 1.2 毫米，宽约 0.8 毫米，光滑；花柱基三角状圆锥形，高约 0.3 毫米，略大于宽度，海绵质；柱头 2。

沼泽荸荠 *Eleocharis palustris*（L.）Roem. et Schult.

莎草属 *Cyperus* L.

褐穗莎草 *Cyperus fuscus* L.

别名：密穗莎草。

鉴别特征：一年生中生草本，丛生。秆锐三棱形。叶基生，叶片扁平；苞片叶状，2～3 枚；长侧枝聚伞花序复出或简单，辐射枝 1～6 枚，不等长。小穗多数，集生成穗状或头状，小穗棕褐色或有时带黑色，长圆形，具 15～25 花；鳞片卵形，顶端具小尖头；雄蕊 2，柱头 3。小坚果椭圆形或三棱形，淡黄色。

褐穗莎草 *Cyperus fuscus* L.

异型莎草 *Cyperus difformis* L.

别名：球穗莎草。

鉴别特征：一年生湿生草本，具须根。秆丛生，三棱形，平滑，具纵条纹。叶基生，叶鞘稍带红褐色；叶片扁平，短于秆。苞片 2～3，叶状。长侧枝聚伞花序简单，常具 2～7 不等长的辐射枝，辐射枝顶端着生多数小穗，密集成球状或头状；小穗椭圆状披针形或条形，先端钝；鳞片倒卵状圆形或扁圆形，先端钝；雄蕊 1～2；柱头 3。小坚果倒卵状椭圆形，具三棱。

异型莎草 *Cyperus difformis* L.

异型莎草 *Cyperus difformis* L.

水莎草属 *Juncellus*（Griseb.）C. B. Clarke

水莎草 *Juncellus serotinus*（Rottb.）C. B. Clarke

鉴别特征： 多年生湿生草本，具细长匍匐的根状茎。秆粗壮，常单生，高 22～90 厘米，扁三棱形。叶鞘疏松；叶片条形，扁平，短于秆。苞片 3，叶状，开展，长于花序；长侧枝聚伞花序复出，具 7～10 个不等长的辐射枝，每一辐射枝具 1～3（6）穗状花序，穗状花序着生 5～15（20）小穗；小穗矩圆状披针形或条状披针形；鳞片宽卵形，红棕色，背部绿色，具多数脉，先端钝圆，边缘白色膜质；雄蕊 3；柱头 2。小坚果宽倒卵形，黄褐色，有细点。

水莎草 *Juncellus serotinus*（Rottb.）C. B. Clarke

扁莎属 *Pycreus* P. Beauv.

红鳞扁莎 *Pycreus sanguinolentus*（Vahl）Nees ex C. B. Clarke

别名：槽鳞扁莎。

鉴别特征：一年生湿生草本，具须根。秆丛生，稀单生，高5～45厘米，三棱形，平滑。叶鞘红褐色，具纵肋；叶片条形，扁平，短于秆。苞片2～3，叶状，不等长；长侧枝聚伞花序短缩成头状或具1～4个不等长的辐射枝，辐射枝长1～4厘米，其上着生多数小穗；小穗长卵形或矩圆形，具5～15花；鳞片成两行排列，卵圆形；雄蕊3；柱头2。小坚果倒卵形，双凸状，灰褐色，具细点。

红鳞扁莎 *Pycreus sanguinolentus*（Vahl）Nees ex C. B. Clarke

球穗扁莎 *Pycreus flavidus*（Retzius）T. Koyama

鉴别特征：多年生湿生草本，具极短根状茎。秆纤细，三棱形，高5～22厘米，平滑。叶

球穗扁莎 *Pycreus flavidus*（Retzius）T. Koyama

鞘红褐色；叶片条形，短于秆，宽 1～2 毫米，边缘稍粗糙。苞片 2～3，不等长；长侧枝聚伞花序简单；辐射枝延伸，近顶部形成穗状花序，球形或宽卵圆形，具 5～23 小穗；小穗条形或狭披针形，具 20～30 花；小穗轴四棱形；鳞片卵圆形或长椭圆状卵形；雄蕊 2；柱头 2。小坚果倒卵形，双凸状，先端具短尖，黄褐色，具细点。

薹草属 *Carex* L.

寸草薹 *Carex duriuscula* C. A. Mey.

别名：寸草、卵穗薹草。

鉴别特征：多年生中旱生草本。根状茎细长，匍匐，黑褐色。秆疏丛生，纤细，近钝三棱形。基部叶鞘无叶片，灰褐色，具光泽，细裂成纤维状；叶片内卷成针状，刚硬，灰绿色，短于秆，两面平滑，边缘稍粗糙。穗状花序通常卵形或宽卵形；苞片鳞片状，短于小穗；小穗3～6 个，雄雌顺序，密生，卵形，具少数花；雌花鳞片宽卵形或宽椭圆形，锈褐色，先端锐尖，具白色膜质狭边缘，稍短于果囊；果囊革质，宽卵形或近圆形，平凸状，褐色或暗褐色；花柱短，基部稍膨大，柱头 2。小坚果疏松包于果囊中，宽卵形或宽椭圆形。

用途：优等饲用牧草。

寸草薹 *Carex duriuscula* C. A. Mey.

柄状薹草 *Carex pediformis* C. A. Mey.

别名：日荫菅、脚薹草、硬叶薹草。

鉴别特征：多年生中旱生草本；根状茎短缩，斜升。秆密丛生，纤细，钝三棱形，平滑。基部叶鞘褐色，细裂成纤维状；叶片稍硬，扁平或稍对折，灰绿色或绿色。苞片佛焰苞状；小穗 3～4 个；雄花鳞片矩圆形，锈色或淡锈色，具 1 条脉，边缘白色膜质；侧生 2～3 个雌小穗，矩圆状条形，稍稀疏，具粗糙柄；穗轴通常直；雌花鳞片卵形，锈色或淡锈色；花柱基部膨大，向背侧倾斜，柱头 3。小坚果紧包于果囊中，倒卵形，三棱状，淡褐色，具短柄。

用途：优等饲用牧草。

柄状薹草 *Carex pediformis* C. A. Mey.

灰脉薹草 *Carex appendiculata*（Trautv.）Kukenth.

鉴别特征：多年生湿生草本，根状茎短，形成踏头。秆密丛生，平滑或有时粗糙。基部叶

灰脉薹草 *Carex appendiculata*（Trautv.）Kukenth.

鞘无叶，茶褐色或褐色，稍有光泽，老时细裂成纤维状。叶片扁平或有时内卷，淡灰绿色，与秆等长或稍长，两面平滑，边缘具微细齿。苞叶无鞘，与花序近等长；小穗 3～5 个；雌花鳞片宽披针形；果囊薄革质，椭圆形，平凸状，顶端具短喙，喙口微凹；花柱基部不膨大，柱头 2。小坚果紧包于果囊中，宽倒卵形或近圆形，平凸状。

菖蒲科
Acoraceae

菖蒲属 *Acorus* L.

菖蒲 *Acorus calamus* L.

别名：石菖蒲、白菖蒲、水菖蒲。

鉴别特征：多年生水生草本。根状茎粗壮，横走；外皮黄褐色，芳香。叶基生，剑形，两行排列；叶片向上直伸，长 40～70 厘米，宽 1～2 厘米，先端渐尖，基部宽而对褶，边缘膜质，具明显突起的中脉。花序柄三棱形；佛焰苞叶状剑形；肉穗花序斜向上，近圆柱形。两性花，黄绿色；花被片倒披针形；雄蕊 6，花丝扁平与花被片约等长，花药淡黄色，卵形，稍伸出花被；子房长椭圆形，具 2～3 室，每室含数个胚珠，花柱短，柱头小。浆果红色，矩圆形，紧密靠合。

用途：根状茎入中药和蒙药。

菖蒲 *Acorus calamus* L.

浮萍科
Lemnaceae

浮萍属 *Lemna* L.

浮萍 *Lemna minor* L.

鉴别特征：一年生浮水水生草本。植物体漂浮于水面。叶状体近圆形或倒卵形，长 3～6 毫米，宽 2～3 毫米，全缘，两面绿色，不透明，光滑，具不明显的三条脉纹。假根纤细，根鞘无附属物，根冠钝圆或截形。花着生于叶状体边缘开裂处；膜质苞鞘囊状，内有雌花 1 朵和雄花 2 朵；雌花具 1 胚珠，弯生。果实圆形，近陀螺状，具深纵脉纹，无翅或具狭翅；种子 1，具不规则的突出脉。

用途：全草入中药。

浮萍 *Lemna minor* L.

雨久花科
Pontederiaceae

雨久花属 *Monochoria* Presl

雨久花 *Monochoria korsakowii* Regel et Maack

鉴别特征：一年生水生草本，高 25～45 厘米。主茎短，须根柔软。叶宽卵状心形或心形，先端锐尖或渐尖，基部心形；常呈紫色。圆锥花序顶生；花蓝紫色，花被裂片椭圆形，

雨久花 *Monochoria korsakowii* Regel et Maack

雨久花 *Monochoria korsakowii* Regel et Maack

先端圆钝；花药矩圆形，其中一个较大，浅蓝色，其他 5 枚较小，黄色。花丝丝状；子房卵形，花柱向一侧弯曲，与子房约等长，柱头 3～6 裂，被腺毛。蒴果卵状椭圆形，下部包被在宿存花被内；种子白色，矩圆形，长约 1 毫米，具纵条棱。

用途：全草入中药，可作家畜及家禽的饲料。

灯心草科
Juncaceae

灯心草属 *Juncus* L.

小灯心草 *Juncus bufonius* L.

鉴别特征：一年生湿生草本，高 5～25 厘米。茎丛生，直立或斜升，基部有时红褐色。叶基生和茎生，扁平，狭条形；叶鞘边缘膜质，向上渐狭，无明显叶耳。花序呈不规则二歧聚伞状；总苞片叶状，较花序短；小苞片 2～3，卵形，膜质；花被片绿白色，披针形，外轮明显较长，内轮较短；雄蕊 6，花药狭矩圆形，比花丝短。蒴果三棱状矩圆形，褐色，与内轮花被片等

小灯心草 *Juncus bufonius* L.

长或较短。种子卵形，黄褐色，具纵纹。

用途： 良等饲用植物。

细灯心草 *Juncus gracillimus*（Buch.）V. I. Krecz. et Gontsch.

鉴别特征： 多年生湿生草本，高 30～50 厘米。根状茎横走密被褐色鳞片。茎丛生，直立，绿色。基生叶 2～3 片，茎生叶 1～2 片，叶片狭条形；叶鞘松弛抱茎，其顶部具圆形叶耳。复聚伞花序生茎顶部，具多数花；总苞片叶状，常 1 片，常超出花序。花小，彼此分离；小苞片

2，三角状卵形或卵形，膜质；花被片近等长，卵状披针形，常稍向内卷成兜状；雄蕊 6，短于花被片，花药狭矩圆形，与花丝近等长；花柱短，柱头三分叉。蒴果卵形或近球形，超出花被片，先端具短尖，褐色，具光泽。种子褐色，斜倒卵形，表面具纵向梯纹。

用途： 良等饲用植物。

细灯心草 *Juncus gracillimus*（Buch.）V. I. Krecz. et Gontsch.

尖被灯心草 *Juncus turzaninowii*（Buch.）V. I. Krecz.

别名： 竹节灯心草。

鉴别特征： 多年生湿生草本，高 20～50 厘米，具横走的根状茎。茎直立，密丛生，圆

尖被灯心草 *Juncus turzaninowii*（Buch.）V. I. Krecz.

柱形，绿色，具纵沟纹。基生叶1～2片，茎生叶通常2片，叶片扁圆筒形，先端针形，横隔明显，关节状；叶鞘松弛抱茎，其顶端具狭窄的叶耳。叶状总苞片1枚，常短于花序；复聚伞花序顶生，由多数头状花序组成；头状花序半球形，基部有膜质苞片2，苞片卵形，较花短；小苞片1，膜质，卵形；花被片近等长，披针形；雄蕊6，短于花被片；花药矩圆形，较花丝短。蒴果三棱状矩圆形或椭圆形，黑褐色或褐色，具光泽，先端具短尖头。种子尖椭圆形或近卵形，棕色，表面具纵向梯状网纹。

百合科
Liliaceae

葱属 *Allium* L.

野韭 *Allium ramosum* L.

鉴别特征： 多年生中旱生草本。根状茎粗壮，横生，略倾斜。鳞茎近圆柱状，簇生。叶三棱状条形，背面纵棱隆起呈龙骨状，叶缘及沿纵棱常具细糙齿，中空，短于花葶。花葶圆柱状，下部被叶鞘；总苞单侧开裂或2裂，白色、膜质，宿存。伞形花序半球状或近球状，具多而较疏的花；小花梗近等长；花白色，稀粉红色；花被片常具红色中脉；子房倒圆锥状球形，具3圆棱，外壁具疣状突起；花柱不伸出花被外。

用途： 叶可作蔬菜食用，花和花葶可腌渍做"韭菜花"调味佐食；优等饲用植物。

野韭 *Allium ramosum* L.

蒙古韭 *Allium mongolicum* Regel

别名： 蒙古葱、沙葱。

鉴别特征： 多年生旱生草本。鳞茎数枚紧密丛生，圆柱状；鳞茎外皮灰褐色，撕裂成松散的纤维状。叶半圆柱状至圆柱状，短于花葶。花葶圆柱状，高10～35厘米，近基部被叶鞘；

总苞单侧开裂，膜质，宿存；伞形花序半球状至球状，通常具多而密集的花；花较大，淡红色至紫红色；花被片卵状矩圆形，先端钝圆；花丝近等长，基部合生并与花被片贴生，外轮者锥形；子房卵状球形；花柱长于子房，但不伸出花被外。

用途：地上部分入蒙药；叶及花可食用；优等饲用植物。

蒙古韭 *Allium mongolicum* Regel

碱韭 *Allium polyrhizum* Turcz. ex Regel

别名：多根葱、碱葱。

鉴别特征：多年生强旱生草本。鳞茎多枚紧密簇生，圆柱状。叶半圆柱状，边缘具密的微糙齿，短于花葶。花葶圆柱状，近基部被叶鞘；总苞 2 裂，膜质，宿存；伞形花序半球状，具多而密集的花；小花梗近等长，基部具膜质小苞片，稀无小苞片；花紫红色至淡紫色，稀粉白色；花丝等长，稍长于花被片；子房卵形，不具凹陷的蜜穴；花柱稍伸出花被外。

用途：优等饲用植物。

碱韭 *Allium polyrhizum* Turcz. ex Regel

矮韭 *Allium anisopodium* Ledeb.

别名：矮葱。

鉴别特征：中生植物。根状茎横生，外皮黑褐色。叶半圆柱状条形，光滑，短于或近等长于花葶；花葶圆柱状，具细纵棱，光滑，下部被叶鞘；总苞单侧开裂，宿存。伞形花序近帚状，松散；花淡紫色至紫红色；外轮花被片卵状矩圆形，先端钝圆；内轮花被片倒卵状矩圆形，先端平截；花丝长约为花被片的2/3，基部合生并与花被片贴生；子房卵球状，基部无凹陷的蜜穴；花柱短于或近等长于子房，不伸出花被外。

用途：优等饲用植物。

矮韭 *Allium anisopodium* Ledeb.

细叶韭 *Allium tenuissimum* L.

别名：细叶葱。

鉴别特征：多年生旱生草本。鳞茎近圆柱状，数枚聚生，多斜升；叶半圆柱状至近圆柱状，光滑，长于或近等长于花葶。花葶圆柱状，具纵棱，光滑，中下部被叶鞘；总苞单侧开裂，膜质，宿存。伞形花序半球状或近帚状，松散；小花梗近等长，基部无小苞片；花白色或淡红色，稀紫红色；花丝基部合生并与花被片贴生；子房卵球状，花柱不伸出花被外。

用途：花序与种子可作调味品；优等饲用植物。

细叶韭 *Allium tenuissimum* L.

砂韭 *Allium bidentatum* Fisch. ex Porkh. et IK. -Gal.

别名：砂葱、双齿葱。

鉴别特征：多年生旱生草本。鳞茎数枚紧密聚生，圆柱状。叶半圆柱状，边缘具疏微齿，短于花葶。花葶圆柱状，近基部被叶鞘；总苞2裂，膜质，宿存。伞形花序半球状，具多而密集的花；小花梗近等长，基部无小苞片；花淡紫红色至淡紫色；花丝等长，基部合生并与花被片贴生；子房卵状球形，基部无凹陷的蜜穴；花柱略长于子房，不伸出花被外。

用途：优等饲用植物。

砂韭 *Allium bidentatum* Fisch. ex Porkh. et Ik. -Gal.

黄花葱 *Allium condensatum* Turcz.

鉴别特征：中旱生植物。鳞茎近圆柱形，外皮深红褐色，革质，有光泽，条裂。叶圆柱状

黄花葱 *Allium condensatum* Turcz.

或半圆柱状，具纵沟槽，中空，短于花葶。花葶圆柱状，实心，高 30～60 厘米，近中下部被以具明显脉纹的膜质叶鞘；总苞 2 裂，膜质，宿存；伞形花序球状，具多而密集的花；花淡黄色至白色；花被片卵状矩圆形，钝头，外轮略短；花丝等长，锥形，无齿，基部合生并与花被片贴生；子房倒卵形，腹缝线基部具短帘的凹陷蜜穴，花柱伸出花被外。

山韭 *Allium senescens* L.

别名：岩葱、山葱。

鉴别特征：多年生中旱生草本。根状茎粗壮，横生，外皮黑褐色至黑色。鳞茎单生或数枚聚生，近狭卵状圆柱形或近圆锥状，膜质，不破裂。叶条形，肥厚，基部近半圆柱状，上部扁平，先端钝圆；叶缘和纵脉有时具极微小的糙齿。花葶近圆柱状；总苞 2 裂，膜质，宿存；伞形花序半球状至近球状，具多而密集的花；花紫红色至淡紫色；花被片先端具微齿；花丝等长，基部合生并与花被片贴生；子房近球状，基部无凹陷的蜜穴；花柱伸出花被外。

用途：嫩叶可作蔬菜食用；优等饲用植物。

山韭 *Allium senescens* L.

薤白 *Allium macrostemon* Bunge

别名：小根蒜。

鉴别特征：旱中生植物。鳞茎近球状；鳞茎外皮棕黑色，纸质，不破裂，内皮白色。叶半圆柱状，中空，上面具纵沟，短于花葶。花葶圆柱状；总苞 2 裂，膜质，宿存。伞形花序半球状至球状，具多而密集的花或间具珠芽；小花梗近等长，基部具白色膜质小苞片；珠芽暗紫色，基部亦具白色膜质小苞片；花淡红色或淡紫色；花被片先端钝；花丝等长，基部合生并与花被片贴生；子房近球状，基部具有帘的凹陷蜜穴；花柱伸出花被外。

用途：鳞茎入中药；鳞茎可作蔬菜食用；优等饲用植物。

薤白 *Allium macrostemon* Bunge

百合属 *Lilium* L.

山丹 *Lilium pumilum* Redouté

别名：细叶百合。

鉴别特征：中生植物。鳞茎卵形或圆锥形；鳞片矩圆形或长卵形，白色。茎直立，密被小乳头状突起。叶散生于茎中部，条形，边缘密被小乳头状突起。花1至数朵，生于茎顶部，鲜红色，无斑点，下垂；花被片反卷，蜜腺两边有乳头状突起；花丝无毛，花药长矩圆形，黄色，具红色花粉粒；子房圆柱形，花柱长约17毫米，柱头膨大。蒴果矩圆形。

用途：鳞茎入中药，花及鳞茎入蒙药。

山丹 *Lilium pumilum* Redouté

知母属 *Anemarrhena* Bunge

知母 *Anemarrhena asphodeloides* Bunge

别名：兔子油草。

鉴别特征：多年生中旱生草本。具横走根状茎，为残存的叶鞘所覆盖。须根较粗，黑褐色。叶基生，向先端渐尖而成近丝状，基部渐宽而成鞘状，具多条平行脉。花葶直立，长于叶。总状花序通常较长；苞片小，卵形或卵圆形，先端长渐尖；花2~3朵簇生，紫红色至白色；花被片6，条形，中央具3脉，宿存，基部稍合生；雄蕊3，生于内花被片近中部；花丝短，扁平，花药近基着，内向纵裂；子房小，3室，每室具2胚珠；花柱与子房近等长，柱头小。蒴果狭椭圆形，顶端有短喙，室背开裂；种子黑色，具3~4纵狭翅。

用途：根茎入中药。

知母 *Anemarrhena asphodeloides* Bunge

萱草属 *Hemerocallis* L.

黄花菜 *Hemerocallis citrina* Baroni

别名：金针菜。

鉴别特征：多年生中旱生草本。须根近肉质，中下部常膨大呈纺锤状。叶7~20，长30~100厘米，宽6~20毫米。花葶长短不一，一般稍长于叶，基部三棱形，上部多少呈圆柱形，有分枝；苞片披针形或卵状披针形，自下向上渐短；花梗较短；花3~5朵或更多；花被淡黄色，有时在花蕾时顶端带黑紫色；花被管长3~5厘米；花被裂片长6~10厘米，内三片宽2~3厘米。蒴果钝三棱状椭圆形，长3~5厘米；种子黑色，有棱。

用途：根入中药；花可供食用。

黄花菜 *Hemerocallis citrina* Baroni

天门冬属 *Asparagus* L.

兴安天门冬 *Asparagus dauricus* Link

别名: 山天冬。

鉴别特征: 多年生中旱生草本。根状茎粗短;须根细长。茎直立,高20～70厘米,具条纹,稍具软骨质齿;分枝斜升,稀与茎交成直角,具条纹,有时具软骨质齿。叶状枝1～6簇生,通常斜立或与分枝交成锐角;鳞片状叶基部有极短的距,但无刺。花2朵腋生,黄绿色;雄花的花梗与花被片近等长,关节位于中部,花丝大部分贴生于花被片上,离生部分很短,只有花药一半长;雌花极小,花被长约1.5毫米,短于花梗。浆果球形,红色或黑色,有2～4(6)粒种子。

用途: 中等饲用植物。

兴安天门冬 *Asparagus dauricus* Link

戈壁天门冬 *Asparagus gobicus* N. A. Ivan. ex Grub.

鉴别特征： 多年生旱生半灌木，具根状茎。须根细长，粗 1.5～2 毫米。茎坚挺，下部直立，黄褐色，上部通常回折状，常具纵向剥离的白色薄膜。叶状枝 3～6（8）簇生，通常下倾和分枝交成锐角；近圆柱形；鳞片状叶基部具短距。花 1～2 朵腋生；花梗长 2～5 毫米，关节位于上部或中部；雄花的花被片长 5～7 毫米；花丝中部以下贴生于花被片上；雌花略小于雄花。浆果红色。

用途： 中等饲用植物。

戈壁天门冬 *Asparagus gobicus* N. A. Ivan. ex Grub.

折枝天门冬 *Asparagus angulofractus* Iljin

鉴别特征： 直立草本，高 30～80 厘米。根较粗，直径 4～5 毫米。茎和分枝平滑，稍回折状，有时分枝有不明显的条纹；叶状枝每 1～5 枚成簇，通常平展或下倾，与分枝交成直角或钝角，较少兼有斜立的，近扁的圆柱形。鳞片状叶基部无刺。花通常每两朵腋生，淡黄色；雄花：花梗长 4～6 毫米，与花被近等长，花丝中部以下贴生于花被片上；雌花：花被长 3～4 毫米，花梗常比雄花的稍长，关节位于上部或紧靠花被基部。

折枝天门冬 *Asparagus angulofractus* Iljin

曲枝天门冬 *Asparagus trichophyllus* Bunge

鉴别特征：多年生旱中生草本，具根状茎。须根细长。茎平滑，近直立，高20～70厘米，中部和上部强烈回折状，分枝先下弯而后上升，几呈半圆形，小枝多少具软骨质齿。叶状枝通常5～10簇生，稠密，刚毛状，稍弧曲，常伏贴于小枝而上升，有时稍具软骨质齿；茎上的鳞片状叶基部有长1～2毫米的刺状距，但不呈硬刺。花1～2朵腋生，绿黄色而稍带紫色；花梗较长，关节位于近中部；雄花的花被长6～8毫米；花丝中部以下贴生于花被片上；雌花较小。浆果球形，成熟时紫红色，有3～5粒种子。

曲枝天门冬 *Asparagus trichophyllus* Bunge

黄精属 *Polygonatum* Mill.

黄精 *Polygonatum sibiricum* Redouté

别名：鸡头黄精。

鉴别特征：多年生中生草本。根肥厚，横生，圆柱形，一头粗，一头细，有少数须根，黄白色。茎高30～90厘米。叶无柄，4～6轮生，平滑无毛，条状披针形，先端拳卷或弯曲呈钩形。花腋生，常有2～4朵花，呈伞形状；花梗下垂；花梗基部有苞片，膜质，白色，条状披针形；花被白色至淡黄色，稍带绿色，顶端裂片长约3毫米，花被筒中部稍缢缩；花丝很短，贴生于花被筒上部。浆果，成熟时黑色，有种子2～4颗。

用途：根茎入中药和蒙药。

黄精 *Polygonatum sibiricum* Redouté

鸢尾科
Iridaceae

鸢尾属 *Iris* L.

射干鸢尾 *Iris dichotoma* Pall.

鉴别特征： 多年生中旱生草本。植株高 40～100 厘米。根状茎粗壮，具多数黄褐色须根。茎直立，多分枝，分枝处具 1 枚苞片；苞片披针形，绿色，边缘膜质；茎圆柱形，光滑。叶基生；叶片剑形，绿色，基部套折状，边缘白色膜质，两面光滑，具多数纵脉；总苞干膜质，宽卵形。聚伞花序，有花 3～15 朵；花梗较长；花白色或淡紫红色，具紫褐色斑纹；雄蕊 3，贴生于外轮花被片基部；花药基底着生；花柱分枝 3，花瓣状，卵形，基部连合，柱头具 2 齿。蒴果圆柱形，具棱；种子暗褐色，椭圆形，两端翅状。

用途： 中等饲用植物。

射干鸢尾 *Iris dichotoma* Pall.

细叶鸢尾 *Iris tenuifolia* Pall.

鉴别特征： 多年生旱生草本。植株高 20～40 厘米，形成稠密草丛。根状茎匍匐；须根细绳状，黑褐色。植株基部被稠密的宿存叶鞘，丝状或薄片状，棕褐色，坚韧。基生叶丝状条形，纵卷，极坚韧，光滑，具 5～7 条纵脉。花葶长约 10 厘米；苞叶 3～4，披针形，鞘状膨大呈纺锤形，白色膜质，果期宿存，内有花 1～2 朵；花淡蓝色或蓝紫色，花被管细长，花被裂片长 4～6 厘米；花柱狭条形，顶端 2 裂。蒴果卵球形，具三棱，长 1～2 厘米。

用途： 中等饲用植物。

细叶鸢尾 *Iris tenuifolia* Pall.

大苞鸢尾 *Iris bungei* Maxim.

鉴别特征：植株高20～40厘米，形成稠密草丛。根状茎粗短，着生多数黄褐色细绳状须根。植株基部被稠密的纤维状棕褐色宿存叶鞘。基生叶条形，光滑或粗糙，两面具突出的纵脉。花葶高约15厘米，短于基生叶；苞叶鞘状膨大，呈纺锤形，长6～10厘米，先端尖锐，边缘白色膜质，光滑或粗糙，具纵脉，平行脉无横脉相连；花1～2朵，蓝紫色，花被管长3～4厘米；外轮花被片披针形，顶部较宽，具紫色脉纹，内轮花被片与外轮略等长或稍短，披针形，具紫色脉纹；花柱狭披针形，顶端2裂。蒴果矩圆形，顶端具长喙。

用途：中等饲用植物。

大苞鸢尾 *Iris bungei* Maxim.

马蔺 *Iris lactea* Pall. var. *chinensis*（Fisch.）Koidz.

鉴别特征：多年生中生草本，植株高20～50厘米，基部具稠密的红褐色纤维状宿存叶鞘，形成大型草丛。根状茎粗壮，着生多数绳状棕褐色须根。基生叶多数，剑形，顶端尖锐，花期

马蔺 *Iris lactea* Pall. var. *chinensis*（Fisch.）Koidz.

与花葶等长或稍超出，后渐渐明显超出花葶，光滑。花葶丛生，下面被 2～3 叶片所包裹；叶状总苞狭矩圆形或披针形，顶端尖锐，淡绿色；花 1～3 朵，乳白色；花柱花瓣状，顶端 2 裂。蒴果长椭圆形，具纵肋 6 条，顶端有短喙；种子近球形，棕褐色。

用途：中等饲用植物。

兰　科
Orchidaceae

绶草属 *Spiranthes* Richard

绶草 *Spiranthes sinensis*（Pers.）Ames.

别名：盘龙参、扭扭兰。
鉴别特征：多年生湿中生草本。植株高 15～40 厘米。根数条簇生，指状，肉质。茎直立，

绶草 *Spiranthes sinensis*（Pers.）Ames.

纤细，上部具苞片状小叶。叶条状披针形或条形，先端钝、急尖或近渐尖。总状花序具多数密生的花，似穗状，螺旋状扭曲，花序轴被腺毛；花苞片卵形；花小，淡红色、紫红色或粉色；花药先端急尖；花粉块较大；蕊喙裂片狭长，渐尖；粘盘长纺锤形；柱头较大，呈马蹄形；子房卵形，扭转，具腺毛。蒴果具 3 棱。

用途：块根或全草入中药。

角盘兰属 *Herminium* L.

角盘兰 *Herminium monorchis*（L.）R. Br.

别名：人头七。

鉴别特征：中生植物。植株高 9～40 厘米。块茎球形，颈部生数条细长根。茎直立，无毛，基部具棕色叶鞘，下部常具叶，上部具苞片状小叶。叶披针形、矩圆形、椭圆形或条形，先端急尖或渐尖，基部渐狭成鞘，抱茎，无毛，具网状弧曲脉序。总状花序圆柱状，具多花；花苞片条状披针形或条形，先端锐尖；花小，黄绿色，垂头，钩手状；花瓣条状披针形，向上部渐狭成条形；唇瓣肉质增厚，与花瓣近等长；无距；花粉块近圆球形，具短的花粉块柄和角状的粘盘；蕊喙矮而阔；柱头 2，隆起，位于蕊喙下，子房无毛。蒴果矩圆形。

角盘兰 *Herminium monorchis*（L.）R. Br.

主要参考文献

丁崇明. 2011. 鄂尔多斯植物资源：上册，下册. 呼和浩特：内蒙古大学出版社.

付立国，等. 1999-2009. 中国高等植物：3-13 卷. 青岛：青岛出版社.

傅沛云. 1995. 东北植物检索表. 北京：科学出版社.

哈斯巴根. 2010. 内蒙古种子植物名称手册. 呼和浩特：内蒙古教育出版社.

贺士元. 1986-1991. 河北植物志：1-3 卷. 石家庄：河北科学技术出版社.

李书心. 1988-1992. 辽宁植物志：上册，下册. 沈阳：辽宁科学技术出版社.

刘铁志. 2013. 赤峰维管植物检索表. 呼和浩特：内蒙古大学出版社.

刘媖心. 1985-1992. 中国沙漠植物志：1-3 卷. 北京：科学出版社.

马毓泉. 1989-1998. 内蒙古植物志：1-5 卷. 2 版. 呼和浩特：内蒙古人民出版社.

燕玲. 2011. 阿拉善荒漠区种子植物. 北京：现代教育出版社.

赵一之，赵利清. 2014. 内蒙古维管植物检索表. 北京：科学出版社.

赵一之. 1992. 内蒙古珍稀濒危植物图谱. 北京：中国农业科技出版社.

赵一之. 2005. 内蒙古大青山高等植物检索表. 呼和浩特：内蒙古大学出版社.

赵一之. 2006. 鄂尔多斯高原维管植物. 呼和浩特：内蒙古大学出版社.

赵一之. 2009. 世界锦鸡儿属植物分类及其区系地理. 呼和浩特：内蒙古大学出版社.

赵一之. 2012. 内蒙古维管植物分类及其区系生态地理分布. 呼和浩特：内蒙古大学出版社.

中国科学院植物研究所. 1972-1976. 中国高等植物图鉴：1-5 册. 北京：科学出版社.

中国科学院中国植物志编辑委员会. 1963-2003. 中国植物志：1-80 卷. 北京：科学出版社.

朱宗元，梁存柱，李志刚. 2011. 贺兰山植物志. 银川：黄河出版传媒集团阳光出版社.

Wu Z Y, Raven P H, Hong D Y. 1994-2011. Flora of China. Vol. 4-25. Beijing: Science Press and Louies. Missouri Botanical Garden Press.

鄂尔多斯高原野生维管植物中文名索引

鄂尔多斯高原野生维管植物拉丁名索引